Sandra Dundler

# Für Entdecker:
# Ihr Weg zum Online-Coach

Vielfalt, Anforderungen und Einsatzmöglichkeiten
von Formaten und Methoden des virtuellen Coachings

managerSeminare Verlags GmbH – Edition Training aktuell

Sandra Dundler
**Für Entdecker: Ihr Weg zum Online-Coach**
Vielfalt, Anforderungen und Einsatzmöglichkeiten von Formaten und
Methoden des virtuellen Coachings

© 2019 managerSeminare Verlags GmbH
2. Aufl. 2021
Endenicher Str. 41, D-53115 Bonn
Tel: 0228-977910, Fax: 0228-9779199
info@managerseminare.de
www.managerseminare.de/shop

Der Verlag hat sich bemüht, die Copyright-Inhaber aller verwendeten Zitate, Texte, Abbildungen und Illustrationen zu ermitteln. Sollten wir jemanden übersehen haben, so bitten wir den Copyright-Inhaber, sich mit uns in Verbindung zu setzen.

Alle Rechte, insbesondere das Recht der Vervielfältigung und der Verbreitung sowie der Übersetzung vorbehalten.

Printed in Germany

ISBN: 978-3-95891-064-5

Herausgeber der Edition Training aktuell:
Ralf Muskatewitz, Jürgen Graf, Nicole Bußmann

Lektorat: Ralf Muskatewitz
Cover: Depositphotos_crisferra
Illustrationen: Stefanie Diers
Druck: Ebert & Kösel GmbH und Co. KG, Krugzell

# Inhaltsverzeichnis

Warum dieses Buch entstand .................................. 7

Wo finden Sie was? ................................................ 14

### Kapitel 1
### Der Coaching-Markt – Was passiert dort gerade? ...... 17
1.1 Warum überhaupt Coaching? ................................. 20
1.2 Coaching braucht Präsenz, oder? ........................... 24
1.3 Arbeitswelt und Nachfrage nach Coaching ............... 27

### Kapitel 2
### Online-Coaching – Worum genau geht es dort? ........ 41
2.1 Definition – Was bedeutet Online-Coaching? ............ 43
2.2 Mögliche Online-Formate –
    Was bietet der Coaching-Markt aktuell? ................... 45
2.3 Virtuell unterwegs sein –
    Warum nicht auch im Coaching? ............................ 47
2.4 Wirksamkeit von Online-Begleitung ....................... 52
2.5 Ein Gedankenexperiment – Testen Sie Ihre
    persönliche Einstellung zum Online-Coaching .......... 55
2.6 Online-Coaching unter die Lupe genommen ............. 57

## Kapitel 3
### Ist Online-Coaching das Richtige für Sie?.............. 75

3.1 Allgemeine Coaching-Prinzipien und Rollen aus
Perspektive der Neurowissenschaft .......................... 77
3.2 Wie stehen Sie persönlich zu Online-Coaching? –
Eine Reflexionshilfe ............................................... 79
3.3 Wie können Sie Online-Coaching in Ihr Business-Modell
integrieren bzw. ein neues aufbauen? ...................... 83

## Kapitel 4
### Online-Coaching – Welche Formate sind verfügbar?. 89

4.1 Die Suche nach dem passenden Format –
Ruderboot oder Luxusyacht? ................................... 91
Selbst schwimmen – Selbstcoaching......................... 92
Das Floß – Einfaches Hilfsmittel: Coaching
via E-Mail ............................................................ 94
Das Kanu – Basiswerkzeug: Telefon-Coaching ...........112
Das Ruderboot – Mehr Möglichkeiten mit dem
Video-Chat-System ...............................................125
Das Motorboot – Gut ausgestattet unterwegs
im virtuellen Klassenzimmer...................................142
Das Kreuzfahrtschiff – Alles inklusive:
Integrierte Online-Coaching-Plattformen ................168
Die Yacht – Kombination aus Luxus und Freiheit:
Virtuelle 3-D-Lernwelten ........................................181
4.2 Ideen zum Weiterdenken .......................................205
Übersichtstabelle..................................................213

## Kapitel 5
### Die Phasen im Online-Coaching-Prozess ................ 215

Der Ablauf eines Online-Coaching-Prozesses............217
5.1 Die Phasen 0-1: Finden und Kennenlernen –
präsent und/oder online ........................................218
5.2 Phase 2: Auswahl des Settings und Einstimmung
auf das Online-Arbeiten .........................................220

Inhalt

5.3  Die Phasen 3-6: Vom Thema zum Ziel,
     mit Ressourcen zur Lösungsidee ............................. 225
5.4  Phase 7: Transfer und Evaluation
     der Sitzung .......................................................... 228
5.5  Phase 8: Abschluss des Coaching-Prozesses und Evalua-
     tion von Zielerreichung und Formatauswahl ............. 230

## Kapitel 6
## Wie starten Sie Ihr Online-Business? ...................... 231

6.1  Vorüberlegungen – Formulieren Sie Ihre Fragen ........ 234
6.2  Finden Sie heraus, welches Format zu Ihren
     Kompetenzen passt ............................................... 236
6.3  Was unterscheidet Ihre Arbeit in Präsenz
     von Ihrer geplanten virtuellen Arbeit? ..................... 240
6.4  Entweder – oder? Nein! Mixen und ergänzen Sie
     Zusatzservices für echten Mehrwert ....................... 242
6.5  Wer sind Ihre Klienten? .......................................... 244
6.6  Wie soll Ihr Angebot aussehen? .............................. 246
6.7  Was brauchen Sie (noch) dazu? .............................. 248
6.8  Weiterbildungsangebote auf dem Markt –
     Worauf achten? ..................................................... 250
6.9  Das empfehlen Experten für das erfolgreiche
     Online-Coaching-Business ...................................... 251
6.10 Die Sache mit den Finanzen –
     Zahlungsmodalitäten und Preiskalkulation .............. 256
6.11 Sichtbarkeit und Marketing .................................... 258

## Kapitel 7
## Wissenswertes ................................................... 263

7.1  Mediendidaktik und Lernprozess ............................ 265
7.2  Rechtlicher Rahmen ............................................... 274
     So können Sie sich schützen – die Basics ................ 277
7.3  Selbstorganisation ................................................ 284
7.4  Aus der Praxis der Experten .................................. 288

## Kapitel 8
## Hilfsmittel, Checklisten, Reflexionsübungen..........303

| | | |
|---|---|---|
| 8.1 | Selbsttest: Wie gut passt Online-Coaching in mein Business?.................................................|305|
| 8.2 | Mein Mindset für ein erfolgreiches Online-Coaching-Business........................................|307|
| 8.3 | Das Geschäftsmodell ........................................|309|
| 8.4 | Tipps und Tricks für den erfolgreichen Start ............|313|
| 8.5 | Schriftliche Brücken bauen..................................|316|
| 8.6 | E-Mail-Etikette vereinbaren ................................|318|
| 8.7 | Übungen für die Stimme ....................................|319|
| 8.8 | Die hilfreichsten Tipps der befragten Experten.........|323|

Schlusswort...........................................................327

## Anhang.................................................................331

Kurzporträts der interviewten Experten .......................332
Literatur ................................................................342
Stichwortverzeichnis ...............................................347

## Online

- ▶ Glossar
- ▶ Linkliste
- ▶ Einschätzung: Präsenz-Coaching vs. Online-Coaching
- ▶ Vorlage: Business Model Canvas
- ▶ Format: Welches Format passt zu meinen Kunden?
- ▶ Übersicht: Vor- und Nachteile der Formate
- ▶ Arbeitsblatt: Das 4-Folien-Konzept
- ▶ Checkliste: Richtig dokumentiert?
- ▶ Checkliste: Vorbereitung eines Telefon-Coachings
- ▶ Arbeitsblatt: Spinnennetz
- ▶ Arbeitsblatt: Kern- und Randkompetenz
- ▶ MindMap: Mindset für den Online-Erfolg

# Warum dieses Buch entstand

Abb.: Wortwolke – Online-Coaching hat viele Namen

Unsere Arbeitswelt befindet sich mitten in einem digitalen Wandel. Kaum ein Unternehmen, das sich zurzeit noch nicht mit der digitalen Transformation seiner Arbeitsprozesse beschäftigt. Die vielfältigen digitalen Möglichkeiten schaffen neue Optionen, besser mit dynamischen Marktumfeldern umgehen zu können. Sie bringen auch viele neue Herausforderungen mit sich – für die Organisation, die Führung, für das tägliche Miteinander. Es gilt, mit neuen Führungs- und Kommunikationstechniken zu experimentieren, eine neue Vertrauens- und Fehlerbewältigungskultur zu etablieren, dem Einzelnen mehr Verantwortung und auch mehr Freiheiten in seinen Entscheidungen zu übertragen.

*Neue Herausforderungen durch den digitalen Wandel*

# Vorwort

*Was bedeutet Coaching in einer digitalen Arbeitswelt?*

Doch was bedeutet der digitale Wandel für uns BeraterInnen und Coachs? Welche Rolle spielt Coaching in der künftigen Arbeitswelt? Ändert sich das Beratungsformat? In welcher Weise? Und was bedeutet das für den Einzelnen? – Dass Coaching eine Rolle spielt und dass bestimmte Erwartungen an neue Coaching-Formate gestellt werden, zeigt alleine die Vielzahl an Begriffen, die sich wie von selbst bilden. In Gesprächen mit Auftraggebern, Kunden, Kollegen zeigt sich mir aber auch immer wieder, dass es zurzeit noch viel Unklarheit über den Inhalt dieser Begriffe gibt. Und auch darüber, wie die vielen genannten Formate dann in der Praxis sinnvoll genutzt werden können. Schaut man noch etwas genauer hin, stehen Sie als Coach vor spezialisierten Fragestellungen wie: Ist mein Angebot künftig eher schriftbasiert, auditiv, synchron oder asynchron, mit Chat oder mit Avataren …?

Abb.: Digitales Coaching – ein noch unvertrautes Terrain

In diesem Begriffsdschungel kann man sich leicht verlieren, obwohl es unzählige Erklärungsversuche im Internet gibt. Auch die Recherche von Plattformen und Tools auf dem Markt kann mühsam werden. Ich weiß nicht, wie es Ihnen geht, mir fehlt häufig die Zeit und auch die Geduld, mich stundenlang über Varianten und Möglichkeiten zu informieren. Und ich bin für jeden Tipp von Kollegen dankbar, der mich dabei unterstützt, up to date zu bleiben und Lösungsideen für meine konkreten Fragestellungen zu finden. Denn genau so, wie sich Formate und Arbeitsweisen im Coaching verändern, verändert sich auch die Bedeutung von Netzwerken und Austausch. Darin sehe ich aktuell eine große Chance: Gemeinsam können wir das virtuelle Coaching aus dem Dornröschenschlaf erwecken. Denn – und davon bin ich absolut überzeugt – es schlummern noch viele unentdeckte Potenziale für unsere professionelle Arbeit als Coach in der Digitalisierung.

Die Arbeitswelt wandelt sich. Die jüngeren Generationen haben andere Ansprüche an das Lernen. Weiterentwicklung wird individuell und fokussiert. Führungskräften fällt es leichter, kürzere Coaching-Einheiten in ihren Berufsalltag zu integrieren. Aus Transfersicht ist das meiner Meinung nach auch absolut sinnvoll, denn virtuelle Formate ermöglichen es der Führungskraft, viel näher am Alltag und an der Umsetzung des Vereinbarten dranzubleiben. Hinzu kommt, dass die digitale Transformation längst in unserem Alltag Einzug gehalten hat und die Unternehmen alles daransetzen, agil und digital unterwegs zu sein.

Ziel der Digitalisierung ist allgemein, den Kundennutzen als die zentrale Kenngröße in den Fokus der betrieblichen Wertschöpfung zu stellen. Das bedeutet, dass Geschäftsmodelle neu gedacht werden müssen. Es geht um Kundennähe, Schnelligkeit, Flexibilität und vieles mehr. Man beginnt, ganze Abläufe mit künstlicher Intelligenz zu steuern und die Einsatzgebiete werden größer. Ist das Risiko oder Chance für uns? Ich persönlich sehe die aktuellen Bewegungen als Chance. Denn genau die damit einhergehenden Veränderungen in den Unternehmenskulturen stellen Führungskräfte und Mitarbeiter vor neue Herausforderungen: Weniger Hierarchie, mehr Kollaboration, agile Arbeitsweisen, direktes Feedback, höhere Transparenz usw. Der Unterstützungsbedarf durch Coaching wird meines Erachtens eher wachsen als schrump-

*Kundennutzen als die zentrale Kenngröße*

fen. Wir können eine Schlüsselposition für die erfolgreiche Transformation einnehmen.

*Der Coach als Wegbereiter*

Wir könnten Wegbereiter und -begleiter sein, wenn wir uns selbst auf den digitalen Wandel einlassen. Und dazu gehört es auch, die eigenen Geschäftsmodelle zu überdenken und an die Erfordernisse anzupassen, neue Mittel und Wege auszuprobieren. Dadurch bieten sich neue Ziel- und Kundengruppen. Online-Formate ermöglichen ganz nebenbei eine bessere Zeiteinteilung und machen Sie als Coach unabhängiger.

Und noch ein Gedanke dazu: Die künstliche Intelligenz kann in naher Zukunft bereits dazu eingesetzt werden, die häufig eher langwierige Zielklärung zu Beginn des Coachingprozesses zu übernehmen und den Coachee zur Konkretisierung anleiten. Und dann, wenn die Kompetenz eines hochkarätigen Coachs gefordert ist, kann dieser in den Prozess einsteigen und die individuelle Entwicklung begleiten. Hört sich das für Sie verrückt an? Ich glaube, das oder ähnliche Modelle sind durchaus ein paar Gedanken wert. Dass es funktioniert, zeigen zum Beispiel Studien von TriCat und dem Bundesministerium für Bildung und Forschung bei Bewerbungsgesprächen – mehr dazu ab Seite 214.

*Das Buch bietet einen einfachen Zugang in diese neue Welt*

Genau hier liegt meine Motivation, mich diesem Buchprojekt zu widmen. Ich möchte Ihnen als Coach, als HR-verantwortliche Person, als Führungskraft oder einfach als interessierter Leserin, interessiertem Leser einen einfacheren Zugang zu dieser Welt verschaffen und Sie dazu anregen, sich Ihre eigenen Gedanken dazu zu machen. Denn auch das macht unsere Arbeitswelt aus – die gegenseitige Befruchtung und das gemeinsame Ideenspinnen …

Wenn ich auf meine Historie zurückblicke, dann hatte ich das Thema „Online" zu Beginn meiner Tätigkeit als Trainerin, Coach und Teamentwicklerin so gar nicht auf dem Schirm. Und ich bin auch nicht über das Coaching in diesen Bereich gekommen, sondern vielmehr über Live-Online-Trainings.

Das Thema hatte mich interessiert und ich entschloss mich, dazu selbst ein Seminar zu besuchen. Und – ich glaube nicht an Zufälle – mein Weg hat mich zu einer der Pionierinnen für interaktive Live-Online-Trainings geführt: Inga Geisler (*www.ingageisler.de*). Innerhalb kürzester Zeit – eigentlich in den ersten 15 Minuten Ihres hochkarätigen Trainings – war ich von den Möglichkeiten im virtuellen Klassenzimmer fasziniert. Das war der Moment, als alles begann ...

Der nächste Ausflug führte mich schon in die 3-D-Welt von TriCat (*www.tricat-spaces.net*) – und auch das faszinierte mich sofort. Mein Gehirn startete „Just in time" mit anfangs noch konfusen Transfergedanken. Die Nutzung von digitalen Medien im Coaching war der logische nächste Schritt. Überhaupt ist Coaching eine wunderbare Begleitmaßnahme für alle Führungstrainings. Sowohl beim Führungsnachwuchs als auch bei Trainings für erfahrene Führungskräfte. Individuelle 1:1-Termine begleitend und im Nachgang zum Seminar bringen echten Transfer für die Teilnehmer.

Inzwischen biete ich kaum noch Training oder Coaching in reiner Präsenzform an. Meine Kunden lassen sich in der Regel gerne auch einmal auf ein „Experiment" ein und testen verschiedene virtuelle Möglichkeiten. Ungefähr 60 Prozent meiner Arbeit findet momentan in virtuellen Formaten statt, davon ist die Hälfte komplett online, der Rest als Blended-Variante – Tendenz steigend. Spannend ist, dass sich diese Veränderung finanziell positiv auswirkt. Denn meine Leistung und mein Know-how wird virtuell nicht weniger wert, sondern ganz im Gegenteil.

Bei einem bin ich mir sicher: Jetzt ist der perfekte Zeitpunkt, sich mit virtuellem Coaching auseinanderzusetzen! Begleiten Sie mich in diesem Buch auf der Reise durch diese teilweise noch recht unbekannte Welt und lassen Sie sich überraschen von den Möglichkeiten. Ähnlich einer Reise auf den Weltmeeren gelangen wir in eher milde Gefilde, vielleicht mit Südsee-Feeling, oder treibt es uns in eher rauere Gewässer,

*Eine Entdeckungsreise*

vielleicht in den ein oder anderen Wintersturm im Atlantik? Alles ist möglich und vieles vorhersehbar. Und dennoch überrascht uns auch die Natur immer wieder mit neuen Erkenntnissen. So zeigt sich aus meinem eigenen Erleben auch der Weg ins Online-Coaching-Business.

*Die „neue" Welt bietet Entdeckern viele spannende Möglichkeiten*

Vielleicht inspiriert Sie dieses Buch, sich selbst mit der Landkarte, der Ausrüstung, den Wetterlagen und allen weiteren Faktoren des virtuellen Coachings zu befassen, um ein Gefühl dafür zu bekommen, ob Sie in dieser Welt einen Platz für sich finden. Vielleicht sind Sie auch schon auf dem Meer der Möglichkeiten unterwegs und möchten ein bestimmtes neues Gebiet genau erkunden? Dann werden Sie hoffentlich auf den folgenden Seiten einiges für sich entdecken können. Ich wünsche Ihnen eine gute, erlebnisreiche Entdeckungstour.

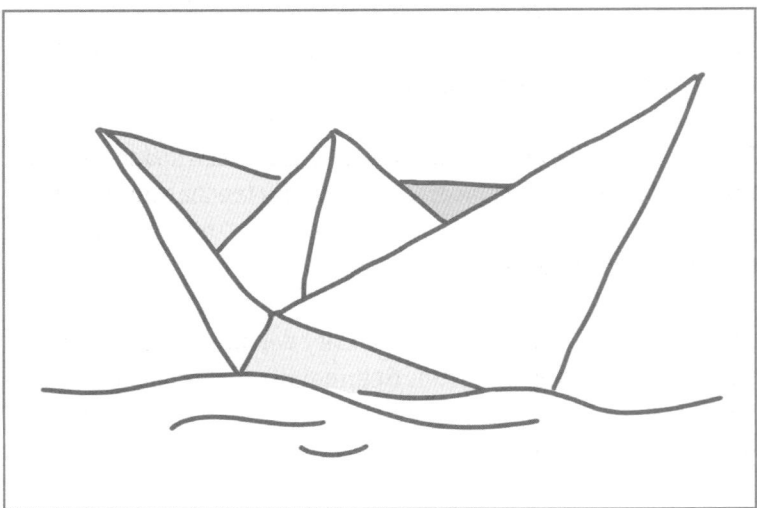

Abb.: Die Entdeckungsreise beginnt

**Danke schön!**

Ich danke meinem Mann und meinen Söhnen für ihr Verständnis und den Freiraum, den sie für das Schreiben ermöglicht haben.

Ein herzliches Dankeschön an meine Interviewpartner, die ihre fachliche Expertise eingebracht und so das Buch mit Praxiserfahrungen bereichert haben.

Natürlich danke ich all den Menschen in meinem Umfeld, die mich mit aufmunternden Worten, Nachrichten und dem Glauben an mich bestärkt haben, nicht aufzugeben, auch wenn mir wieder mal nichts mehr eingefallen ist.

Mein ganz besonderer Dank gilt Karina M. Bschorr, die mir sehr dabei geholfen hat, das Gedankenchaos in meinem Kopf zu ordnen und Katrin Haußer, die sich viel Mühe gegeben hat, den roten Faden in meinem Werk zu finden und für etwas mehr Klarheit zu sorgen.

Ein ganz großes Dankeschön hat sich auch das Lektorat, die Grafikerin und im Besonderen Ralf Muskatewitz vom Verlag managerSeminare verdient. Ich habe mich sehr gut aufgehoben und als Partner behandelt gefühlt.

Ohne Euch/Sie wäre dieses Buch niemals entstanden. Dafür ein ganz herzliches Dankeschön!

Ihre/Eure Sandra Dundler

# Wo finden Sie was?

Die Inhalte und Tipps dieses Buches leben von der persönlichen Affinität und Offenheit von Coach und Coachee für den Umgang mit virtuellen Medien. Im Fokus dieses Buchs stehen verschiedene Varianten der zwischenmenschlichen Interaktion mit Medien. Der Coach nimmt mit seinen Kompetenzen und seiner Persönlichkeit nach wie vor eine zentrale Rolle ein. Dieses Buch beschäftigt sich deshalb mit allen Fragen rund um ein aktives Online-Coaching-Business und soll Sie inspirieren und zu vertiefenden Gedanken anregen. In diesem Buch geht es darum, Ihr Know-how, Ihre Profession, Ihre Erfahrung im medial gestützten Kontext nutzbar zu machen und so neue Wege der Zusammenarbeit für sich selbst und Ihre Kunden zu entdecken. Basteln Sie sich Ihre eigene Landkarte für Ihre Reise und finden Sie heraus, was Sie an Vorbereitungen für eine erfolgreiche Forschungsreise benötigen.

**Wie Sie dieses Buch lesen können – Aufbau**

Sie können dieses Buch aus verschiedenen Blickwinkeln lesen:

*Erste Orientierung*

▶ Möglicherweise interessieren Sie sich grundsätzlich für das Thema, vielleicht möchten Sie bei Kunden hierzu kompetent Rede und Antwort stehen können. Vielleicht haben Sie am Ende Ihrer Beschäftigung mit dem Thema genau die Erkenntnis gewonnen, dass Sie lieber nicht virtuell arbeiten möchten. Für eine Standortbestimmung und eine

erste Vertiefung empfehle ich Ihnen vor allem die Kapitel 1 bis 3.
- ▶ Geht es Ihnen vielleicht eher darum, tiefer in die Materie einzusteigen und dabei das passende Format für sich zu finden, bietet sich darüber hinaus das Kapitel 4 an.
- ▶ Wenn Sie schon virtuell unterwegs sind und nach geeigneten Methoden suchen, werden Sie in Kapitel 4 bei den Formaten und in Kapitel 5 bei den Prozess-Phasen fündig.
- ▶ Sind Sie gedanklich schon in Aufbruchstimmung, finden Sie Hilfsmittel und weiterführende Gedanken zum Start in den Kapiteln 6 bis 8.

Die alles entscheidende Frage zu Beginn: Möchte ich mein Angebot um virtuelle Coachings – in welcher Form auch immer – erweitern?

Und wenn ja, in welcher Form? Was passt zu mir? Was macht mir Spaß? Was traue ich mir zu? Was brauche ich vielleicht noch dafür an Weiterbildung? Was passt zu meinen Kunden? Oder möchten Sie auch ganz neue Kunden ansprechen?

*Was passt zu Ihnen?*

Im Laufe der Recherchen für dieses Buch habe ich mich viel mit Kolleginnen und Kollegen ausgetauscht. Den Großteil dieser Gesprächsinhalte finden Sie an den passenden Stellen im Buch als Praxiserfahrungen, persönliche Ansichten oder Tipps. Meine Gesprächspartner arbeiten sehr heterogen und verwenden unterschiedliche Tools bzw. legen Wert auf verschiedene Aspekte. Ich habe versucht, die Meinungen, Erfahrungen und Gedanken möglichst unverfälscht einzufangen, um Sie an dieser großartigen Expertise von erfolgreichen Online-Coachs teilhaben zu lassen. Die besten Tipps meiner Gesprächspartner, um ein eigenes Online-Coaching-Business zu starten, finden Sie kompakt zusammengefasst im Kapitel 8.

*Expertenmeinungen*

Bei den Formaten stelle ich einzelne Methoden bzw. Interventionen kurz vor. Es handelt sich dabei nicht um ausführliche Anleitungen und Ablaufpläne. Vielmehr geht es mir darum, Ihnen eine Idee zu geben, wie man erprobte Methoden aus der Praxis gut in die virtuelle Welt übertragen und sie dort nutzen kann. Die aufgezeigten Methoden sind in der Regel auch bei anderen Formaten einsetzbar. Manchmal ist dafür eine Modifikation erforderlich. Dieses Buch soll Ihnen Optionen für die Anwendung in der virtuellen Welt aufzeigen und weniger Methodenwissen zum Coaching generell vermitteln, denn das sollten Sie im besten Fall bereits mitbringen.

**Download-Ressourcen**

Zu diesem Buch gibt es Download-Material mit Arbeitsblättern, Reflexionshilfen und auch Linklisten für Ihre Praxis. Bitte beachten Sie, dass die Links teilweise aktualisiert werden. Es kann dadurch sein, dass Sie im Download-Bereich aktuellere Materialien finden, als dies im gedruckten Buch möglich ist. Wo es Download-Material gibt, erkennen Sie an den entsprechenden Hinweisen im Buch. Den Link zu den Download-Ressourcen finden Sie in der Umschlagklappe.

# 1. Der Coaching-Markt – Was passiert dort gerade?

# 1. Der Coaching-Markt

Wie viele Branchen ist auch der Coaching-Markt im Wandel und entwickelt sich. Das zeigen sämtliche Marktanalysen und Coaching-Marktstudien der letzten Jahre, wie zum Beispiel die Marburger Coaching-Studie, die seit dem Jahr 2009 immer wieder versucht, „Licht in den intransparenten deutschen Coaching-Markt" zu bringen (aktuellste verfügbare Studie von 2016). Oder auch die 2016 ICF Global Coaching Study, die feststellte, dass weltweit etwa 53.300 professionelle Coachs arbeiten. Davon fast jeder zweite in Europa, Tendenz steigend. Leider gibt es momentan keine aktuellen absoluten Marktzahlen, aber mein eigenes Erleben und auch die Gespräche mit Kollegen bestätigen die stetig wachsende Nachfrage nach Coaching.

Selbst XING Coaches + Trainer führt in Zusammenarbeit mit der Abteilung Sozialpsychologie der Universität Salzburg immer wieder eigene Umfragen rund um das Thema Coaching durch. So auch zur Relevanz von Coaching für die Personalentwicklung (2018). Die gute Nachricht: Coaching hat sich, der anfänglichen Skepsis zum Trotz, gerade in Deutschland zu einem etablierten und gut nachgefragten Personalentwicklungsinstrument etabliert. Noch im Jahr 2013 lag die Relevanz von Coaching aus Sicht der Personalentwicklung bei ca. 26 Prozent. In der Studie lag dieser Wert knapp fünf Jahre später fast beim Doppelten, nämlich 49 Prozent. Mit Blick auf die nächsten zwei Jahre wird aus Sicht der Zielgruppe die Relevanz noch weiter auf voraussichtlich ca. 60 Prozent steigen. Das bestätigen die Entwicklungen zum Lernen an sich. Weg von groß angelegten Trainings der Marke „Gießkanne", hin zu individuellem Lernen und Begleitung bei der persönlichen Entwicklung.

Waren früher vor allem große Unternehmen im verarbeitenden Gewerbe Auftraggeber von Coaching, so geht der Trend immer mehr hin zu den Dienstleistungsbranchen des Mittelstands (Marburger Coaching-Studie 2016). Und: Immer mehr Fach- und Führungskräfte sind sogar bereit, die Unterstützung durch einen Coach aus der eigenen Tasche zu bezahlen. Offenbar führt die wachsende Bekanntheit und die inzwischen anerkannte Wirksamkeit dazu, dass Privatpersonen in ihre eigene Entwicklung mittels Coaching investieren. Teilweise aus sensiblen Anlässen heraus, wie berufliche Neuorientierung oder Umgang mit Stress bzw. Work-Life-Balance, von denen der Arbeitgeber keine Kenntnis erlangen soll. Der Markt ist und bleibt spannend und die digitale Transformation wird vermutlich noch weitere Bedarfe und Entwicklungschancen bieten.

*Coaching trifft Mittelstand*

Woher kommen diese Entwicklungen und welche Themen werden uns vermutlich in Zukunft beschäftigen? Braucht Coaching wirklich immer die physische Präsenz oder kann ich auch virtuell präsent sein? Werden sich Online-Formate wirklich durchsetzen? Warum kann Coaching eine zentrale Rolle spielen? Mit diesen und weiteren Fragen beschäftigt sich dieses Kapitel.

## 1.1

# Warum überhaupt Coaching?

*Die neue Arbeitswelt*

Für Mitarbeiter und Führungskräfte ergeben sich neue Herausforderungen. Die Grenzen zwischen Berufs- und Privatleben verschwimmen, Hierarchien werden flacher, Projekte agil, der Markt innovativ, alles transparenter, Teams arbeiten räumlich verteilt – die Liste lässt sich mühelos durch weitere Trends fortführen. Sämtliche Studien, Diskussionen und Umfragen zur „Neuen Arbeitswelt" lassen erahnen, dass sich dieser Trend (vielleicht noch schneller) fortsetzen wird.

Welche Auswirkungen hat das auf die Arbeitnehmer – Mitarbeiter und Führungskräfte?

*Der Einfluss der Teamkultur auf das Ergebnis*

Die Personalberatung Dr. Terhalle & Nagel (2018) hat 200 Entscheider aus den Bereichen HR und Controlling interviewt, wie sich aus ihrer Sicht die Teamkultur auf den wirtschaftlichen Erfolg von Unternehmen auswirkt. Ergebnis: 60 Prozent der Jahreszielerreichung sind gefährdet, wenn ein Team länger als sechs Monate nicht gut zusammenarbeitet. Das Risiko für das Unternehmen sei hier sogar deutlich höher, als wenn eine Führungsstelle unbesetzt sei oder Potenzialträger das Unternehmen verlassen. 94 Prozent der Befragten halten Maßnahmen zur Stärkung der Kultur für effizienter als sämtliche Kosteneinsparprogramme – nebenbei: Es wurden auch Controller befragt.

Teams bestehen aus Menschen, die zusammenspielen. Was aber, wenn das Engagement der einzelnen Mitarbeiter fehlt?

Warum überhaupt Coaching?

*Emotionale Bindung an den Arbeitgeber*

Seit dem Jahr 2001 untersucht Gallup in einer umfangreichen Langzeitstudie die emotionale Bindung der Arbeitnehmer an ihren Arbeitgeber. Mit einem erschreckenden Ergebnis: Gerade mal zwischen 11 und 15 Prozent der deutschen Arbeitnehmer fühlen sich emotional stark an ihr Unternehmen gebunden. Der Rest hat keine oder kaum eine Bindung. Das wiederum ist kritisch für die Finanzergebnisse der Unternehmen (Gallup, 2018). Doch das ist nicht nur das Problem in Deutschland:

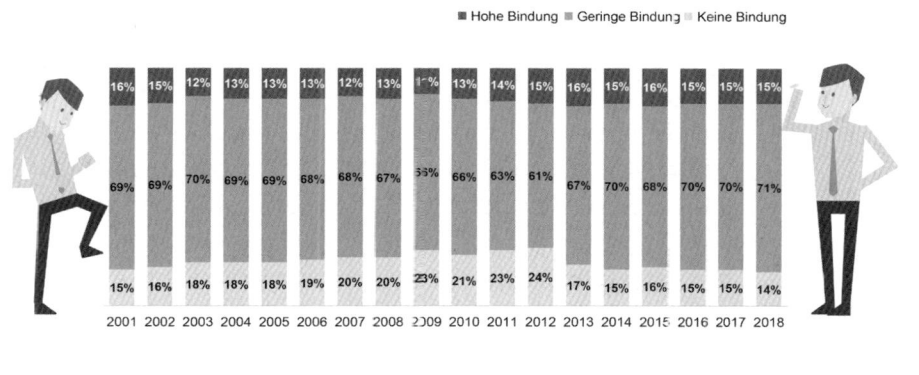

Abb.: Gallup Engagement Index G7 (2018)

*Neue Anforderungen an die Rolle der Führungskraft*

Beschäftigt man sich weiter mit den verfügbaren Analysen, findet man Ursachen und Lösungsideen. Mitarbeiter möchten nach ihrer Meinung gefragt werden, qualifiziertes Feedback erhalten, Anerkennung für ihre Leistung bekommen. Zusammengefasst: Sie wünschen sich eine authentische, offene, ehrliche und transparente Führung. Gerade das mittlere Management wird als wichtigste Ebene (Multiplikatoren) gesehen.

Harte Zeiten für Führungskräfte. Sie müssen Ziele erreichen und dabei ihre Mitarbeiter und Teams so führen, dass diese mit Eifer dabei sind. Und dabei die eigene Gesundheit im Fokus haben. Die wenigsten Führungskräfte sind dafür von sich aus gut gerüstet bzw. haben Zeit, sich aktiv mit ihrer eigenen Rolle auseinanderzusetzen und zu reflektieren. Der Bedarf für Coaching ist unumstritten vorhanden!

*Wandel in der Führungskultur*

Eine gemeinsame Studie des Fraunhofer-Instituts für Arbeitswissenschaft und Organisation (IAO) mit dem Beratungsunternehmen Igenics AG (2014) hebt die Bedeutung von weichen Faktoren in der digitalisierten Arbeitswelt ebenfalls deutlich hervor. Das Führungsverständnis und die Führungskultur sind weiter im Wandel begriffen und die nachfolgenden Generationen erwarten ganz andere Dinge, als das in der Vergangenheit der Fall war. Das kann Führungskräfte, die alleine gelassen werden, auslaugen und krank machen.

Eine Umfrage der Unternehmensberatung Staufen zum „Deutschen Industrie 4.0 Index" (2018) stützt diese Einschätzung. Vorstand Wilhelm Goschy führt das aus: *„Viele Führungskräfte – insbesondere im Produktions- oder Entwicklungsbereich – haben es auf ihrem meist technisch geprägten Berufsweg nicht gelernt, sich bewusst um das Thema Mensch und das eigene Verhalten zu kümmern. Also hadern sie verständlicherweise mit diesen neuen Anforderungen."*

*Transformation des Führungsstils*

Und weiter: *„Es ist nun Aufgabe der Unternehmen, ihre Führungskräfte bei der notwendigen Transformation ihres Führungsstils zu unterstützen und ihnen beispielsweise gezielt Coachs an die Seite zu stellen."*

Doch neben der Weiterentwicklung des Führungsstils und dem Erlernen von Soft Skills ist Coaching auch ein Instrument, um Führungskräften in der VUKA-Welt zielgerichtet Unterstützung bei einem breiten Themenspektrum anzubieten. VUKA ist ein viel verwendetes Akronym unserer Zeit und steht für ...

Warum überhaupt Coaching?

- **Volatilität** (volatility) = Unberechenbarkeit und Unbeständigkeit, d.h., Vorhersagen sind nicht möglich, Veränderungen treten noch schneller ein und Schwankungsbreiten nehmen zu (z.B. stark schwankende Aktienkurse sind volatil)
- **Unsicherheit** (uncertainty) = Unvorhersagbarkeit von Ereignissen
- **Komplexität** (complexity) = viele, teilweise unbekannte Variablen mit vielfältigen Wechselwirkungen
- **Ambiguität** (ambiguity) = Mehrdeutigkeit von Informationen und Situationen

*VUKA*

Die Konsequenz für Führung liegt auf der Hand: Es ist schwieriger, Entscheidungen zu treffen. Risiken von Fehleinschätzungen werden größer, Reaktionszeiten kürzer usw. Die hohe Wirksamkeit von Coaching ist inzwischen eindeutig erwiesen. Es wird immer mehr als eines der effektivsten Personalentwicklungs-Tools angesehen.

*Coaching – eines der wirksamsten PE-Tools der VUKA-Welt*

## 1.2

# Coaching braucht Präsenz, oder?

Der Trainingsmarkt wandelt sich, immer mehr digitale Möglichkeiten halten Einzug. Virtuelle Lernwelten, Micro-Learning, Web-Based-Trainings, Live-Online-Trainings und alle anderen Entwicklungen sind dort in aller Munde. Die Zeit der Gießkanne ist vorbei. Lernen wird individueller, kleinteiliger, praxisnaher. Das klassische (Präsenz-)Seminargeschäft wird laut Honorar- und Gehaltsstudie „WeiterbildungsSzene Deutschland" (2019) als das „Sorgenkind" der Tranigisbranche bezeichnet. Vor 20 Jahren hätte das so vermutlich niemand erwartet, doch das spiegelt meines Erachtens die Entwicklungen der modernen Arbeitswelt. Im Bereich Coaching ist hier anscheinend noch Zurückhaltung zu spüren. Doch wie lange noch? Was meinen Sie? Werden reine Präsenzcoachs in zehn Jahren noch ausgelastet sein?

*Auslastung von Präsenzveranstaltngen sinkt*

> Wie ist es denn aktuell mit der Erreichbarkeit Ihrer Klienten bestellt? Finden Sie leicht zusammenpassende Lücken für Coachings in Ihren Kalendern?
> ▶ ...

Meiner Erfahrung nach ist das nicht möglich oder sehr schwierig. Die wenigsten Führungskräfte haben kein zeitliches Luxusproblem. Im Gegenteil. Es ist offensichtlich, dass es in dieser Welt ein breiteres Portfolio braucht als reines Face-to-Face-Coaching, um zu bestehen.

Man muss kein IT-Experte sein, um zu erkennen, wo das Potenzial liegt. Als moderne Coachs sind wir gezwungen, unser Arbeitsmodell zu überdenken und uns der Nachfrage anzupassen. Unsere Kunden fordern Flexibilität und „State of the Art"-Modelle für die persönliche Weiterentwicklung.

*Unsere Kunden fordern Flexibilität*

### Einladung zu Ihrer persönlichen Entdeckungsreise

> Stellen Sie sich vor, Sie begleiten schon seit einiger Zeit eine junge Führungskraft in ihrer Entwicklung. Nun kommt ein Anruf, dass Ihr Klient befördert wurde und ganz neue Themen für Ihre Coaching-Sitzungen anstehen. Leider ist es aufgrund der Versetzung in die Zentrale, die 300 km weiter nördlich liegt, nicht mehr möglich, dass Sie sich wie bisher zweiwöchentlich treffen, wie es der Fall war, als sein Standort noch 10 km von Ihnen entfernt war. Ihr Klient fragt nach anderen Möglichkeiten. Wie reagieren Sie aktuell?
> ▶ ...
>
> Ein anderes Szenario: Sie sind seit 10 Jahren an Ihrem Standort mit eigenen Coaching-Räumen aktiv und gut etabliert. Aufgrund Ihrer persönlichen Lebenssituation ist ein Umzug von Hamburg nach München unumgänglich. Dort haben Sie bisher keinen einzigen Kunden. Dafür aber viele treue und langjährige Klienten in Ihrem alten Umfeld, mit denen Sie mühevoll intensive Beziehungen aufgebaut haben und die auf Ihre professionelle Begleitung nicht verzichten möchten. Wie gehen Sie mit diesem Dilemma um? Werden Sie auf Ihre Bestandskunden künftig verzichten? Wie geht es Ihnen, wenn Sie sich in diese Situation hineinversetzen?
> ▶ ...

Als Coach haben Sie gewonnen, wenn Sie souverän und aus tiefster Überzeugung reagieren und mögliche Varianten vor-

*Digitalisierung als Erweiterung des bestehenden Angebots*

schlagen können. Haben Sie keine Alternativen in petto, wird vermutlich ein anderer Kollege von dieser Situation profitieren. Und Sie beginnen wieder komplett von vorne.

Mir geht es darum, die Licht- und Schattenseiten der Digitalisierung für unsere Arbeit als Coach aufzuzeigen. Mir geht es darum, Gehör für die neuen Chancen unseres Berufszweiges zu schaffen. Mir geht es auch darum, virtuelle Coaching-Formate etwas begreifbarer zu machen und Hemmschwellen zu reduzieren.

Und das ist mir ein wichtiges Anliegen, weil ich weiß, dass das bisherige Präsenzmodell oftmals als „Stand alone Business" nicht wirtschaftlich ist. Hinzu kommt, dass mit der räumlichen Entfernung zwischen Coach und Coachee die Attraktivität der Arbeitsbeziehung in Präsenz sinkt. Es fallen Fahrt- und ggf. Übernachtungskosten an. Tage können nicht sinnvoll ausgelastet werden, es entsteht Leerlauf beim Coach.

Und was ich persönlich sehr spannend finde: Die digitale Welt ermöglicht mehr, als das zunächst vermuten lässt. Als Coach kann ich auch ohne Kamera im Dialog sehr präsent sein. Die individuellen Situationen erfordern auch nicht immer gleich viel meiner visuellen Präsenz im Raum. Bei vielen Interventionen nehme ich mich als Coach bewusst aus dem Blick des Klienten, damit er ganz bei sich bleibt. Das fällt virtuell sogar deutlich leichter. Doch mehr dazu später. Lassen Sie uns zunächst noch mal einen Schritt zurückgehen.

# 1.3

# Arbeitswelt und Nachfrage nach Coaching

Technologie hält in unser Arbeitsleben Einzug, das ist nichts Neues. Vernetzte Produktionsanlagen, intelligente IT-Systeme, modernste Kommunikationstechnik, um nur ein paar Beispiele zu nennen. Damit Effizienzsteigerung und weitere Automatisierung gelingt, braucht es nach wie vor die Menschen, die die Industrie 4.0 aktiv gestalten und vorantreiben. Das war schon immer so, wenn wir einen Blick in die Vergangenheit der Arbeit werfen. Und gleichzeitig zeigen diese Erkenntnisse auf, dass auch in Zukunft der Mensch eine gestaltende Rolle spielen wird. Ich glaube nicht, dass der Großteil der arbeitenden Bevölkerung diese Schritte ohne professionelle Unterstützung unterschiedlichster Art schaffen werden. Das bestätigen auch die Ausführungen von Elke Berninger Schäfer zu den „modernen" Führungskonzepten und den daraus resultierenden Kompetenzanforderungen für Digital Leadership (2019). Sowohl Führungskräfte als auch Mitarbeiter und ganze Teams benötigen Begleitung auf diesem Weg. Ein wichtiger Baustein dafür ist mit Sicherheit Coaching. Ob dies zur gleichen Zeit am gleichen Ort in Zukunft noch realisierbar bzw. sinnvoll sein wird? Urteilen Sie selbst.

*Industrie 4.0*

## Ausflug in die Geschichte der Arbeitswelt

Arbeit war bis ins 16. Jahrhundert notwendig, um zu überleben, jedoch nicht dazu gedacht, sich Wohlstand anzuhäufen. Die alten Griechen beschäftigten sich lieber mit Philosophie

*Die Entwicklung der Arbeitswelt*

und Politik. Arbeiten war dem niederen Volk überlassen. Bis zu 100 Feiertage prägten ein Jahr im Mittelalter. Im 16. Jahrhundert kam die Wende ...

Mit Marin Luther wurde Müßiggang zur Sünde. Man lebte nun, um zu arbeiten und Gott zu dienen. Mit Beginn der Industrialisierung Mitte des 18. Jahrhunderts verließen die Bauern ihre Felder, die Menschen strömten in die Fabriken, die Dampfmaschinen brachten ungeahnte Geschwindigkeiten in Produktionsprozesse. Bei schlechten Arbeitsbedingungen und Hungerlöhnen setzte sich der Kapitalismus durch. Arbeit dominierte das Leben und ohne Arbeit war ein Überleben nicht möglich. Veränderungen gab es in der Arbeitswelt schon immer.

Mit zunehmender Globalisierung verlagerten Unternehmen Produktionsstätten ins günstigere Ausland, Landwirtschaft wurde weniger, staatlich geregelte Kinderbetreuung dagegen wichtiger, da immer öfter beide Partner arbeiten gehen, um die Familie zu ernähren. Heute haben wir in Deutschland, je nach Bundesland, noch zwischen 9 und 13 Feiertage im Jahr.

*New Work*

Und dann die New-Work-Bewegung, die einen grundlegenden strukturellen Wandel in unsere Arbeitswelt bringt. Erstmals prägte der Sozialphilosoph Prof. Dr. Frithjof Bergmann diesen Begriff (ca. 1970). Er beschäftigte sich philosophisch mit der Freiheit des Menschen. Im Zeitalter der Digitalisierung fragen sich immer mehr Menschen, was sie wirklich tun möchten. Sie wünschen sich, dass ihre Arbeit einen Sinn ergibt. Für Bergmann ist New Work eine Kombination aus Selbstverwirklichung, Selbstbestimmung und Selbstversorgung. Die nachrückenden Generationen haben andere Ansprüche an ihre Arbeitsumgebung. Status ist ihnen weniger wichtig, sie blicken nicht mehr ehrfürchtig zu Geschäftsführern und Vorständen auf, strenge Hierarchien verlieren an Bedeutung. Entfaltungsmöglichkeiten sind wichtig. Kunden stellen andere Anforderungen und die Märkte entwickeln sich rasant weiter.

Unternehmen schreiben sich auf die Fahnen, dass die Zufriedenheit ihrer Mitarbeiter zu ihren höchsten Werten zählt. Unternehmen aller Größen investieren deutlich mehr in Mitarbeitergewinnung und Mitarbeiterbindung als noch vor ein paar Jahren. Die Mitarbeiterzufriedenheit wird methodisch gemessen, Talentakquise und Personal Recruiting gehören zu den wichtigsten Themen von Unternehmen.

*Mitarbeiterzufriedenheit*

Das Karrierenetzwerk LinkedIn befragte für den „Global Recruiting Trends Report 2017" etwa 4.000 Personalverantwortliche aus 35 Ländern. 83 Prozent der Befragten konstatieren der Akquise und dem Binden von Talenten eine TOP-Priorität. Ihre Recruiting-Teams verstärken sie tendenziell mit weiteren Recruitern oder Employer-Branding-Spezialisten. Sind die Talente erst einmal gefunden und eingestellt, beginnt die nächste schwierige Phase: die neuen Mitarbeiter ans Unternehmen zu binden. Ziele erreichen und Mitarbeitern Freiräume zu ermöglichen, Sinn in der Arbeit zu vermitteln und Potenziale zu fördern. Dabei sich selbst und die verschwimmenden Grenzen zwischen Freizeit und Beruf nicht zu verlieren, ist nur eine der Herausforderungen der aktuellen Zeit. Aus der Rückschau heraus wird schnell deutlich, wie herausfordernd Führung geworden ist, denn noch nie waren die Anforderungen an soziale Kompetenzen so hoch wie heute.

*Talente ans Unternehmen binden*

Es ist noch nicht so lange her, als Führungsstellen noch mit den besten Fachkräften besetzt wurden. Die Eignung für Personalführung stand wenig im Fokus bei der Karriereplanung. Und heute? Wird von Unternehmensleitungen ein Umdenken gefordert – das aber ist auf Knopfdruck nicht möglich. Auch die Mitarbeiter sind in diesen Strukturen „herangewachsen" und haben durch Erfahrungslernen herkömmliches Führungsverhalten adaptiert. Auch diese Mitarbeiter benötigen Unterstützung auf ihrem Weg in Richtung New Work.

## Wachsender Bedarf nach Coaching – über Führungsthemen hinaus

Vielleicht erschließt sich Ihnen, warum dieser historische Exkurs für uns als Coachs durchaus relevant ist? Wir leisten einen wichtigen Beitrag, um diese Führungskräfte und Mitarbeiter zu unterstützen. Und zwar in dem Maße, in der Taktung und an dem Ort, wo sie unsere Arbeit benötigen. Die Arbeitswelt wird zunehmend digitaler. Gut festzumachen an den Verlagerungen der Arbeitsorte ins Homeoffice oder der wachsenden Zusammenarbeit von Teams über Abteilungs-, Betriebs- oder gar Landesgrenzen hinweg. Führungskräfte, die virtuelle Teams führen, ohne die Mitarbeiter persönlich zu treffen. Das sind keine Fiktionen, das ist die Realität in den Unternehmen. Diese Führungskräfte und Mitarbeiter benötigen ebenso Unterstützung und Begleitung wie die am regionalen Standort. Da erscheint es als logische Konsequenz, das eigene Angebot, um virtuelle Aspekte zu ergänzen.

Coaching ist längst nicht mehr ein exklusives Tool für Führungskräfte. Es ist ein Format, das sich letztlich für jeden Menschen und für fast alle Anliegen eignet. Gerade in Zeiten, in denen Unternehmen viel Geld für die Gesunderhaltung der Belegschaft ausgeben, die Balance zwischen Privatleben und Berufswelt diskutiert wird, Menschen auf der Suche nach ihrem Lebenssinn sind und Berufswechsel auch nach 40 noch im Fokus stehen.

*Coaching-Bedarfe*

Menschen suchen beispielsweise Unterstützung bei einem Coach, wenn sie

- ▶ im Job unzufrieden sind und nach neuen Wegen suchen, damit umzugehen,
- ▶ die Vergangenheit hinter sich lassen möchten und nach neuen Motivationsmöglichkeiten forschen,
- ▶ sich mehr Klarheit über individuelle Situationen wünschen,

- eigene Ziele formulieren möchten, um sich daran zu orientieren,
- Wege suchen, wie sie mit der immer größer werdenden Arbeitsbelastung umgehen können,
- ihr Wertesystem aufschlüsseln wollen,
- Unterstützung bei ihrer Zukunfts- und Karriereplanung suchen,
- merken, dass ihnen Krankheitssymptome wie Nackenverspannungen, Rückenschmerzen, Kopfschmerzen, Magenprobleme oder Schlimmeres zeigen, dass sie etwas in ihrem Leben verändern müssen,
- achtsamer und stressresistenter werden möchten,
- Hilfestellung in Konfliktsituationen benötigen,
- ein selbstbewussteres Auftreten in schwierigen Gesprächssituationen anstreben,
- ...

Je nach Ihrem Spezialgebiet fallen Ihnen an dieser Stelle bestimmt noch jede Menge weitere Situationen und Fragestellungen ein. Coaching ist zunehmend auch eine Maßnahme im Betrieblichen Gesundheitsmanagement und somit nicht nur für Top-Manager ein Thema. Führungskräfte aller Hierarchien, Fachkräfte, Potenzialträger, Projektmitarbeiter, Servicemitarbeiter – jeder ist ein potenzieller Coaching-Kunde.

*Betriebliches Gesundheitsmanagement*

Gezielt eingesetzt, ist Coaching ein effektives Werkzeug der Personalentwicklung und der Mitarbeiterbindung. Es unterstützt dabei, Talente in ihrer Weiterentwicklung zu begleiten und diese im Unternehmen zu halten.

Das Büro für Coaching und Organisationsberatung führt regelmäßig Umfragen zum Thema Coaching durch. Laut der 14. Coaching-Umfrage 2015/2016 sind das die Top-Themen unter den den befragten Coachs:

# 1. Der Coaching-Markt

*Coaching-Themen*

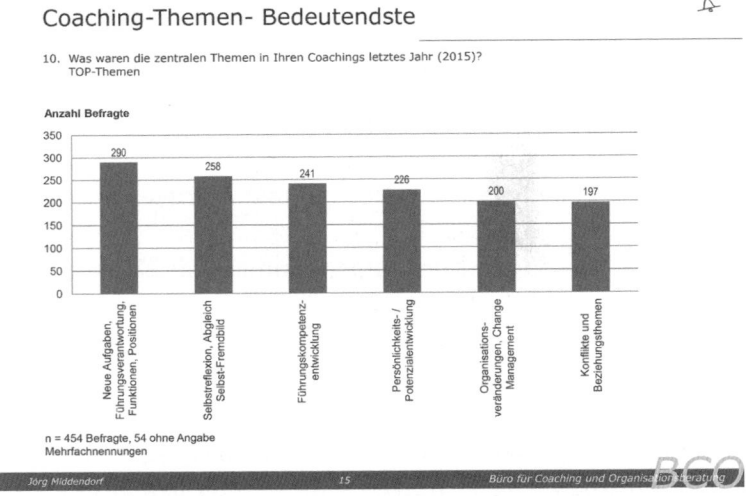

Abb.: Bedeutendste Coaching-Themen (Middendorf, 2016)

Dicht gefolgt von diesen Themen:

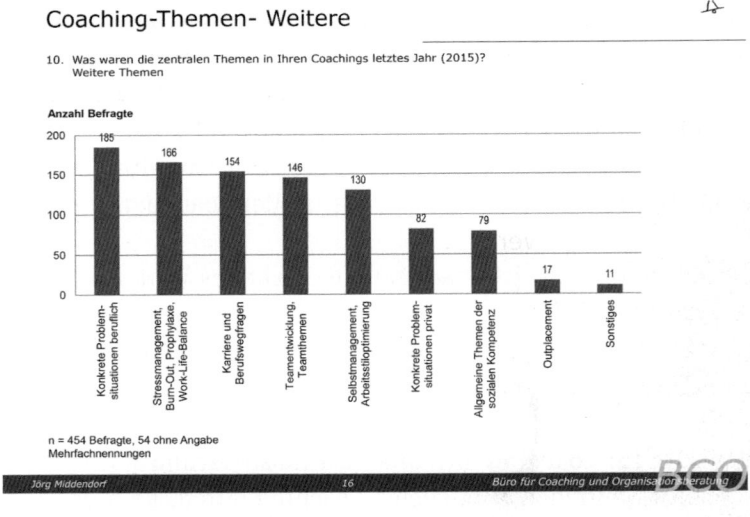

Abb.: Weitere Coaching-Themen (Middendorf, 2016)

Eine aktuellere Befragung von XING Coaches und der Universität Salzburg (2018) bezieht sich gezielt auf die Situationen der neuen Arbeitswelt:

Arbeitswelt und Nachfrage nach Coaching

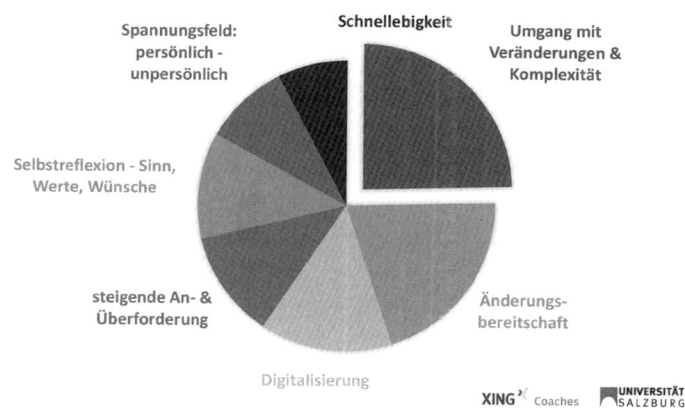

*Im Fokus: Der Umgang mit Veränderungen*

Abb.: Erwartete Herausforderungen in der neuen Arbeitswelt (XING Coaches, 2017)

## Online-Coaching – eine Modeerscheinung?

Zum jetzigen Zeitpunkt bewegt sich das Thema Online-Coaching in einem Zwischenzustand. Als gesichert gilt, dass gewünschte bzw. durchgeführte Online-Formate eine ähnliche Themenpalette abdecken, wie man sie aus den klassischen Coaching-Formaten kennt.

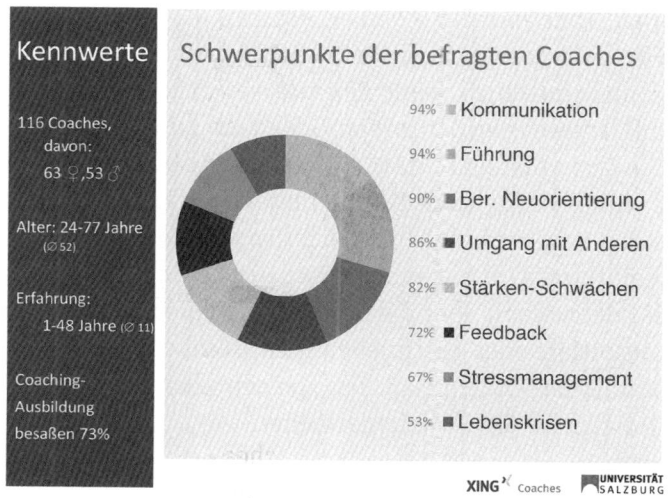

Abb.: Beschäftigungsschwerpunkte von Coachs (XING Coaches, 2017)

*Stressmanagement*

So weist etwa die im Sommer 2017 zum Thema eCoaching durchgeführte Umfrage der Universität Salzburg zusammen mit XING Coaches ähnliche Themen auf wie die zuvor genannten. Stressmanagement und Lebenskrisen rücken weiter nach vorne als noch in der Vergangenheit (Abb. S. 33).

*Die digitale Anwendung von Coaching ist in der Breite noch nicht angekommen*

Und obwohl digitale Techniken und in diesem Zusammenhang auch virtuelle Formate des Online-Coachings in den Fachmedien, den Verbänden, in Foren und auf Kongressen intensiv diskutiert werden, lässt die breite Anwendung noch auf sich warten. Alle Studien, die es rund um das Thema Coaching bislang gibt, belegen es: Der Coaching-Markt im deutschsprachigen Raum ist nach wie vor von der Präsenz, also dem persönlichen Treffen von Coach und Coachee an einem gemeinsamen Ort, beherrscht.

Woher kommt das? Grundsätzlich ist Coaching bei Führungskräften und Personalentwicklern als wirksame Methode etabliert. Beim Mitarbeiter nach wie vor deutlich weniger.

*Die Ursache: Coachs schrecken noch vor den Herausforderungen der virtuellen Arbeit zurück*

Immer wieder wird der Begriff mit Sport oder schlimmer noch Therapie in Verbindung gebracht. Doch glaube ich nicht, dass das die Hauptursache für Zurückhaltung gegenüber virtuellen Formaten ist. Hier vermute ich eher, dass wir als Coachs noch vor den Herausforderungen der virtuellen Arbeit zurückschrecken oder uns einfach zu wenig Zeit nehmen, um uns über die Zukunft unserer eigenen Arbeit Gedanken zu machen. Können Sie sich vorstellen, dass die vermeintliche Einschränkung der online verfügbaren Wahrnehmungskanäle durchaus ihren Charme haben können? Vielleicht sogar den Prozess positiv beeinflussen? Ich glaube, dieser Aspekt wird häufig übersehen, denn wenn über die Vorteile virtueller Coaching-Formate diskutiert oder geschrieben wird, steht häufig die Zeiteinsparung im Vordergrund. Das spiegelt auch die nun schon öfter zitierte XING-Umfrage wieder:

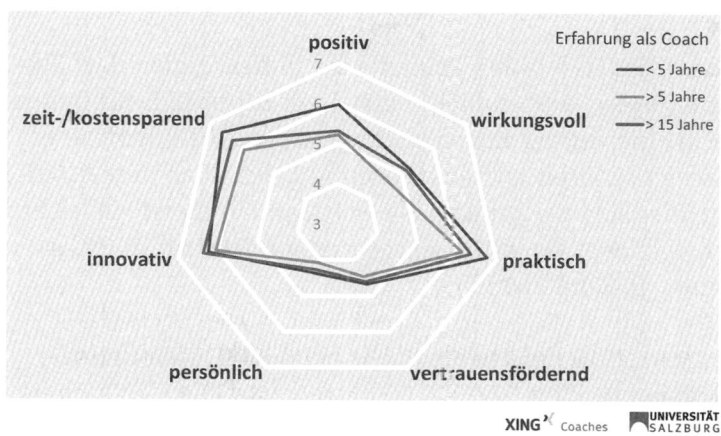

Abb.: Wie denken Sie über eCoaching? (XING Coaches, 2017)

**Verwirrung in der Begriffswelt**

Wie kommen wir als Coachs hier weiter? Coaching als Präsenzformat ist nachweislich höchst effektiv und wirksam. Klug kombiniert mit der Fülle an virtuellen Möglichkeiten, lässt sich die Erfolgsrate deutlich steigern. Als Coach schaffe ich mir mehr Interaktionspunkte, größere Flexibilität und ein breiteres Portfolio.

Schwierig ist es nach wie vor, eine gute Übersicht über den Markt zu bekommen. Auf der Suche nach einem Coach für Präsenz gibt es eine Vielzahl an Angeboten. Verbände bieten über ihre Zertifizierungen einen Qualitätsnachweis. Auch Stiftung Warentest hat sich mit der Auswahl von Coachs beschäftigt, sodass hier eine Handlungsempfehlung zu finden ist. Hilfreich sind sicherlich auch regionale und überregionale Vergleichsportale, auf denen zumindest teilweise Arbeitsproben und Qualifikationsnachweise abrufbar sind. Soziale Netzwerke wie XING Coaches + Trainer bilden ebenfalls eine mögliche Informationsquelle. Allerdings stellen die Coachs ihre Profile dort selbst ungeprüft und ohne Qualitätskontrolle ein. Wer sich gerne an Aussagen von Kunden orientiert, hat

*Verzeichnisse bieten gute Übersichten über „klassische" Coachs. Digitale Experten lassen sich (derzeit) noch weniger gut finden*

# 1. Der Coaching-Markt

hier aber zumindest die Möglichkeit, unabhängige Bewertungen für den einzelnen Coach einzusehen.

*Kein offizielles Berufsbild für Online-Coachs*

Leider existieren bisher keinerlei Qualitätskriterien oder Zertifizierungen, ja noch nicht einmal ein Berufsbild, für Online-Coachs. Hier ist der Kunde allein gelassen. Wie schafft er es zwischen seriösen und unseriösen Angeboten zu unterscheiden? Hier sind Sie gefragt. Die Auftragsklärung ist vielleicht noch wichtiger als im Präsenzcoaching (mehr zur Auftragsklärung ab Seite 220 ff.).

Am 19.07.2019 lieferte die Suche bei Google nach Online-Coaching ungefähr 577.000.000 Ergebnisse, Digital-Coaching erschien in 415.000.000 Ergebnissen und E-Coaching brachte es auf ungefähr 593.000.000 Ergebnisse. Im März 2014 waren das noch ca. 74.000 Ergebnisse. Die Zahl der Erläuterungsversuche ist endlos und doch scheint Online-Coaching eher stiefmütterlich behandelt und von den professionellen Coachs kritisch beäugt zu werden.

> Machen Sie gerne einmal die Gegenprobe: Wie sieht es aktuell, jetzt in diesem Moment, in dem Sie das Buch in Händen halten, aus? Auf wie viele Treffer kommen Sie? Und wenn Sie sich die Mühe machen, einmal querzulesen? Fühlen Sie sich ausreichend und qualifiziert informiert?
>  …

*Die Herausforderung: die neue Expertise sichtbar machen*

Die Entwicklung dieser Zahlen lässt erahnen, dass sich das Thema Online-Coaching wachsender Beliebtheit erfreut. Mit Blick auf die Entwicklungen der Arbeitswelt ist dies absolut nachvollziehbar und ich bin der Meinung, dass die reinen Präsenzgeschäftsmodelle langfristig ausgedient haben werden. Spannend wird, wie wir unsere Expertise und die Qualität, die wir bieten, sichtbar und nachvollziehbar machen können. Daran arbeiten zum Beispiel immer wieder Interessengruppen auch für Online-Trainer, wie zum Beispiel der Berufsverband (*www.bv-online-bildung.de*).

## Online-Coaching – eine ernst zu nehmende Entwicklung

Ist Online-Coaching eine Modeerscheinung? Nein, auf keinen Fall. Alle, die sich schon länger mit virtuellen Coaching-Formaten beschäftigen, sehen hier Potenzial, um unsere berufliche Zukunft zu sichern. Das bestätigt beispielsweise auch die Deutsche Gesellschaft für Personalführung e.V. (DGFP), die virtuellem Coaching eine zunehmende Bedeutung prognostiziert. Spannend in diesem Zusammenhang ist eine Aussage aus der Honorar- und Gehaltsstudie von managerSeminare (2019), dass es den Trainern häufig nicht gelingt, mit Coachings die Rückgänge auf dem klassischen Trainingsmarkt zu kompensieren. Virtuelle Formate werden im Traningskontext schon heute eingesetzt, um Wissen zu vermitteln. Aufwendigere und für Unternehmen deutlich teurere Präsenztage werden tendenziell eher zum Üben und Ausprobieren des Gelernten genutzt werden. Das ist für mich ein Indiz dafür, dass sowohl im Training als auch im Coaching der virtuelle Weg bzw. die sinnvolle Mischung verschiedenster Formate für den zukünftigen Erfolg entscheidend sein wird. Wer jetzt die Chancen nutzt, und sich gut positioniert, wird die Nase vorne haben. Denn den Rückgang von Verdienstmöglichkeiten mit klassischen Formaten bestätigen die Trends in den bereits genannten Studien.

*DGFP bescheinigt virtuellem Coaching eine zunehmende Bedeutung*

Noch ein anderer Gedanke dazu: Die „Digital Natives" sind auf dem Vormarsch. Ich habe selbst Kinder, und obwohl wir noch ziemlich offline unterwegs sind, wachsen unsere Kinder selbstverständlich mit Smartphones und dem Internet auf. Für sie wird es naheliegend sein, sämtliche Unterstützung im Netz zu suchen. Denn schließlich ist das ja in Zukunft immer und überall verfügbar – statt Anleitungen zu lesen, suche ich mir in Windeseile ein passendes Erklärvideo und bekomme anschaulich die Umsetzung visualisiert.

*Digital Natives werden digitale Coaching-Formate einfordern*

Widmen wir uns kurz der Demografie und den Auswirkungen auf Unternehmen, die die unterschiedlichen Generationen und deren Erwartungen mit sich bringen. Die Werte, Vorstellungen und Erwartungen der Generationen gehen teilweise stark auseinander. Konflikte sind in der Arbeitswelt vorprogrammiert. Jede Generation bringt typische Kommunikationsmuster, Verhaltensweisen und Ansichten mit. Offensichtliche oder unterschwellige Spannungen bergen Herausforderungen für die Führungskräfte. Was kann hier besser ansetzen als individuelles Coaching? Zugegeben, Trainings zu generationengerechtem Führen können und werden ein Stück weit helfen. Dennoch sind die zukünftigen Führungskräfte oft selbst Teil dieser Spannungsfelder und benötigen voraussichtlich konkretere Hilfestellungen für Perspektivenwechsel, Verständnisaufbau und vieles mehr.

*Unterschiedliche Lernpräferenzen unterschiedlicher Generationen*

Beispiele zu den Unterschieden findet man in den Lernpräferenzen. Je nach Generation sind wir mit anderen Ansätzen groß geworden und die haben unsere Lernpräferenzen geformt. Betrachten wir uns die Lernpräferenzen der vier Generationengruppen Babyboomer (Geburtsjahr 1946-1964), Generation X (Geburtsjahr 1965-1979), Generation Y (1980-1995) und Generation Z (1996-2012).

*Babyboomer*

Die *Babyboomer* lieben es, aus mehreren Optionen die für sie passende auszuwählen. Sie schätzen jedoch nach wie vor das Face-to-Face-Setting. Lernziele finden sie attraktiv, wenn sie für Karriereziele relevant sind. Komplexe Aufgaben und Gedankengänge sind gern gesehen. Sie sehen den Coach als Experten, der eine gewisse Autorität verströmt.

*Generation X*

Die *Generation X* startet viel früher. Sie entscheidet erst mal selbst, ob sie überhaupt Interesse an Weiterbildung hat. Gerne nutzt diese Altersgruppe Blended-Learning-Ansätze. Zum Lernen oder Verändern werden sie motiviert, wenn dadurch die berufliche Position verbessert werden kann. Sie lieben selbstbestimmtes Lernen und zielführende, pragmatische Aufgaben. Sie erhalten als Coach in der Regel sehr direktes und offenes Feedback. Sie sollten als Coach professionell und kompetent anleiten, werden aber nicht als Autorität wahrgenommen.

*Generation Y* sieht das Angebot von Entwicklungsmaßnahmen als Belohnung für gute Leistungen. Sie lieben persönliche Kontakte, kommen aber auch gut mit virtuellen Medien zurecht. Lernziele werden gerne adaptiert, wenn der Weg dorthin Spaß macht und sich eine unmittelbare Belohnung abzeichnet (z.B. Aufstiegsmöglichkeiten). Sie brauchen die Beziehung und die Interaktion. Aufgaben sollten Kreativität fordern und in Häppchen bereitgestellt werden. Sie suchen stets nach dem Sinn der Aufgabe. Deshalb ist es hier besonders wichtig, als Coach den großen Zusammenhang im Auge zu haben und regelmäßig zu erläutern. Sie erwarten, dass Sie als Coach begleitend zur Verfügung stehen. Gerne informell und persönlich. Moderne Technologien (auch Gamification) liebt die Generation Y, denn sie ist mit viel Action groß geworden und langweilt sich schnell.

*Generation Y*

Die Youngsters der *Generation Z* lieben multidimensionales Lernen. Ob Face-to-Face oder virtuell, spielt dabei keine wesentliche Rolle. Diese Generation ist mit Eifer dabei, wenn die Lernziele einen bestimmten, sinnstiftenden und nachvollziehbaren Zweck verfolgen und die eigene Entfaltung unterstützen. Sie lieben selbstbestimmtes Lernen mit viel Interaktion und spielerischen Elementen. Häppchen sind empfehlenswert. Nehmen Sie sich für eine Sitzung nicht zu viel vor. Als Coach sind Sie schnell ersetzbar, wenn Sie keinen Mehrwert mehr bieten. Seien Sie darauf gefasst. Gerade die Generationen Babyboomer, Y und Z stehen dem Coaching an sich aufgeschlossen gegenüber. Die Generation X muss erst überzeugt werden. Hier sind Sie als Coach besonders gefordert, den Mehrwert Ihrer Arbeit unter Beweis zu stellen. Jetzt ist es an Ihnen, Ihre Zielgruppen entsprechend einzuschätzen. Gerade bei den Generationen Y und Z werden Sie meiner Meinung nach langfristig nicht um virtuelle Komponenten herumkommen.

*Generation Z*

*Tipp:*
*Ihre eigene*
*Generationen-*
*zuordnung prägt*
*wahrscheinlich*
*Ihre persönliche*
*Einstellung*
*zu manchen*
*Lernszenarien*

*Virtuelle Anteile sollten Sie für Ihre langfristige Erfolgssicherung als Coach im Blick haben*

Vielleicht ist es voreilig zu sagen, dass Coachs, die keine virtuellen Komponenten anbieten können, langfristig „arbeitslos" werden. Ich bin jedoch felsenfest davon überzeugt, dass mit dem Wechsel der Generationen reine Präsenzcoachs ausgedient haben werden. Ein Umdenken und vorsichtiges erstes Ausprobieren ist für langfristige Erfolgssicherung unumgänglich.

Wenn Sie sich als Online-Coach positionieren möchten, ist es wichtig, dass Sie sich selbst Transparenz über verschiedene Formen des virtuellen Coachings verschaffen, Ihre Qualitätskriterien definieren, um den Mehrwert Ihrer Arbeit durch die Kombination verschiedener Formate verdeutlichen. Denn die aufgezeigten Entwicklungen werden schnell dazu führen, dass eine unüberschaubare Zahl an Online-Coachs wie Pilze aus dem Boden schießen, die es dem potenziellen Kunden nicht leicht machen werden, seine Wahl zu treffen.

Die folgenden Kapitel sollen Ihnen dabei helfen, indem sie den Blick auf das Meer der (fast) unbegrenzten Möglichkeiten eröffnen. Sie selbst entscheiden,

▶ ob Sie auf dem bekannten Festland bleiben möchten,
▶ ob Sie erste Schritte hin zur nächstliegenden Insel gehen möchten,
▶ ob Sie sich gleich weit ins endlose Meer des digitalen Coachings hinauswagen,
▶ mit welchem Verkehrsmittel Sie auf die Reise gehen – schwimmen Sie, nutzen Sie ein einfaches Ruderboot oder soll es besser sofort die Luxusjacht sein?

Ich lade Sie ein, mit mir auf eine kleine Exkursion zu gehen. Wir werden lernen, Gefahren sicher zu umschiffen, Erfolgsinseln entdecken und vieles mehr. Vielleicht finden Sie so Ihren persönlichen Weg in Ihre virtuelle Zukunft.

# 2. Online-Coaching – Worum genau geht es dort?

Online-Coaching ist eine sinnvolle Ergänzung zum klassischen Coaching und eine Form mit Zukunft, denn Digitalisierung und moderne Arbeitswelten bedingen, dass wir uns auch für die Zusammenarbeit zwischen Coach und Klient neue Wege erschließen. Es geht nicht automatisch immer um ein „Entweder-oder", vielleicht ist auch das „Sowohl-als auch" ein sinnvoller Weg? Mir wird Online-Coaching in der aktuellen Zeit zu sehr als Erleichterung mit Blick auf Reisezeiten diskutiert. Natürlich sparen wir uns Aufwand, wenn wir uns nicht an einen bestimmten Ort mit dem Klienten treffen. Logisch können wir unsere Zeit vielleicht besser einteilen und nutzen. Aber das alleine wäre zu kurz gedacht, denn Online-Coaching bietet so viel mehr, wenn wir ihm eine echte Chance geben, ohne die Risiken auszublenden. Was das genau bedeutet und welche Vor- und Nachteile das Online-Coaching mit sich bringt, damit beschäftigt sich dieses Kapitel. Machen Sie sich selbst ein Bild.

## 2.1

# Definition – Was bedeutet Online-Coaching?

Egal, welcher Begriff verwendet wird (electronic Coaching, webbasiertes Coaching, virtuelles Coaching, E-Coaching, ...), es geht grundsätzlich immer um Coaching mit Unterstützung von digitalen Medien. Das bedeutet, dass die Kommunikation nicht von Angesicht zu Angesicht am gleichen physischen Ort stattfindet, sondern über digitale Medien. Das kann alles sein, vom Chat bis zur Coaching-Plattform.

*Online-Coaching: Coaching mit Unterstützung von digitalen Medien*

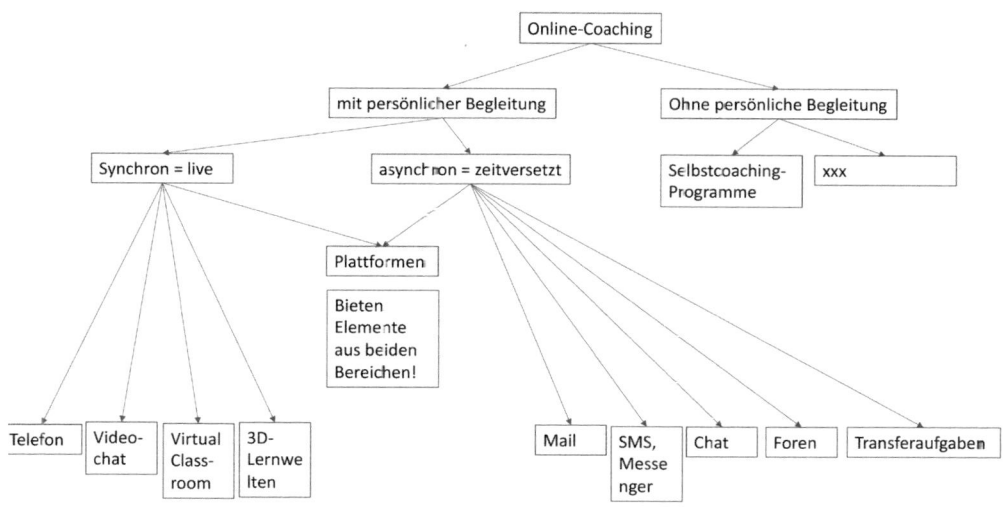

Abb.: Synchrone und asynchrone Varianten des Online-Coachings

*Blended Coaching*   Von „Blended-Coaching" sprechen wir, sobald es sich um eine Mischform der Formate handelt. In der Vergangenheit verstand man aus wissenschaftlicher Sicht unter „Blended" die Kombination von einem Online- und einem Präsenzformat. Inzwischen wandelt sich diese Begriffswelt und auch die Kombination von zwei verschiedenen Online-Formaten wird zunehmend als „Blended-Konzept" bezeichnet. Beispielsweise könnte das erste Treffen persönlich und die weiteren per Video-Chat stattfinden, oder sich Telefonat und virtuelle Treffen in der 3-D-Welt abwechseln. Denkbar sind unterschiedliche Kombinationen auch mehrerer Formate, je nach Anlass, Ablauf und vorhandener Möglichkeiten beim Klienten und Coach. Beispiel: persönliches Treffen zu Beginn und Abschluss des Prozesses, Video-Chat-Meetings und zwischendurch Reflexionsfragen per Mail.

*Virtuelles Coaching*   Im virtuellen Coaching (analog zum Training) wird unterschieden zwischen asynchroner Kommunikation, d.h., Coach und Coachee arbeiten zeitversetzt miteinander, und synchroner, also zur gleichen Zeit stattfindender Kommunikation.

## 2.2

# Mögliche Online-Formate – Was bietet der Coaching-Markt aktuell?

Bis noch vor einigen Jahren spielten virtuelle Coaching-Alternativen noch keine nennenswerte Rolle. Die Umfrage 2015/2016 vom Büro für Coaching und Organisationsberatung bescheinigt, dass 85 Prozent der befragten Coachs zu dieser Zeit auf Face-to-Face-Coaching setzten. Eine untergeordnete Rolle spielte noch Coaching via Telefon, doch bei der Anwendung weiterer Coaching-Formate war es mager:

*Bis vor wenigen Jahren spielte virtuelles Coaching noch keine Rolle*

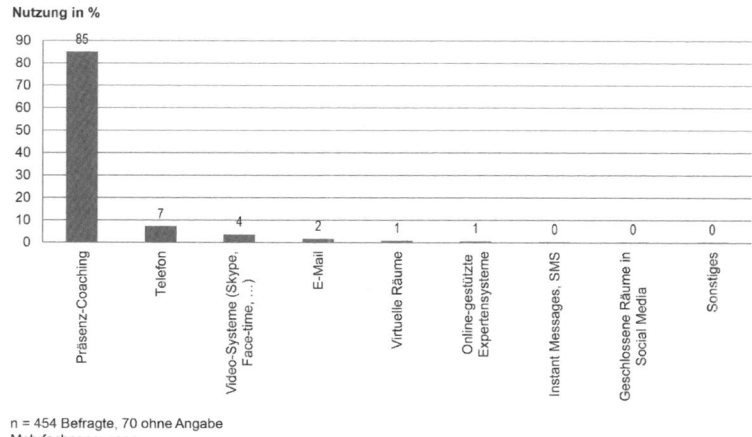

n = 454 Befragte, 70 ohne Angabe
Mehrfachnennungen

Abb.: Genutzte Kommunikationskanäle im Coaching (2016)

Online-Coaching legt jedoch langsam zu, wenn man den Vergleich zur Umfrage der Universität Salzburg mit XING Coaches+Trainer heranzieht:

## 2. Online-Coaching – Worum genau geht es dort?

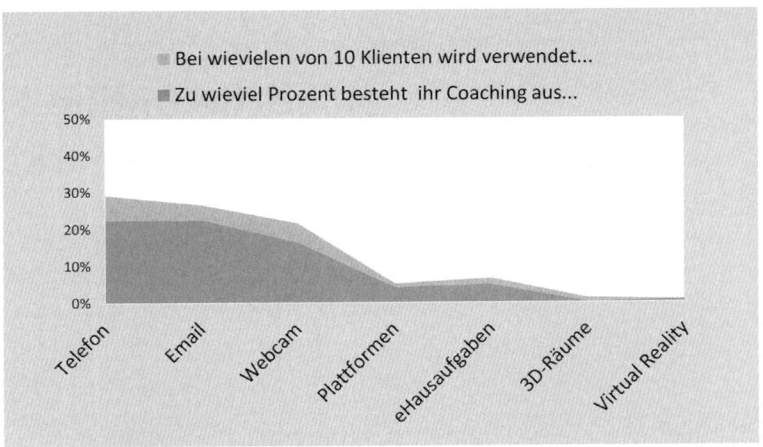

Abb.: (Wie) wird eCoaching verwendet? (XING Coaches 2017)

*Typische Anwendungsformen*

Allerdings dominieren nach wie vor Telefon, Mail und etwas mehr Video-Chat. Dabei bietet der Markt so viel mehr an Möglichkeiten. Ein paar Beispiele (detaillierte Beschreibung in Kapitel 4):

- E-Mail-Coaching über bestehende E-Mail-Dienste
- Video-Chat-Systeme
- Textbasierte, informierende Problemlösungs-Tools und Selbstcoaching-Angebote
- Interaktive, textbasierte Coaching-Plattformen mit Coach-Vermittlung nach Bedarf
- Vorstrukturierte Coaching-Plattformen mit Begleitung durch einen Coach und 3-D-Visualisierung
- Virtuelle Klassenzimmer, in denen unter Anleitung des Coachs live gearbeitet und visualisiert wird
- Virtual-Reality-Systeme, in denen mit Avataren gearbeitet wird

## 2.3

# Virtuell unterwegs sein – Warum nicht auch im Coaching?

Die Anzahl der Coachs, die virtuelle Medien in größerem Stil nutzen, ist noch gering. Woran liegt das? Was hindert uns Coachs, die „neuen" Medien nicht viel häufiger in unserem Arbeitsalltag einzusetzen? Vielleicht finden Sie sich in der ein oder anderen Aussage der XING Coaches-Umfrage wieder?

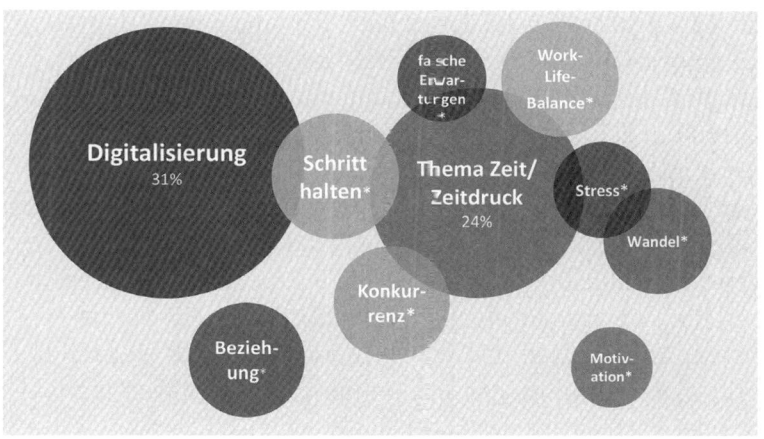

Abb.: Herausforderungen als Coach (XING Coaches. 2017)

*Digitalisierung als entscheidende künftige Herausforderung*

Welche Sorgen verbergen sich dahinter?

- Wie schaffe ich es, die Balance zwischen persönlichem und unpersönlichem Austausch zu halten?
- Wie bleiben wir in einer Welt, die kontaktärmer wird, am Ball?

*Die Angst vor dem Unbekannten*

- ▶ Wird mir der Klient vertrauen? Was muss ich tun, um Vertrauen aufzubauen?
- ▶ Wie schaffe ich es, meine eigene Work-Life-Balance zu erhalten? Muss ich für den Klienten rund um die Uhr, auch am Wochenende, erreichbar sein?
- ▶ Was kommt in Bezug auf Datensicherheit auf mich zu?

> Vielleicht gehen Ihnen diese oder ähnliche Fragen durch den Kopf? Welche Gefahren sehen Sie, wenn Sie sich aufs Meer der Möglichkeiten wagen? Nehmen Sie sich etwas Zeit, um Ihre wahren Hinderungsgründe zu erforschen:
> ▶ …

Während der Entstehung dieses Buches und dem Studium der zuvor aufgeführten Analysen habe ich eine eigene Umfrage aufgesetzt und über die Social-Media-Kanäle verbreitet. Hauptsächlich in Foren und Gruppen zu den Themen HR, Coaching, E-Training, Arbeitswelt und Ähnlichem. Das ist keine fundierte empirische Untersuchung, und doch bestätigen die Antworten der 44 Teilnehmer das bisher beschriebene „diffuse" Bild rund um das virtuelle Coaching. Knapp 60 Prozent der Teilnehmer waren Coachs. Die restlichen 40 Prozent setzten sich zusammen aus Führungskräften, HR-Spezialisten, Angestellten und Trainern, von denen die meisten bereits eigene Erfahrungen mit Online-Coaching haben (sowohl aus der Perspektive des Coachee als auch als Coach).

Am häufigsten kamen Video-Telefonie-Systeme zum Einsatz, knapp gefolgt von E-Mail und Telefon. Insgesamt waren alle Varianten vertreten, die im Kapitel 4 näher vorgestellt werden. Eine Frage zielte auf die Grenzen des online geführten Coachings ab: „Ich kann mir Online-Coaching für alle Anliegen vorstellen." Spannenderweise gab es hier keine Mehrheit für oder gegen diese Aussage, sondern eine absolute 50:50-Verteilung. Die ergänzenden Kommentare zeigten, dass die

Teilnehmer bei tief gehenden persönlichen Themen eher das Face-to-Face-Setting, also die Begegnung auf „Tuchfühlung", favorisieren. Andererseits antworteten nur knapp sieben Prozent der Teilnehmer auf die Frage, ob persönliche Nähe im Online-Coaching möglich ist, mit einem klaren Nein. Dagegen bestätigten 45 Prozent, dass dieser Beziehungsaufbau möglich ist, der Rest macht es abhängig von Thema und Situation.

> Wie geht es Ihnen selbst? Welche Erfahrungen haben Sie mit E-Coaching – in welcher Form auch immer – gemacht?
> ▶ ...

Leben wir Präsenzcoachs hier auf der Insel der Glückseligen mit schönen Stränden, berechenbaren Wassertiefen, vorhersagbaren Wetterlagen? Haben wir es etwa nicht nötig, uns aufs große weite Meer und die damit verbundenen Unsicherheiten zu wagen, um Neues zu entdecken? Sind unsere potenziellen Auftraggeber uns räumlich noch so nah oder nehmen wir die Reisezeiten einfach auf uns, weil sie dazugehören? Oder trauen wir uns einfach nicht hinaus, weil es dort zu viel Unbekanntes gibt? Hemmen uns Ängste und Befürchtungen? Oder haben wir schlicht die Möglichkeiten noch nicht für uns erkannt?

Ich glaube, diese Frage kann nur jeder Coach für sich selbst entscheiden – wichtig ist, dass wir zumindest einen wohlwollenden Blick auf die Landkarte des Coachings und die noch teilweise im Nebel liegenden neuen Ufer des Marktes werfen. Und uns dann ein eigenes, fundiertes Bild machen.

*Ein wohlwollender Blick auf die Landkarte des virtuellen Coachings lohnt sich*

Sie sollten sich dann allerdings nur für den Weg ins E-Coaching entscheiden, wenn Sie selbst davon überzeugt sind, dass Sie Ihre Arbeit genauso gut an Ihre Klienten bringen, wie das Face-to-Face der Fall ist. Und wenn Sie Spaß daran haben, Neues auszuprobieren. Sind Sie selbst skeptisch und hegen Vorbehalte, werden Sie Ihre Kunden nicht wirklich überzeugend belgeiten können.

*Wie viele virtuelle Dienste nutzen Sie bereits heute – privat und beruflich?*

Dazu noch eine persönliche Anmerkung: Werfen wir einen Blick auf unser eigenes Verhalten. Wie viele virtuelle Dienste nutzen Sie heute schon – egal, ob beruflich oder privat? Benutzen Sie Ihr Smartphone mehr als zwei Stunden am Tag? Sind Sie auf Social-Media-Kanälen wie XING, LinkedIn, Facebook oder anderen Plattformen passiv oder aktiv tätig? Informieren Sie sich via Google, Bing oder anderen Suchdienste? Lesen Sie E-Books? Nutzen Sie YouTube, wenn Sie Funktionsweisen von Geräten verstehen möchten? Bestellen Sie Ihre Waren im Internet, oder suchen Sie lieber das örtliche Ladengeschäft auf? Lesen Sie Landkarten, oder fahren Sie nach den Anweisungen Ihres Navigationsgerätes? Haben Sie zu Hause eine „Alexa" oder ähnliche smarte Geräte?

Die Therapieforscherin Prof. Dr. Christiane Eichenberg konstatierte bereits 2014, dass 44 Prozent der deutschen Internetnutzer bereit sind, bei psychischen Problemen Online-Hilfe in Anspruch zu nehmen. Da erscheint es logisch, dass auch die persönliche Weiterentwicklung mehr in die virtuelle Welt verlagert wird. Und Coaching wirkt. Das ist erwiesen.

*Bedarf an Coaching wird steigen, Zeit für Präsenz wird knapper*

Der Bedarf an Coaching wird noch weiterwachsen. Betrachten wir den Alltag einer Führungskraft im mittleren oder oberen Management: Kaum eine Führungskraft verlässt das Büro, ohne nach offiziellem Dienstschluss noch „schnell" die geschäftlichen Mails zu checken, daraus resultierende Aufgaben an die Mitarbeiter weiterzuverteilen etc. Die Übergänge von Beruflichem und Privatem sind fließend. Zeit wird knapper, Führung wichtiger, Kunden werden anspruchsvoller, Märkte umkämpfter, Entscheidungen schneller (Sie erinnern sich an VUKA) ... Dabei werden starre Prozesse und machtbezogene Hierarchien immer weiter aufgebrochen. Veränderungen sind an der Tagesordnung und Kommunikationsstärke gewinnt an Bedeutung. Nicht jeder Manager kommt mit diesen Anforderungen klar und schafft es, persönliche Grenzen zu ziehen.

Viele arbeiten über die persönliche Belastungsgrenze hinaus und riskieren die Gesundheit, um in der Arbeitswelt ihren Platz zu erhalten. An dieser Stelle kommen wir Coachs häufig ins Boot. Spannenderweise eben nach wie vor häufig mit physischer Präsenz.

Es spiegelt nicht annähernd die sonst so vertraute Nutzung von virtuellen Medien in unserem beruflichen und privaten Alltag wider. Woran liegt das? Sind wir Coachs so konservativ? Setzen wir bewusst auf eine Gegenbewegung zur Digitalisierung? Ich glaube nicht. Aber vielleicht ist das alte Sprichwort „Schuster, bleib bei deinen Leisten" noch zu stark in unserer Denkweise verankert? Vielleicht ist vielen schlicht und einfach auch nur nicht bewusst, welche Vorteile jeder für seinen eigenen Arbeitsalltag aus den neuen Möglichkeiten ziehen kann?

## 2.4

# Wirksamkeit von Online-Begleitung

Das Prinzip der „Fernbegleitung" funktioniert nachgewiesenermaßen schon seit dem Ersten Weltkrieg. Damals in Papierform über die Briefseelsorge der Kirchen. Auch in der Krisenhilfe sind Telefon-Hotlines seit den 1970er-Jahren sehr beliebt. E-Mail-Beratung gehört zum Standardangebot der Arbeiterwohlfahrt. Und auch Selbsthilfeforen im Internet erfreuen sich großer Beliebtheit.

*Online-Beratung hat in der psychosozialen Arbeit bereits einen festen Platz*

Online-Beratung ist in der psychosozialen Arbeit schon seit Beginn des neuen Jahrtausends fest verankert. Wobei hier die E-Mail das meistgenutzte Medium darstellt. Gerade die intensive Beschäftigung mit sich selbst und der Notwendigkeit, Probleme und Lösungen schriftlich zu formulieren, verhilft den Patienten zu einer tiefen Reflexion. Der Zustand des Bei-sich-Seins, den Therapeuten mit klassischen Techniken zu erreichen versuchen, lässt sich gerade in der Online-Beratung per Mail recht leicht herstellen. Da es keinen Zeitdruck durch konkrete Sitzungstermine bzw. das Ende der vereinbarten Zeit gibt, wird der Prozess für den Klienten entschleunigt.

Hier ein paar Studienauszüge über die Wirksamkeit von Online-Therapie-Formaten:

Der Pädagoge und Theologe Prof. Dr. Richard Reindl (2015) ist sich sicher, dass Online-Beratung und -Therapie weiter auf dem Vormarsch ist:

*„Verfolgt man die Debatten und Studien zu möglichen therapeutischen Angeboten im Netz, so lässt sich konstatieren, dass internetgestützte Therapien im Bereich der psychischen Auffälligkeiten und Störungen in Deutschland – unter Berücksichtigung des Fernbehandlungsverbotes – auf dem Vormarsch sind und im Ausland (z.B. Niederlande, Schweden) teilweise bereits zum Regelangebot therapeutischer Versorgung gehören ... Angesichts aktueller Entwicklungen bedarf es also keiner hellseherischen Fähigkeiten, um zu prognostizieren, dass Beratung und Therapie via Internet in unterschiedlichen Formaten und für unterschiedliche psychische respektive psychosoziale Probleme auf dem besten Weg ist, selbstverständlicher Teil der Beratungs- und Therapielandschaft zu werden."*

*Internetgestützte Therapien auf dem Vormarsch*

Christine Knaevelsrud und Andreas Maercker veröffentlichten in 2007 eine empirische Studie, die nachwies, dass es möglich ist, eine stabile positive und therapeutische Beziehung im Rahmen einer internetbasierten Therapie aufzubauen: *„A stable and positive online therapeutic relationship can be established through the Internet which improved during the treatment process."* (Knaevelsrud & Maercker, 2007)

Kognitive Verhaltenstherapie (CBT = Cognitive Behavior Therapie) funktioniert zum Beispiel bei Angststörungen und Depressionen über das Internet nachweislich wirksam und praktikabel. Auch bei Menschen, die ohne diese Möglichkeit vermutlich unbehandelt blieben. *„Computerized CBT for anxiety and depressive disorders, especially via the internet, has the capacity to provide effective acceptable and practical health care for those who might otherwise remain untreated."* (Andrews, Cuijpers, Craske, McEvoy & Titov, 2010)

*Hohe Wirksamkeit bei Angststörungen oder Depressionen*

Caroline Kaneider und Vera Eberle publizierten 2011 eine Seminararbeit zur Lehrveranstaltung „Forschungsseminar: Neuere psychologische Fachliteratur", Schwerpunkt Internet und Psychologie. Darin führen sie aus, dass die Beratungstätigkeit im Internet einen jährlichen Zuwachs von über 70 Prozent erfährt. Und das vor allem von ausgebildeten Fachkräften.

*Zuwächse im therapeutischen Bereich von über 70 Prozent*

*Auch in der Therapie gilt das digitale Angebot „nur" als Ergänzung herkömmlicher Kommunikationsformen*

Wobei klar herausgestellt wird, dass das Internet nicht unbedingt als Ersatz, sondern oft eher als Ergänzung oder Erweiterung herkömmlicher Kommunikationsformen gilt.

Auch die deutschen Krankenkassen bieten schon erfolgreich Online-Therapie-Plattformen an und führen Nachweise über die Wirksamkeit dieses Vorgehens. Erfolgsbeispiele gibt es in verwandten Bereichen mehr als genug. Bleibt die Frage, warum wir uns als professionelle Coachs und Berater oft so schwer mit den Online-Formaten tun. Glauben Sie, diese Erfolge sind auf das Business-Coaching übertragbar? Ich denke ja, da ich selbst unterschiedlichste Formate anwende. Und sie haben alle ihren Schrecken verloren.

> Bevor Sie weiterlesen, denken Sie bitte kurz darüber nach, welche Vorteile Sie für Ihre Arbeit als Coach sehen, wenn Sie virtuelle Formate nutzen würden. Was könnte Sie motivieren?
> ▶ …

## 2.5

# Ein Gedankenexperiment – Testen Sie Ihre persönliche Einstellung zum Online-Coaching

Bitte stellen Sie sich folgende Situation vor:

> Sie sitzen in einem Café, die Sonne scheint und Sie genießen es, die Leute um Sie herum zu beobachten. Da fällt Ihr Blick auf eine Familie am Nebentisch. Die Frau trägt ein schönes Kleid, hat einen Pferdeschwanz, ist nicht übermäßig geschminkt – sie sieht einfach nur gepflegt und sympathisch aus. Daneben sitzen ein kleiner Junge und dann vermutlich der Papa dazu. Groß, attraktiv, gepflegt. Auf den ersten Blick eine ganz „normale" nette Familie. Plötzlich dreht sich der Mann um und Sie verschlucken sich fast an Ihrem Wasser. Sie müssen sich zwingen, ihn nicht anzustarren. Auf der Ihnen bisher abgewandten Gesichtshälfte ist er über und über tätowiert und gepierct. Mal ehrlich: Was geht Ihnen jetzt gerade durch den Kopf?
>
> Sie beobachten, wie der kleine Junge seine Mama an den Rand der Beherrschung bringt, weil er ständig den Zucker auskippen will. Sie können die aufgestaute Wut förmlich fühlen. Da schnappt sich der Papa den kleinen Jungen, setzt ihn auf seinen Schoß und beginnt ein ruhiges, aber bestimmtes Gespräch mit ihm. Er macht das richtig gut und Sie sind positiv überrascht, denn der Kleine verhält sich danach manierlich und die Mama entspannt sich zusehends. Was denken Sie jetzt über dieselbe Person?
> ▶ ...

*Das genannte Beispiel-Szenario im beruflichen Kontext*

Betrachten wir uns diese Situation in einem beruflichen Kontext:

Sie haben nach einem guten Auftragsklärungsgespräch einen Termin mit Ihrem neuen Klienten vereinbart. Sie treffen sich in Ihren Büroräumen. Sie sehen einen großen, attraktiven und gepflegten Mann auf Ihr Gebäude zueilen. Vielleicht geht Ihnen spontan so etwas durch den Kopf wie „Der wirkt ja sympathisch, das wird bestimmt eine gute Zusammenarbeit". Als Sie ihm motiviert die Tür öffnen, erstarren Sie innerlich, denn er hat Ihnen seine über und über tätowierte und gepiercte Gesichtshälfte zugewandt. Verändert sich Ihr erster Eindruck? Auf welche Weise? Werden Sie es schaffen, sich im Coaching ganz auf sein Anliegen zu konzentrieren, ohne sich von der Optik Ihres Klienten ablenken zu lassen? Sind Sie sich sicher? Jeder von uns macht sich innerhalb von Sekunden ein Bild von unserem Gegenüber und steckt ihn oder sie in eine von uns definierte Schublade. Wir entscheiden spontan, ob uns der Mensch sympathisch ist oder eben nicht. Was bedeutet das für unsere tägliche Arbeit als Coach? Wie professionell können wir in unserem Arbeitsalltag mit subjektiven Eindrücken umgehen? Haben Sie schon einmal eine Kundenbeziehung abgebrochen, weil der erste Eindruck Sie abgeschreckt hat?

Lassen Sie uns zu dem Mann mit seinem individuellen Äußeren zurückspringen. Je nachdem, auf welcher technischen Basis Ihr Online-Meeting stattfindet, arbeiten Sie zuerst mit dem Klienten an dessen Themen, ohne ein echtes „Bild" von ihm zu haben. Oft arbeiten wir online mit Fotos oder sogar ganz ohne die optische Darstellung des Coachee. Ich schalte häufig auch bewusst aus diesem Grund die Videokamera aus, um mich voll auf den Inhalt konzentrieren zu können. Es kann ein echter Vorteil von virtuellem Arbeiten für die unvoreingenommene Haltung gegenüber dem Coachee und die Arbeit mit ihm sein, wenn dessen Optik, sein Auftreten, „Ticks" usw. komplett in den Hintergrund treten.

## 2.6

# Online-Coaching unter die Lupe genommen

Wenn wir uns mit neuen Themen beschäftigen, dann tun wir dies entweder, weil wir interessiert an diesen sind und wir uns einen Vorteil davon versprechen. Oder weil wir verstehen möchten, was auf uns zukommt und mit welchen Herausforderungen wir konfrontiert werden. Bei Veränderungen in unserem Arbeitsumfeld, die sich auf das Geschäftsmodell auswirken, sollten wir uns stets gut informieren und uns eine eigene fundierte Meinung bilden. Ähnlich wie bei einer Exkursion zu neuen Inseln im Meer der Möglichkeiten. Wir machen uns Gedanken, welche Vor- und Nachteile uns die Reise bringen kann. Ich lade Sie an dieser Stelle ein, sich konkret mit den Sonnen- und Schattenseiten des Online-Coachings generell auseinanderzusetzen. Ergänzend finden Sie jeweils einige Aussagen der Experten mit praktischer Erfahrung im virtuellen Coaching, die ich zu diesem Buch befragt habe.

## Die Vorteile

Starten wir mit dem Nutzen, den virtuelle Medien im Coaching Ihnen als Coach und/oder Ihrem Klienten bringen können.

*Der Nutzen beim Einsatz virtueller Medien im Coaching*

### Hohe Flexibilität

Bei Klient und Coach steigt die Flexibilität. Für virtuelle Treffen ist es in der Regel leichter, gemeinsame Termine zu finden, da lediglich die eigene Vorbereitungszeit anfällt. Bei asynchronem Arbeiten erledigen beide Parteien ihre Aufgaben entsprechend ihrer eigenen optimalen Zeitfenster, auch wenn man dienstlich unterwegs ist. Abends im Hotelzimmer ist vielleicht sogar mehr Ruhe als im heimatlichen Umfeld. Der flexible Umgang mit der Zeit kann sich positiv auf die eigene Work-Life-Balance auswirken.

### Optimierte Auslastungssteuerung

Virtuelle Settings dauern in der Regel kürzer an, als persönliche Treffen. Außerdem entfallen Reisezeiten. Dadurch kann die eigene Auslastung besser gesteuert werden. Es sind mehrere Termine an einem Tag möglich. Weniger Leerlauf und wegfallende Fahrtkosten erhöhen automatisch die Wertschöpfung.

### Minimierung des Ausfallrisikos

*Zeit gespart beim Erstgespräch*

Viele Coachs bieten das Erstgespräch kostenlos an. Findet dies beim potenziellen Kunden statt, so entstehen neben der Ausfallzeit auch Kosten für die An- und Abreise. Findet dieses Erstgespräch virtuell statt, ist nur die Zeit dafür aufzuwenden. Außerdem kann ein Coach teilweise auch bei krankheitsbedingten Einschränkungen die getroffenen Termine aufrechterhalten. Hindert den Coach zum Beispiel ein gebrochenes Bein bisher, die Kundentermine wahrzunehmen, so kann ein virtuelles Treffen dennoch stattfinden. Sollten Sie an einen Kunden geraten, der Ihr Honorar nicht begleicht, so haben Sie im virtuellen Setting zwar Zeit aufgewendet, aber zumindest keine externen Kosten zu tragen und Ihren Verlust minimiert.

### Nutzung neuer Marktchancen

Unbestritten bewirkt die Digitalisierung der Arbeitswelt eine Veränderung des Marktes. Dadurch entstehen für uns Coachs neue Chancen. War Ihre Arbeit bisher durch regionale Gegebenheiten eingeschränkt (die Wirtschaftlichkeit von Coaching nimmt mit der steigenden Distanz ab), stellt dies nun keine Hürde mehr da. Ihre Reichweite nimmt zu, wenn Sie sich entsprechend positionieren. Hinzu kommt, dass Sie Ihre Bestandskunden langfristig einfacher betreuen können, wenn diese sich räumlich verändern und ihren angestammten Wirkungskreis verlassen. Auch Stellenwechsel ins Ausland sind somit kein Problem. Das virtuelle Angebot passt optimal in unsere moderne Lern- und Arbeitswelt. Hinzu kommen neue Zielgruppen: Die sog. „Digital Natives" wurden und werden in die digitale Welt hineingeboren und wachsen darin auf. Digitale Medien sind für sie so selbstverständlich wie das Autofahren. Es ist anzunehmen, dass diese Generation eine virtuelle Beratung eher noch als Face-to-Face-Termine in Anspruch nehmen wird. Es ist durchaus realistisch, dass dadurch das Marktpotenzial für Präsenzcoaching künftig sinken wird.

*Höhere Reichweite*

## Gleiche Chancen für alle

Die neuen Technologien und das Umdenken im Umgang damit eröffnen körperlich beeinträchtigten Menschen neue Chancen. Egal, ob als Coach oder als Coachee. Körperliche Einschränkungen, die für Präsenzarbeit eine Hürde darstellen, spielen im virtuellen Raum keine Rolle. Sie erleichtern im Gegenteil den Zugang für alle Menschen.

*Barrierefreiheit*

## Steigerung der Wirksamkeit und Verkürzung des Prozesses

In anderen Ländern wird, entgegen der Vermutung, dass räumliche Distanz auch persönliche Distanz bedeutet, virtuellen Formaten eine hohe Wirksamkeit bescheinigt. Eine gewisse Distanz in der Zusammenarbeit ist durchaus hilfreich, um schneller an das tatsächliche Problem heranzukommen. Manchen Menschen fällt es so leichter, sich selbst und dem Coach gegenüber ehrlich zu sein. Auch die eigene gewohnte „Wohlfühlumgebung" kann dazu beitragen, dass der Prozess schneller und intensiver in Gang kommt als in einem unvertrauten Raum im Präsenzcoaching. Die sog. „Aufwärmzeit" ist in der Regel deutlich kürzer. Zwischen Präsenzterminen

*Distanz schafft Effizienz*

liegen in der Regel mehrere Wochen. Virtuelle Treffen sind in einer deutlich kürzeren Taktung möglich, weil sie sich besser in die Terminkalender integrieren lassen. Dadurch sind häufigere Reflexionen möglich, was den Prozess beschleunigen und die Nachhaltigkeit steigern kann. Auch „Notfall-Termine" sind virtuell leichter zu realisieren. Dadurch ist der Prozess näher an der tatsächlichen Umsetzung, entwicklungsorientierter und die Veränderung im Kopf des Klienten präsenter. Er bekommt im Idealfall Ad-hoc-Unterstützung. Ein weiterer Wettbewerbsvorteil für den Coach: Wenn Sie gerne Meditationen oder Fantasiereisen einsetzen, kann dies dem Klienten im eigenen geschützten Raum leichter fallen, weil er sich weniger durch den Coach beobachtet fühlt. Intuitive bzw. gefühlsgeleitete Methoden erfahren auf diese Weise eine höhere Akzeptanz.

*Meditationen im geschützten Raum*

### Persönliche Weiterentwicklung für den Coach

Das Kennenlernen im virtuellen Raum fordert vom Coach eine höhere Aufmerksamkeit. Auch im Prozess wird die persönliche Wahrnehmung deutlich geschärft und weiterentwickelt. Da die optische Wahrnehmung von Körperhaltung, Gestik etc. fehlt, werden die anderen Sinnesorgane deutlich stärker gefordert. Das ist durchaus ein spannender Prozess für uns Coachs und hilft umgekehrt auch in Präsenzterminen, noch schneller und feiner die Situation und den Zustand unseres Gegenübers zu erfassen. Auf beiden Seiten kann es durchaus von Vorteil sein, den ersten Eindruck nicht von Optik, sondern von Aussagen und Tonalität entstehen zu lassen. Da wir Menschen tendenziell immer eine persönliche Bewertung im ersten Augenblick treffen, kann uns dies neue Spielräume ermöglichen und förderlich für eine gute Zusammenarbeit sein.

*Neue Sinne werden geschärft*

### Spontanität bei der Methodenwahl

Vielleicht denken Sie sich jetzt: „Die habe ich doch immer." Klar, in der Präsenzsitzung entscheiden Sie auch spontan, was es jetzt braucht. Im virtuellen Raum haben Sie sogar noch mehr Auswahl. Wenn Sie etwa im Termin feststellen, dass die Arbeit mit Bildern jetzt Erfolg versprechend wäre und kein Kartenset dabeihaben, funktioniert das nicht. Im virtuellen Raum können Sie sich sogar thematisch sortierte Bilder auf Vorrat bereithalten, Tools oder Visualisierungshilfen vorbereiten. Bestimmt fallen Ihnen bei näherem Nachdenken Situationen ein, in denen Sie gerne etwas Bestimmtes genutzt hätten, das Sie aber just dann nicht dabeihatten?

*Schneller Ressourcen-Zugang*

## „Grenzenloses" Arbeiten

Ist Ihr Coachee auf Dienstreise in Übersee? Oder irgendwo in Europa unterwegs? Ihre regelmäßigen Treffen sind virtuell von (fast) überall möglich. Manchmal reicht auch ein zehnminütiges Telefonat für ein kurzes Update oder eine Reflexionsfrage, die dem Coachee hilft, im Prozess zu bleiben.

## Möglichkeit des Arbeitens unter besonderen Umständen

Die Arbeit im virtuellen Kontext ermöglicht Eltern, ihre Arbeitsbeziehungen aufrechtzuerhalten. Während das Kind im Kindergarten ist, können Mutter oder Vater als Coach problemlos mit ihrem Kunden arbeiten.

## Weniger Ausfall bei Krankheit

Je nach Ihrem Angebot wirkt sich eine Erkrankung nicht auf Ihre Kundenbeziehung aus. Bei asynchronen Elementen arbeitet der Klient weiter, ohne überhaupt zu merken, dass Sie momentan total erkältet sind. Nutzen Sie Video-Chat-Systeme, stellt ein Bein in Gips kein Handicap für Sie da. Per Mail schonen Sie Ihre Stimme bei Halsschmerzen. Mit Blick auf Ihre eigene Work-Live-Balance und Ihren Genesungsprozess ist es natürlich nicht das Ziel, in jeder Verfassung zu arbeiten. Dennoch ermöglicht Ihnen die virtuelle Unterstützung eine zuverlässigere Begleitung Ihrer Klienten.

### Engere Beziehungen

Teilweise gehen Online-Arbeitsbeziehungen sogar tiefer. Einige Coachs schildern, dass ihre Arbeit mit den Teilnehmern enger, intensiver und tiefer wird. Der häufigere schnelle Austausch lässt uns so manches Mal näher am Alltag des Kunden sein, während man in der Präsenz oft längere Pausen und weniger Zwischenkontakt pflegt. Der ein oder andere Coach empfindet diese Möglichkeit als die erfüllendere Arbeit, als nur hin und wieder im Meeting präsent zu sein.

### Fortschritte sind besser sichtbar

*Kleine Fortschritte können gewürdigt und dokumentiert werden*

Häufigere Taktung sorgt für mehr Beschäftigung mit dem Entwicklungsthema. Kleine Fortschritte können vom Coach besser gewürdigt werden. Es muss nicht immer der große nächste Schritt gelingen – sog. Babysteps führen motiviert zum Ziel.

### Individuellere Zeitplanung für beide Parteien

*Kurzfristige Verschiebungen sind leichter vereinbar*

Virtuelle Formate können die Terminplanung vereinfachen, da Reisezeiten oder Wartezeiten entfallen. Staus oder Bahnverspätungen müssen nicht eingeplant werden. Wetter spielt keine Rolle. Auch kurzfristige Verschiebungen sind in der Regel leichter machbar. Achten Sie jedoch darauf, dass Ihre Klienten die Termine mit einer gewissen Verbindlichkeit wahrnehmen. Andernfalls können die Vorteile der Flexibilität für Sie zum Nachteil werden.

### Sie wissen, wovon Sie sprechen

Sie werden gebucht, weil eine Führungskraft Probleme damit hat, ein räumlich verteiltes Team zu führen. Die Mitarbeiter arbeiten alle im Homeoffice (oder an verschiedenen Standorten) und es ist nicht möglich, regelmäßige Präsenztreffen zu organisieren. Diese Führungssituation bringt besondere Anforderungen für die Führung mit. Ihre Aufgabe ist es nun, die Führungskraft dabei zu begleiten, ihr Team zu formen und zum Erfolg zu führen. Wie gehen Sie an diese Sache heran, wenn Sie selbst dieses Setting nicht aus Ihrer eigenen Arbeit kennen? Wenn Sie jedoch eigene Erfahrungen mit virtuellen Kommunikationsmedien als Coach haben, können Sie dieser Führungskraft praxisgerechter zur Seite stehen.

## Vorteile aus Sicht der befragten Experten

Ergänzend die Antworten aus meiner eigenen Umfrage: Als größter Nutzen mit insgesamt ca. 70 Prozent werden räumliche und zeitliche Unabhängigkeit bzw. Flexibilität genannt. Darin eingeschlossen sind wegfallende Reisezeiten. Doch auch die Möglichkeiten der höheren Frequenz von Coaching-Einheiten wird als vorteilhaft deklariert. Und auch hier bestätigt sich, dass die Mediennutzung helfen kann, schneller in die Tiefe abzutauchen. Hier einige aussagekräftige Einzelmeinungen:

### Ursula Diettrich

*„Die gefühlte ‚Anonymität', also diese gewisse Distanz zu haben, die das Arbeiten erleichtert. Und natürlich spare ich mir Reisezeiten und -kosten (Raummiete, Fahrkosten, Zeitaufwand). Online ist für mich nicht immer das beste Mittel der Wahl, aber meistens auch ein sehr gutes Angebot. Denn meiner Meinung nach hält die Qualität absolut mit dem Face-to-Face-Coaching mit. Wobei ich auch der Ansicht bin, dass es verschiedene persönliche Themen gibt, bei denen es bestimmt ganz guttut, wenn man sich ‚in echt' in die Augen schauen und viel von sozialer Empathie profitieren kann."*

### Dr. Martin Emrich

*„Die Bequemlichkeit für Coach und Coachee und das Plus durch neue Tools (Emojis, Umfragen etc.). Für Gruppencoachings finde ich zum Beispiel eine nette Ergänzung das Voting-Tool Mentimeter (mentimeter.com). Das ermöglicht mir, neben Abstimmungen übers Smartphone von den Teilnehmern zum Prozess passende Worte eingeben zu lassen. Daraus entsteht*

dann ein fertige Wort-Cloud, die ich einblenden und thematisieren kann. Der nächste Vorteil ist, dass Klienten tatsächlich oft viel offener sind, als von Angesicht zu Angesicht. Warum ist das so? Der Klient ist in seinem geschützten Ambiente. Wir sparen uns zum Beispiel dieses ganze soziale Vorgeplänkel: ‚Legen Sie doch Ihre Tasche/Jacke ab', ‚Möchten Sie Kaffee oder Tee?', ‚Wie geht es Ihnen, Sie sehen so schön braun aus?' usw. Das spart auch Zeit. Tatsächlich ist es so, dass am Telefon ganz wenig davon stattfindet und es bei Skype noch kürzer ausfällt. Die Menschen verhalten sich oft weniger im Sinne der sozialen Erwünschtheit. Viele öffnen sich mehr. Häufig sind sie auch radikaler mit sich selbst. Am Telefon haben die Menschen weniger Hemmungen. Das Medium ist keineswegs ein Intimitätskiller, zeigt die Erfahrung. Der Laie denkt vielleicht zunächst einmal, dass das ein Problem ist. Und geht davon aus, dass er über Intimes nur dann spricht, wenn ihm der Coach gegenübersitzt. Man weiß ja nie, vielleicht wird das Gespräch auch heimlich aufgezeichnet, wenn ich per Skype kommuniziere. Diese Vorbehalte muss man ernst nehmen. Tatsächlich erlebe ich es aber so, dass diese Bedenken im Laufe des Prozesses in Vergessenheit geraten und der Klient sich dann doch öffnet. Teilweise sogar mehr, als wenn wir bei seinem Arbeitgeber in einem Besprechungsraum mit Glaswänden sitzen, an dem die Kollegen vorbeigehen und reinschauen. Die eigenen vier Wände bieten dann doch mehr Privatsphäre und ich kann mein Innerstes leichter nach außen lassen. Ich habe bisher nur gute Erfahrungen damit gemacht, wenn der Coachee von zu Hause aus mit mir spricht. Also wenn ich Führungskraft wäre und ein Coaching buchte, würde ich mich ins dunkelste Eck zurückziehen, das ich finden kann. Raus aus der Beobachtung. Und genau diese Räume gibt es in den Unternehmen immer weniger, weil das nicht mehr zur modernen Arbeitsplatzgestaltung passt."

**Alexandra Hagemann**

„Die räumliche und zeitliche Unabhängigkeit. Meine Kunden befinden sich nicht alle hier direkt in München oder Augsburg. Egal ob sie in Stuttgart, Frankfurt, Hamburg oder aber auch in

Standorten und Filialen im Ausland arbeiten, die Fahrtzeiten und -kosten müssen im Verhältnis stehen. Für eine Stunde Coaching sind diese Strecken einfach nicht drin und unnötig teuer. Online-Coaching bietet an dieser Stelle für mich echten Mehrwert. Denn ich liebe es, gerade nach Seminaren, den Transfer des Erlebten in Online-Coachings sicherzustellen. Mein Ziel ist es, dass möglichst viel beim Coachee tatsächlich zur Umsetzung kommt. Und da helfen mir kurze Impulse, die dann ruhig bei Bedarf auch öfter stattfinden können. Bei langen Reisezeiten wäre das komplett unrealistisch und nicht abbildbar. Und natürlich kann ich die Zeiten, die nicht für Reisen verbraucht werden, besser nutzen. Meine Wirtschaftlichkeit profitiert, wenn ich entweder mehrere Coachings an einem Tag oder vielleicht von unterwegs noch ein Coaching machen kann, zum Beispiel vom Hotel aus."

### Dr. Melanie Hasenbein

„Ich sehe alles das, was vermutlich jeder als Vorteil sieht. Das sind natürlich Dinge wie Flexibilität, Unabhängigkeit usw. Gerade wenn man in der heutigen Zeit Führungskräfte begleitet, sind Online-Termine viel einfacher zu organisieren und umzusetzen. Aber ich glaube, es gibt noch einen ganz großen Vorteil, den man aus der Therapieforschung kennt: Die Selbstoffenbarung ist bei einigen Klienten tatsächlich online größer, als wenn man sich von Angesicht zu Angesicht gegenübersitzt. Das ist so, weil das Medium eine gefühlte Distanz vermittelt, selbst wenn man sich per Video sieht. Das Empfinden in einem gemeinsamen Raum ist tatsächlich anders. Manchen fällt es leichter, sich zu zeigen, und es entsteht das Gefühl, dass man offener sein darf."

### Anke Ulmer

„Ich sehe Online-Coaching als ‚Coaching mit Mehrwert'. Vor einigen Jahren gab es großartige Initiativen, um Business-Coaching aus der damals bei vielen esoterisch anmutenden ‚dunklen Ecke' herauszuholen und in ein gebührendes Licht zu rücken. Es gelang, durch die Intensivierung von Forschung, Coaching endgültig als professionelles Element der Personal-

*entwicklung zu etablieren. Gleiches gilt jetzt wieder für Online-Coaching. Professionelles Online-Coaching auf einer Plattform wie der CAI® World ist für mich ‚Coaching mit Mehrwert': das Besondere ist, dass in der CAI® World der Prozess durchgängig dokumentiert wird und einem/einer Coachee im Nachhinein transparent zur Nachverfolgung zur Verfügung steht. Zudem kann das Coaching abschnittsweise erfolgen, also nicht nur zeitgleich, sondern auch zeitversetzt. Außerdem ist es besonders leicht, Klient\*innen von Anfang an aktiv einzubinden und sie in ihrer Autonomie zu unterstützen. Es können ja auch mühelos und niedrigschwellig Selbstcoachinganteile integriert werden, je nachdem angeleitet durch den Coach oder auch komplett in Eigenreflexion.*

*Online-Coaching auf einer professionellen Plattform wie der CAI® World eröffnet also zusätzliche Dimensionen für die Arbeit eines Coachs. Ich vergleiche das ganz gerne mit der Zeit, als ‚die Bilder laufen lernten'. Als das Filmen erfunden wurde, gab es sicher viele Menschen, die nach wie vor ins Theater gingen. Bei aller Fremdheit und trotz aller Skepsis entwickelte sich in rasantem Tempo ein neues Kunstgenre. So ähnlich empfinde ich das beim Business-Coaching: traditionell im Präsenzsetting und von da aus zum neuen ‚Genre' Online-Coaching. Es ist eine neue Disziplin, weil sie noch viel mehr Möglichkeiten bietet, nicht Second Best, sondern sie ist tatsächlich in meinen Augen mehr wert.*

*Neben wirtschaftlichen Vorteilen durch den Wegfall von aufwendiger Wegezeit und längerer Abwesenheit von beruflichen Abläufen bringt Online-Coaching in meinen Augen auch eine Fokusverschiebung mit sich: Weder Coach noch Klient stehen im Mittelpunkt, es ist vielmehr die Interaktion; die Kanalreduktion erlaubt uns die starke Fokussierung auf das Prozessgeschehen, und kein Teil unserer Wahrnehmung befasst sich z.B. mit der Kleidung des Gegenübers oder anderen für den Coaching-Prozess eigentlich irrelevanten Dingen. Außerdem kann ich modularisieren, das heißt, ich kann einen Prozess unterteilen – on demand sozusagen – und genau die Zeit mit dem*

*Klienten nutzen, die jeweils aktuell stressfrei zur Verfügung steht, so wie er oder sie es eben gerade braucht und möglich machen kann. Das kann zu häufigeren, dafür kürzeren und besonders fokussierten Kontakten führen, und in diesem Sinne ist der Coach online unter Umständen sogar näher am Klienten und seinem Anliegen dran als bei einer herkömmlichen, einmalig mehrstündigen Präsenzsitzung."*

## Nachteile

Der Weg aufs offene Meer wird natürlich nicht zwangsläufig nur von eitel Sonnenschein begleitet. Es ergeben sich durchaus Herausforderungen für Coachs – und so mancher sieht berechtigterweise auch Nachteile. Wichtig ist es, sich mit den dunklen Wolken aktiv auseinanderzusetzen.

### Technisches Know-how beim Coach erforderlich

Je nachdem, wie technikaffin Sie selbst sind, kennen Sie sich mit virtuellen Medien besser oder schlechter aus. Vielleicht müssen Sie sich in ein komplett neues Gebiet einarbeiten und sich mit neuen technischen Möglichkeiten auseinandersetzen?

*Einarbeitung erforderlich*

### Ausgaben für Hardware

Möglicherweise sind Anschaffungen erforderlich, die je nach Ihrer bisherigen Ausstattung auch kostenintensiv sein können. Headset, Kamera, zweiter Bildschirm, neuer PC, Tablet – je nach Einsatzgebiet fallen hier Ausgaben an.

### Teilweise Gebühren für Tools

Für welche Medien oder Plattformen entscheiden Sie sich? Es ist möglich, dass für Software oder Lizenzen Gebühren anfallen.

### Die eigene Ausbildung

*Eine Investition in eine Ausbildung lohnt sich*

Es ist hilfreich, vor Beginn des eigenen „Online-Business" eine Weiterqualifizierung einzuplanen. Grundsätzlich funktioniert virtuelles Coaching nicht ohne fundierte Coaching-Ausbildung an sich. Das ist immer die Basis. Die Schulung virtueller Medien und deren Nutzung ist eine Weiterentwicklung der eigenen Kompetenzen und Fertigkeiten. Falls Sie noch keine Coaching-Ausbildung besitzen, ist es sinnvoll, nach einem Institut zu suchen, das bereits kombinierte Ausbildungen anbietet (Coaching präsent + online). Sollten Sie bereits ausgebildeter Coach sein, finden Sie ergänzende Qualifizierungsangebote auf dem Markt.

### Zeit für Übung einplanen

Je nach Umfang Ihrer Weiterbildung kann es sinnvoll sein, sich einen geschützten Übungsrahmen zu schaffen, bevor Sie mit dem neuen Angebot zu Ihren wichtigsten Kunden gehen. Entscheiden Sie sorgfältig, wann für Sie der richtige Zeitpunkt zum Markteintritt gekommen ist.

### Struktur und Disziplin

Im virtuellen Kontext gilt wie auch im Face-to-Face: Springen Sie nicht zu häufig zwischen Methoden, Medien und Formaten hin und her. Überlegen Sie sich vorher, welche Struktur Sie für die neuen Angebote brauchen. Vielleicht erstellen Sie sich auch Checklisten, beispielsweise für Auftragsklärung oder Vorbereitung einer virtuellen Sitzung.

### Kalkulation und neue Geschäftsmodelle

Es ist erforderlich, dass Sie neue Produkte erschaffen. Was wollen Sie konkret anbieten? Welche Kosten müssen Sie einplanen (auch Lizenzen!)? Welche Preiseinheiten wird es geben? Wie stellen Sie Ihr neues Geschäftsmodell auf? Wie viel Kapazität werden Sie einplanen? Hier entsteht Aufwand für strategische Überlegungen.

## Schnellere Ermüdung

Im virtuellen Kontext ermüden wir Menschen generell schneller. Während Sie beim persönlichen Treffen durchaus Coachings mit einer Dauer von zwei bis vier Stunden durchführen können, sollten Sie das im virtuellen Treffen unbedingt vermeiden. Hier gilt als Faustwert maximal 60 bis 90 Minuten je Einheit.

*Virtuelles Coaching strengt an*

## Erlebnisgefühl nur bedingt abbildbar

Falls Sie für Ihr Coaching erlebnispädagogische Elemente nutzen oder beispielsweise Spaziergänge in der Natur während Coaching-Gesprächen anbieten (Coaching mit Tieren etc.), ist kein kompletter Ersatz dieser Erfahrungen im virtuellen Raum möglich. Allerdings sollten Sie aufmerksam die Entwicklungen der dreidimensionalen Räume beobachten. Aufstellungsarbeit ist dort bereits problemlos möglich (s. Seite 193).

## Aufwand für Datenschutz

Das Inkrafttreten der Datenschutz-Grundverordnung hat die Arbeitswelt im Mai 2018 an vielen Stellen beeinflusst und für Coachs hat sie so manches verkompliziert. Sobald Sie virtuelle Medien für die Zusammenarbeit mit Ihrem Kunden nutzen, müssen Sie alle Anforderungen der DSGVO beachten. Hier kann Ihnen Aufwand entstehen (s. Seite 275)

## Einschränkungen in den verfügbaren Wahrnehmungskanälen

Die Sinneswahrnehmung der Arbeit im persönlichen Gespräch kann im virtuellen Raum (zumindest nach aktuellem Stand) nicht nachgebildet werden. Als Coach sind Sie gefordert, die fehlenden Eindrücke zu kompensieren bzw. zu thematisieren.

*Weniger Sinneswahrnehmung*

## Fehlinterpretation beim Coachee

Der Coaching-Prozess wird von einem schnellen Medium unterstützt. Das könnte eine missverständliche Botschaft suggerieren. Nämlich, dass auch der Prozess dadurch schnell durchlaufen wird. Ja, die virtuellen Medien können die Arbeit beschleunigen (siehe Vorteile), dennoch geht es um menschliche Veränderungsthemen, Konfliktbearbeitungen oder Ähnliches, die Zeit brauchen. Daran ändert auch das Medium nichts. Es kann wichtig sein, den Kunden beim Auftragsklärungsgespräch darauf hinzuweisen! Stellen Sie auch deutlich heraus, dass Sie an manchen Stellen vielleicht bewusst langsamer vorangehen, um den Erfolg zu sichern. Sie sollten sich keinesfalls von Kunden und Medium hetzen lassen.

### Kostenerwartungen beim Coachee

*Virtuelles Coaching ist nicht billiger*

Bei manchen Kunden entsteht der Eindruck, dass Coaching über virtuelle Medien „billiger" ist als persönliche Treffen. Je nachdem, welche Varianten Sie anbieten, kann das durchaus sein. Allerdings bitte ich Sie, bei Ihrer Kalkulation zu bedenken, dass Ihre persönliche Leistung (zumindest bei allen synchronen Varianten) immer den gleichen Wert haben sollte. Sie werden ja vermutlich auch nicht weniger Know-how und Erfahrung in Ihr Online-Produkt stecken.

### Nachteile aus Sicht der Experten

Hier die ergänzenden Erkenntnisse aus der eigenen Umfrage: Die fehlende Wahrnehmung durch die räumliche Distanz führt die Liste der Nachteile an. Aber auch der notwendige Technikeinsatz und die dadurch eingeschränkte Methodiknutzung waren nachteilige Aspekte. Hier einige aussagekräftige Einzelmeinungen:

### Peter Behrendt

*„Die wissenschaftlichen Forschungen versuchen bisher in der Regel über Fragebögen herauszufinden, was funktioniert hat und wie gut Coaching wirkt. Wir forschen seit einigen*

Jahren selbst zum Thema ‚Was macht Coaching erfolgreich?' und gehen das anders an. Wir versuchen über Videoanalysen direkt herauszufinden, also sehr kleinteilig, an welchen Faktoren im beobachteten Prozess der Erfolg festgemacht werden kann. Also, wo entsteht Wirkung tatsächlich? Die entsteht laut unserer Analysen eben nicht aus dem, was der Coach tut und welche Intervention er nutzt, sondern aus dem Wie. Wie macht der Coach zum Beispiel bei der Ressourcenaktivierung die Wertschätzung und die Stärken erfahrbar? Wann wird die Wertschätzung beim Coachee sichtbar und wirksam? Also, wie erfolgt der Blickkontakt, wie wirken persönliche Worte, wie wirken die Emotionen in der Stimme? Welche Worte verwendet der Coach? All diese Dinge sind tendenziell in der Online-Übertragung schwieriger, weil weniger erlebbar. Deshalb sehe ich die Kanalreduktion ganz klar als Nachteil im Online-Coaching an.

Das bedeutet nicht, dass ich glaube, dass Online-Coaching nicht funktioniert. Denn ich bin überzeugt, dass Coaching auch online wirksam ist, wenn ich als Coach online meine Kommunikation sehr bewusst steuere. Frau Dr. Hasenbein ist da für mich das beste Beispiel. Sie arbeitet viel und schon sehr lange virtuell. Und bei ihr fällt mir deutlich auf, dass sie einen Call immer sehr persönlich startet. Am Anfang steht Small Talk. Da wird zusammen gelacht und gezielt eine Gemeinsamkeit hergestellt. Ich glaube nicht, dass das unbewusst geschieht, sondern dass sie das aus gutem Grund sehr gezielt einsetzt. Denn grundsätzlich neigt man in der der virtuellen Kommunikation dazu, viel formalisierter unterwegs zu sein als von Angesicht zu Angesicht.

Das ist auch der Grund, warum wir für Cooning die Online-Coachs mit Frau Dr. Hasenbein zusammen ausbilden und alle Coachs die Evaluation durchlaufen. Der Fokus liegt dabei sowohl auf der technischen Qualifizierung, aber eben auch auf der Kommunikation im virtuellen Raum. Denn online zu coachen benötigt Vorbereitung in Richtung Technik, Wahrnehmung und weiteren Kompetenzen.

*Ich bin persönlich sehr gespannt, welche Ergebnisse die Evaluation von Cooning bringen werden. Denn wir haben bewusst die Methodik beibehalten, die wir seit Jahren im Offline-Coaching einsetzen. Sie untersucht ja die Erfolgsfaktoren im Coaching und ist somit unabhängig vom Setting. Es wird sich zeigen, ob sich Unterschiede ergeben werden. Ich hoffe auf eine größere Anzahl von Evaluationen im Online-Bereich, um dort bald eine größere Menge an Erkenntnissen zu bekommen. Und vielleicht herauszufinden, was online sogar besser wirkt. Es gibt momentan keine Vergleichsstudien, die – unter gleichen Bedingungen – Aufschluss über Wirksamkeit geben können. Momentan schätze ich persönlich eher, dass Online-Coaching nur ungefähr 80 Prozent der Qualität liefern kann, als Face-to-Face. Vielleicht widerlegen die Ergebnisse das aber. In zwei bis drei Jahren wissen wir hoffentlich mehr ..."*

### Ursula Diettrich

*"Manchmal steht die Technik ein bisschen zwischen Mensch und Mensch. Damit meine ich, dass es Menschen gibt, die dann wegen des Technikeinsatzes so aufgeregt und hoch konzentriert sind, dass der Prozess aus dem Fokus gerät. Und natürlich kann immer etwas mit der Technik schiefgehen, zum Beispiel, dass das Bild ausfällt und Ähnliches. Das irritiert und verunsichert dann. Ich arbeitete in der Vergangenheit für ein Kinder- und Jugendtelefon. Da stand mir ausschließlich das Telefon zur Verfügung. Das funktionierte auch, denn mit der Stimme geht viel. Aber es ist eben doch manchmal schön, wenn man dann zusammensitzt. Gerade auch, wenn negative Emotionen oder Verhaltensweisen gespiegelt werden müssen."*

### Dr. Martin Emrich

*"Tatsächlich kann ich meine Lieblingsintervention, die Aufstellung mit dem Beziehungsbrett, online nicht durchführen. Ich habe auch schon Software auf einer Messe ausprobiert, setze sie aber nicht selbst ein. Und ich kann dem Coachee ja die Figuren und das Brett nicht zuschicken. Ich sehe dann auch nicht, was er aufstellt. Also das Haptische funktioniert nicht. Ich arbeite weiter gerne mit Bodenankern. Auch das ist nicht*

möglich. Sehr häufig setze ich zusätzlich Hypnose ein. Über Telefon oder Videokonferenz habe ich das aber noch nie gemacht. Klar geht das auch über Stimme, da bin ich überzeugt – die Radiosender machen das ja immer mal wieder. Aber für mich selbst war das noch kein Thema, wie ich Hypnose online machen könnte. Aber das werde ich bestimmt in den nächsten fünf Jahren ausprobieren."

**Dr. Melanie Hasenbein**

„Natürlich gibt es auch Nachteile. Manche Coachees haben Angst vor dieser Distanz oder ganz einfach Bedenken, Online-Coaching ist für viele noch Neuland. Diese Erkenntnis haben wir auch in unserem Forschungsprojekt gemacht. Häufig gibt es Vorbehalte, und erst durch das eigene Erleben und Austesten sinkt die natürliche Scheu vor diesem Coaching-Format. Und manche Themen oder Interventionen brauchen einfach den direkten Kontakt, das ‚echte' Gefühl, die Nähe eines Menschen. Selbst wenn es großartige Tools gibt, die versuchen, die ‚echte Begegnung' nachzubilden und viel Wahrnehmung zu ermöglichen. Das zeigt auch der Ansatz von Prof. Dr. Geißler. Er hat ein internetbasiertes Coaching-Programm entwickelt, bei dem parallel telefoniert wird. Die Coachees wurden zur Evaluation befragt und interviewt. Etwa die Hälfte der Teilnehmer gab an, dass sie gerne noch einen visuellen Kontakt gehabt hätten, ergänzend zum Telefon. Für die anderen 50 Prozent war das Vorgehen so okay. Das zeigt, wie individuell die Wahrnehmung und das Empfinden ist."

**Anke Ulmer**

„Einen Nachteil sehe ich für die Coachs – das sage ich mit einem kleinen ironischen Augenzwinkern. Ein Nachteil könnte sein, dass ich meine berufliche Tätigkeit transparent machen muss. Das heißt, ich brauche gegenüber dem traditionellen Coach ein neues Rollenverständnis. Als Person ‚reduziere' ich mich im Online-Coaching auf meine Stimme in der Rolle des Impulsgebers. Anders als im Präsenzcoaching trete ich mit meinem Selbst viel weniger in Erscheinung.

*Nachteilig ist vielleicht auch die entstehende Erwartung an die Verfügbarkeit. Man muss es mögen, ad hoc zu arbeiten. Und man muss Freude daran haben, das breite Spektrum an eigenen Kompetenzen aufrechtzuerhalten, weiterzuentwickeln und kontinuierlich zu aktualisieren. Als Online-Coach bin ich dazu angehalten, bei allem, was mich als Anwenderin von IT betrifft, auf der Höhe der Zeit zu sein – die aktuellen Entwicklungen zu verfolgen. Ich habe mit mehreren Unwägbarkeiten zu jonglieren. Ein Beispiel: Klappt es mit der Verfügbarkeit des Netzes bei mir, bedeutet das noch nicht, dass auch das Netz bei meinem Klienten störungsfrei läuft, oder dass die passende und einsatzbereite IT-Ausstattung vorhanden ist. Es sind viele Faktoren, die Einfluss nehmen."*

*Didaktische Kompetenz ist erforderlich*

Ein Schwenk zum Thema Didaktik scheint an dieser Stelle angebracht. Didaktik bezeichnet die Wissenschaft oder Kunst des „Lehrens und Lernens". Der Lehrende oder Beratende muss didaktische Kompetenz mitbringen. Damit ist gemeint, dass er/sie sich bewusst sein muss, wie Lernprozesse im Gehirn funktionieren und wie er/sie das Lernen mittels gezielter Lernsituationen und Methoden begleiten, unterstützen und fördern kann.

Wenn Sie Online-Trainer sind, spielt Didaktik im Aufbau von Modulen und Lerneinheiten eine übergeordnete Rolle. Im Coaching setzen wir eher auf die Lerntheorien des erfahrungsgeleiteten Lernens (Experimental Learning) und den Konstruktivismus. Beides sind Basiskonzepte in einschlägigen Coaching-Ausbildungen. Deshalb wird in diesem Buch nicht darauf eingegangen. Spannend sind im mediengestützten Kontext allerdings, wie erlebbares Lernen durch Technik gefördert werden kann und welche Besonderheiten die E-Didaktik mit sich bringt (mehr dazu im Kapitel 7).

# 3. Ist Online-Coaching das Richtige für Sie?

Die beiden vorangegangenen Kapitel haben Ihnen vielleicht schon einen ersten Eindruck verschaffen können, wo die Reise hingehen kann. Vielleicht haben Sie bereits erste Ideen für Ihr eigenes Business? Veränderungen brauchen Zeit, wenn sie auf einem soliden Fundament aufgebaut sein sollen. Denn Online-Coaching braucht vielleicht auch ein neues Rollenverständnis in Ihrer eigenen Arbeit und Ihrem Umfeld. Ihr eigener Rhythmus ist entscheidend, ganz so, wie Sie es im Coaching-Prozess bei Ihrem Klienten erleben. Vielleicht spüren Sie auch eigene Widerstände auftauchen? Deshalb beschäftigen wir uns in diesem Kapitel zunächst damit, welche Gemeinsamkeiten bzw. welche Unterschiede es zwischen Präsenzcoaching und Online-Coaching gibt, was das für Ihre eigene Einstellung bedeutet und mit Ihrem persönlichen Geschäftsmodell macht. Ziel ist es, dass Sie für sich herausfinden, ob bzw. welcher Weg der richtige für Sie ist.

## 3.1 Allgemeine Coaching-Prinzipien und Rollen aus Perspektive der Neurowissenschaft

Bevor wir uns mit der Frage auseinandersetzen, wer für Online-Coaching geeignet ist, lade ich Sie zu einem Exkurs zu den allgemeinen Coaching-Prinzipien ein. In Ihrem Standardwerk zu den neurobiologischen Grundlagen wirksamer Veränderungskonzepte haben sich Gerhard Roth und Alica Ryba mit Coaching, Beratung und Gehirn auseinandergesetzt. Unabhängig vom Coaching-Ansatz listen sie übergreifende Coaching-Prinzipien auf, die charakteristisch für das Coaching an sich sind. Spannend ist, wie diese Prinzipien im virtuellen Kontext umgesetzt werden können und ob das Setting überhaupt Relevanz hat (nach Roth & Ryba, 2016).

1. **Selbstverantwortung**: Der Coach arbeitet nach dem Gedanken „Hilfe zur Selbsthilfe". Die Verantwortung zur Umsetzung liegt ausschließlich beim Coachee

2. **Respekt und Akzeptanz**: Diese beiden Faktoren haben entscheidenden Einfluss auf die Qualität der Coaching-Beziehung

3. **Vertraulichkeit**: Diskretion und Wahrung des „Berufsgeheimnisses"

4. **Integrität**: Hier sei auf die Ethikrichtlinien der großen Coaching-Verbände verwiesen. Die Anerkennung dieser Standards ist ein Hinweis auf professionelles Coaching

*Allgemeine Coaching-Prinzipien*

5. **Neutralität:** Coachs sind neutrale Begleiter, die dem Coachee keine eigenen Meinungen und Ideen aufzwingen

6. **Transparenz:** Methoden und Prozesse werden dem Coachee offengelegt und erläutert

7. **Flexibilität:** Ziel ist es, die Freiheitsgrade im Erleben und Verhalten eines Coachees zu vergrößern und damit seine Flexibilität zu erhöhen (Rauen, 2003)

8. **Augenhöhe:** Selbstverantwortliche Partner arbeiten ohne Überlegenheit oder Unterlegenheit professionell zusammen

Meiner Meinung nach gelten diese Prinzipien uneingeschränkt, unabhängig davon, ob ich meinem Coachee persönlich gegenübersitze, mit ihm telefoniere oder in einem anderen mediengestützten Format mit ihm arbeite. Hier entstehen demnach keine Nachteile durch die mediengestütze Arbeit.

*Die Rollendefinition*

Die beiden Autoren untersuchten in ihrem Werk die Unterschiede zwischen Psychotherapie und Coaching. Besonders spannend ist dabei die Rollendefinitionen. Während der Therapeut als Bezugsperson gesehen wird, der in der Kurzzeittherapie durchaus direktiv handelt und eine Lösung vor Augen hat, ist der Coach eher der Partner und Förderer, der auf Ratschläge verzichtet und sich bezüglich der „richtigen" Lösung unwissend verhält. Betrachtet man auf dieser Basis die empirischen Studien zur Wirksamkeit von Online-Psychotherapie, bei der eine deutlich höhere emotionale Bindung vorliegt, stellt sich die Frage, warum die Wirksamkeit von Online-Coachings oft eher kritisch gesehen wird. Ich persönliche glaube, die Wirksamkeit hat einen direkten kausalen Zusammenhang mit der Persönlichkeit des Coachs.

Was sind Ihre spontanen Gedanken dazu?
▶ ...

## 3.2

# Wie stehen Sie persönlich zu Online-Coaching? – Eine Reflexionshilfe

Wenn ich einen Beruf ergreife oder etwas Neues beginne, muss ich mir im ersten Schritt Gedanken über meine persönlichen Neigungen und somit über meine Eignung für diese Tätigkeit machen. Wenn Sie schon als Coach arbeiten, dann wissen Sie, dass Ihnen die Arbeit mit Menschen liegt. Basis ist immer ein vertrauens- und respektvolles Verhältnis. Sie lernen Ihren Coachee von dessen sehr persönlichen Seiten kennen.

> Welche sind Ihre persönlichen Erfolgsfaktoren als Coach?
> Was macht Ihnen an Ihrem Job aktuell am meisten Spaß?
> Was gibt Ihnen das Gefühl, gute Arbeit geleistet haben?
> Woran machen Sie das am Ende eines Termins oder Arbeitstages fest?
> ▶ ...

Sind Sie ein guter Präsenzcoach? Bestimmt! Sonst wären Sie nicht erfolgreich. Das ist eine gute Basis. Doch leider heißt das nicht automatisch, dass Sie auch ein guter Online-Coach sind. Viele Interventionen und Erfahrungen lassen sich einfach ins Online-Business übertragen. Doch hat es auch so seine Tücken. Mein wichtigster Tipp: Überstürzen Sie nichts. Nehmen Sie sich die Zeit, Ihre eigene Position zu verstehen und die geeigneten Medien zu finden. Dabei kann Ihnen vielleicht ein erfahrener Online-Coach als Sparringspartner oder mit entsprechender Supervision zur Seite stehen.

*Nehmen Sie sich Zeit, Ihre eigene Position zu verstehen*

## Selbsteinschätzung

 Machen Sie sich vorab die wesentlichen Unterschiede zwischen Virtuell und Präsenz bewusst. Dazu finden Sie im Download-Bereich ein Arbeitsblatt.

*Ein Selbsttest* Spielen Sie mit dem Gedanken, neu oder verstärkt ins virtuelle Business einzusteigen, sollten Sie sich der besonderen Herausforderungen bewusst sein. Dieser kleine Test kann Ihnen dabei helfen, sich selbst einzuschätzen.

Lesen Sie die folgenden Aussagen durch und lassen Sie diese auf sich wirken. Dann bewerten Sie bitte, wie sehr die Aussagen auf Sie zutreffen.

*Rot*: Trifft überhaupt nicht auf mich zu
*Gelb*: Trifft teilweise auf mich zu
*Grün*: Trifft voll und ganz auf mich zu

| Aussage | Rot | Gelb | Grün |
|---|---|---|---|
| Ich erkenne an der Stimme meines Coachee, in welcher Gefühlslage dieser gerade ist. | | | |
| Ich vertraue meiner Intuition im Prozess. | | | |
| Ich arbeite auch dann wirksam, wenn ich meinen Coachee nicht sehe/beobachte. | | | |
| Ich habe keine Scheu vor Technik. | | | |
| Ich habe keine Angst vor neuen Herausforderungen. | | | |
| Ich habe eine fundierte Coaching-Ausbildung. | | | |
| Ich kann auf Erfahrungen aus schwierigen Coaching-Situationen zurückgreifen. | | | |
| Ich weiß, wie ich Emotionen auf räumliche Distanz auffangen kann. | | | |
| Ich kann einschätzen, wann die Grenze von virtuellem Arbeiten gekommen ist. | | | |
| Ich bin interessiert an der Weiterentwicklung und verändere mich und meine Arbeitsabläufe gerne (weg von Routine). | | | |
| Ich habe schon Ideen, wo ich virtuelle Formate einsetzen könnte. | | | |
| Ich glaube, dass virtuelles Coaching mein Portfolio bereichert. | | | |
| Ich bin mutig darin, neue Dinge auszuprobieren. | | | |
| Summe der zutreffenden Aussagen je Farbe | | | |

## Die Auswertung

▶ Rot überwiegt:
Sie sollten noch einige Vorbereitungen treffen, wenn Sie mit dem Gedanken spielen, in das Geschäftsfeld des virtuellen Coachings einzusteigen. Sind Sie an manchen Stellen skeptisch, ob das genauso gut funktioniert wie in Ihrer bisherigen Arbeit in direkter und persönlicher Interaktion? Fühlen Sie sich technisch nicht fit? Handeln Sie keinesfalls voreilig. Holen Sie sich weitere Informationen ein. Vielleicht würde es Ihnen helfen, sich selbst im virtuellen Raum coachen zu lassen? Oder kennen Sie einen erfahrenen Coach auf diesem Gebiet? Sie sollten sich auf jeden Fall intensiv mit den Facetten des Online-Coachings auseinandersetzen, bevor Sie selbst aktiv werden.

▶ Gelb überwiegt:
Sie finden das Thema vermutlich interessant, sind sich aber nicht so ganz sicher, ob Sie den Herausforderungen, als virtueller Coach zu arbeiten, wirklich gewachsen sind. Führen Sie sich Ihr aktuelles Business vor Augen. Finden Sie vielleicht erste kleine Möglichkeiten, mit neuen Formaten zu experimentieren? Gibt es den ein oder anderen Bestandskunden, dem Sie (vielleicht kostenlos) ein paar Sequenzen virtuelles Coaching anbieten können? Fordern Sie in diesem Fall gezielt Feedback zu dieser Art der Zusammenarbeit an. Überstürzen Sie nichts. Vielleicht kennen auch Sie einen erfahrenen Coach, der Sie unterstützen kann.

▶ Grün überwiegt:
Sie sind vermutlich technikaffin und haben einige Erfahrung im Coaching, die Sie stärkt. Sie bringen die besten Voraussetzungen mit, um mutig in die virtuelle Welt zu starten. Unterschätzen Sie jedoch nicht eine gute Vorbereitung und schaffen Sie sich geschützte Übungsmöglichkeiten.

Sollte die Verteilung sehr ausgewogen sein, dann betrachten Sie sich die einzelnen Punkte differenzierter. Wo genau sind die roten Felder? Eher auf der Technikseite oder eher in den persönlichen Fähigkeiten? Dementsprechend können Sie sich überlegen, wie Sie an der ein oder anderen Stelle weiter ins Gelbe oder Grüne rutschen können.

## 3.3 Wie können Sie Online-Coaching in Ihr Business-Modell integrieren bzw. ein neues aufbauen?

Sie sollten sich mit einigen wesentlichen Fragen auseinandersetzen, bevor Sie Ihr Online-Business starten.

*Orientierungsfragen zu Ihrem möglichen Business-Modell*

- ▶ Welche Form(en) des virtueller Coachings passt(en) zu mir? Was möchte ich anbieten? Für welche Themengebiete?

- ▶ Was macht mich dabei einzigartig? Was ist mein Alleinstellungsmerkmal? Warum soll der Kunde mich buchen?

- ▶ Was brauche ich an Technik? Was muss ich mir technisch aneignen? Mit welchen Tools kann ich gut arbeiten? Gibt es einen Stufenplan – womit kann ich schon starten?

- ▶ Brauche ich eine Fortbildung? Welche? Habe ich die Zeit dafür? Kann ich mir den Freiraum schaffen? Habe ich die finanziellen Mittel für die Fortbildung?

- ▶ Wer könnte mich auf dem Weg unterstützen? Inhaltlich, technisch, …?

- ▶ Wie sieht mein Business-Modell dann aus? Wie wird es sich verändern? Welche Zielgruppen bediene ich? Kommen neue hinzu? Welche Vertriebskanäle bespiele ich mit dem Angebot? Usw.

> - Wie könnte ich meine Bestandskunden überzeugen, ein ergänzendes Online-Coaching auszuprobieren?
>
> - Wo sitzen meine Zielkunden für das Online-Geschäft? Möchte ich regional arbeiten, um gemischte Varianten anbieten zu können? Oder bin ich auch komplett online unterwegs, sodass die Region keine Rolle spielt?
>
> - Wie werden meine Verträge aussehen? Was muss ich darin verändern bzw. ergänzen? Welche Risiken muss ich absichern?
>
> - Welche Strategien werden mir helfen, nicht rund um die Uhr erreichbar zu sein? Wie kann ich auf mich achten? Was brauche ich, um gut abschalten zu können?

 Bei der Erarbeitung Ihres Business-Modells unterstützt Sie der Business Model Canvas, den Sie sich über die bucheigenen Ressourcen downloaden können (weitere Infos ab Seite 310).

*Das Kompetenzprofil* Der Online-Coach erfordert ein erweitertes Kompetenzprofil. Die Basiskompetenzen eines guten Coachs bleiben erhalten, die aufgeführten Kompetenzen kommen „on top":

### Formatkompetenz

Diese Kompetenz bedeutet, einschätzen zu können, welches Format für die Situation Erfolg versprechend ist: Der Coach muss ein zuverlässiges Gefühl entwickeln, ob die persönliche Begegnung für das Anliegen und die gegebenen Rahmenbedingungen unabdingbar ist. Oder ob ein zumindest teilweiser Ersatz über virtuelle Formate möglich bzw. ebenso zielführend sein kann.

### Designkompetenz

Beim Coach ist ein grundlegendes Verständnis der Möglichkeiten und Methoden-Know-how gefragt. Bei jeder Intervention ist zu entscheiden, ob und in welcher Abwandlung sie in welchem Medium praktikabel und didaktisch sinnvoll einsetzbar ist. Es braucht eine neue Kreativität und innovatives Denken, um den Transfer erfolgreich zu meistern. Doch nicht nur Interventionen, auch Formate sind gekonnt zu mixen.

### Wahrnehmungsdefizite ausgleichen können

Es geht um die Fähigkeit, zwischen den Zeilen zu lesen oder die Schwingungen zwischen den Worten zu entschlüsseln. Fallen einige Wahrnehmungskanäle weg, ist der Coach gefordert, seine Aufmerksamkeit auf die verbleibenden zu legen. Dies erfordert in der Regel etwas Übung.

### Ausdrucksstärke im jeweiligen Medium

Wer E-Mail als Instrument im Coaching nutzen möchte, sollte zunächst der Grammatik und Rechtschreibung mächtig sein. Hinzu kommen Formulierungskompetenzen – nämlich das Wesentliche stringent zu Papier bringen zu können. Wer das Telefon nutzt, muss verständliche Worte finden und prägnante Sätze und Fragen formulieren. Die Umstellung von Face-to-Face-Sitzungen hin zu virtuellen Sessions bedeutet in der Regel Zeitaufwand. Planen Sie deshalb zunächst eher längere Puffer für Bearbeitung und Vorbereitung ein.

### Offene Augen und Ohren

Die Nutzung virtueller Medien fordert Ihre Aufmerksamkeit noch mehr, als wenn Sie Ihrem Kunden live gegenübersitzen. Jegliche Ablenkung ist Gift – Sie brauchen volle Aufmerksamkeit im Prozess.

### Computer-Basiswissen

Es ist offensichtlich, dass der Coach im Umgang mit Technik und Medien bewandert sein muss. Je nach Medium kann es erforderlich sein, dass Sie Ihren Klienten anleiten müssen, damit die Technik vor Ort fehlerlos läuft. Das bedeutet, dass Sie mögliche Fehlerquellen kennen und in gewissem Umfang Ferndiagnosen stellen müssen.

### Rechtliche Themen, wie z.B. Datensicherheit, beherrschen

Antworten auf relevante Sicherheitsfragen und die Umsetzung von Datenschutzrichtlinien gehören zum Basiswissen im Online-Coaching. Sie sind dafür verantwortlich, Ihren Klienten auf seine Rechte aufmerksam zu machen und seine Daten zu schützen. Hinzu kommen beispielsweise auch Umgang mit Bildrechten in Ihrer Arbeit.

### Menschenkenntnis haben

Als Coach müssen Sie lernen, einzuschätzen, welches Medium für welchen Klienten geeignet sein wird.

### Verändertes Mindset

Es ist erforderlich, sich vollständig auf das neue Medium einzulassen. Eigene Unsicherheit und Scheu überträgt sich auf den Kunden und gefährdet den Erfolg des Coaching-Prozesses.

### Mit fehlender Rückkopplung umgehen können

*Feedback bewusst einholen*

Es kann sein, dass Sie – vor allem bei fehlender Erfahrung – den Hörer auflegen oder das Online-Meeting verlassen und sich unsicher sind, wie der Termin gelaufen ist. Der Coachee war zwar in seinen Aussagen zufrieden, aber Sie beschleicht ein komisches Gefühl. Als Coach müssen Sie lernen, damit umzugehen bzw. sich durch gezielte Feedback-Schleifen vor Beendigung des Termins ein Bild zu schaffen.

## Veränderte Selbstorganisation

Kleinere Einheiten erfordern es, den eigenen Tag neu zu strukturieren. Das kann auch eine höhere Anzahl an Kundenterminen bedeuten, die vor- und nachbereitet werden müssen. Das Thema Prioritäten setzen und den eigenen Zeiteinsatz sinnvoll zu strukturieren kann Sie als Coach vor neue Herausforderungen stellen. Es ist sehr wichtig, ein sinnvolles Pausenmanagement einzuplanen. Grundsätzlich empfehle ich Ihnen, Ihre Wochenplanung grundsätzlich neu zu bedenken. Gibt es Tage, die Sie exklusiv für Face-to-Face reservieren und andere für virtuelle Arbeit? Das ist abhängig von der der grundsätzlichen Verteilung Ihrer Aufträge. Doch bitte behalten Sie diesen Punkt im Blick. Setzen Sie bewusste Schlussstriche am Ende des Arbeitstages. Es ist für Ihre eigene Gesundheit nicht förderlich, wenn Sie jeden Abend noch Online-Termine anbieten.

## Authentizität im virtuellen Raum vermitteln

Passt Online-Coaching generell und das gewählte Coaching-Format zu Ihren zentralen Werten und Ihrer Persönlichkeit? Verhalten Sie sich klar und natürlich, wie in einer Face-to-Face-Begegnung? Oder müssen Sie Ihr Verhalten gezielt steuern? Liegt es an fehlender Übung, oder ist die Passung von Medium und Ihrem Selbstverständnis nicht optimal? Selbstreflexion ist an dieser Stelle von höchster Bedeutung.

*Verhalten Sie sich klar und natürlich?*

Bitte bedenken Sie bei allem, was Sie anbieten, dass nicht alle Kunden für virtuelles Coaching geeignet sind. Am Anfang meiner Arbeit mit virtuellen Medien habe ich einiges ausprobiert und auch angeboten. Zunächst eine Mischung von persönlichen Treffen und Skype-Terminen. So lautete auch mein schriftlich fixiertes Angebot. Eine meiner ersten Klientinnen in diesem Geschäftsfeld beauftragte das Coaching anhand dieses Angebots. Das erste Treffen – in Präsenz – war sehr intensiv und hat sie für einen anstehenden Verhandlungstermin gut gestärkt. Wir vereinbarten den Folgetermin per Skype, zeitnah nach ihrem Kundentermin zur Nachbespre-

*Wenn die Technik streikt*

chung, Erkenntnissicherung und weiteren Planung. Wie es kommen musste, streikte die Technik – da ich Skype damals nicht so intensiv genutzt hatte und ich noch Einstellungen aktualisieren musste. Nach einer Verzögerung von zehn Minuten saßen wir uns dann glücklich virtuell gegenüber. Der Video-Chat war aus ihrer Sicht für ein kurzes Status-Update in Ordnung. Das weitere Coaching wünschte sie sich aber wieder mit persönlichen Treffen. Dafür nahm sie gerne zusätzliche Fahrtwege (immerhin 60 km) auf sich, um zu mir ins Büro zu kommen. Das hätte wirtschaftlich für mich durchaus problematisch werden können, wenn die Reisezeiten und Reisekosten zu meinen Lasten im Angebot vermerkt wären. So war ich lediglich um eine Lernerfahrung reicher. Inzwischen gibt es für Veränderungen des Formates während des Prozesses eine entsprechende Regelung im Coaching-Vertrag. Und Rückfalloptionen, falls die Technik streikt.

Vielleicht war es auch das falsche Format für diesen Menschen. Die Coaching-Plattformen und die virtuelle 3-D-Welt bieten zahlreiche Möglichkeiten für Gestaltarbeit, Aufstellungsarbeiten und andere systemische Interventionen an – also alles das, was wir vor Ort im Büro genutzt haben. Wobei die Arbeit mit Avataren dem Präsenzsetting am Nächsten kommt. Bei den Alternativen vom textbasierten Coaching bis zum virtuellen Klassenzimmer bieten sich abgestuft Kreativitätstechniken an, häufig kommen jedoch eher strukturierte Interaktionen zum Einsatz. Die Art des Settings muss also nicht nur mir liegen, sondern auch meinem Kunden.

Ein kleiner Fragebogen im Download-Bereich hilft Ihnen dabei, ein Gefühl für die bevorzugte Arbeitsweise Ihres Kunden zu bekommen. Allerdings soll Sie das nicht in der Formatauswahl beschränken. Es kann durchaus spannend sein, einen sehr analytischen und strukturierten Menschen in einen Avatar schlüpfen und eine Aufstellung erleben zu lassen. Jedoch braucht es hier vielleicht ein bisschen mehr Abholen und Einführen in das Interventionsformat.

# 4. Online-Coaching – Welche Formate sind verfügbar?

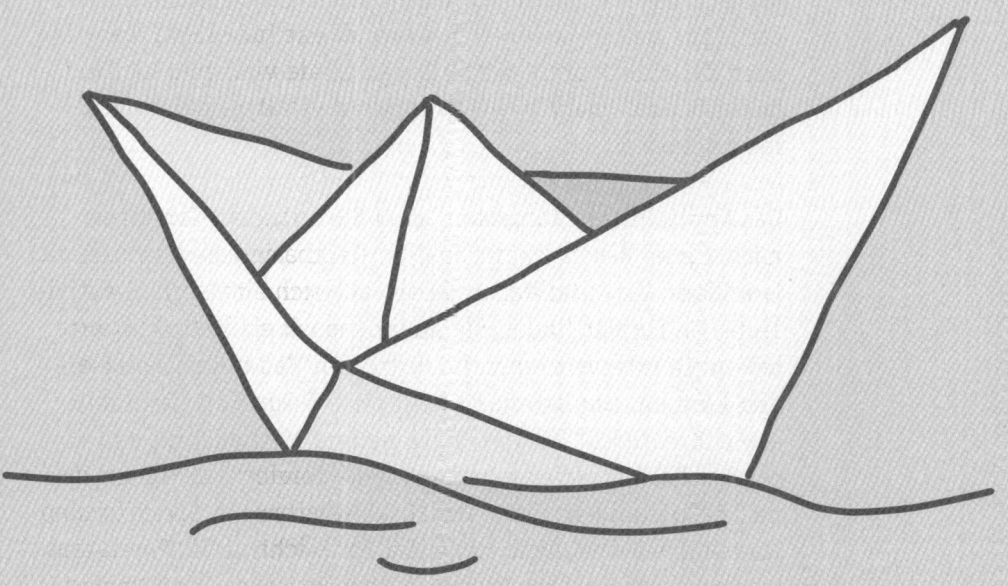

## 4. Online-Coaching – Welche Formate sind verfügbar?

Während meiner Recherchen zum Buch, meiner eigenen Arbeit als Coach und den Gesprächen mit Kolleginnen und Kollegen haben sich die im Folgenden detailliert dargestellten Formate als die derzeit „gängigen" herauskristallisiert. Vielleicht kennen Sie noch weitere Möglichkeiten und Plattformen, die hier nicht aufgeführt sind. Ich freue mich jederzeit über weitere Ideen zum Ausprobieren oder als Ergänzung auch für eine spätere Neuauflage. Unser Berufsbild lebt in Zukunft noch mehr vom Austausch und der gemeinsamen Ideenschmiede.

Das Kapitel ist so aufgebaut, dass Sie zu jedem Format zunächst eine Beschreibung finden. Daran schließen sich die jeweiligen Vor- und Nachteile an, abgerundet durch hilfreiche Tipps. Je Format finden Sie außerdem einige Beispiele, wie bekannte Interventionen im virtuellen Raum eingesetzt werden können. Die Betonung liegt auf „Beispiele", denn mit etwas Kreativität können viele weitere Methoden in den virtuellen Kontext übertragen werden – häufig sind jedoch kleine Abwandlungen nötig. Im Anschluss lade ich Sie dazu ein, Ihre eigenen Gedanken zu jedem Format zu reflektieren und, wo vorhanden, finden Sie noch Praxisberichte von erfahrenen Kollegen.

Lassen Sie sich überraschen, welche Formate Sie persönlich ansprechen. Reisen Sie lieber spartanisch oder luxuriös? Oder gibt es je nach Situation auch einen Mix?

## 4.1 Die Suche nach dem passenden Format – Ruderboot oder Luxusyacht?

Genau wie die Interventionen, muss das Coaching-Format situationsabhängig gewählt werden, mit Blick auf Erfolgsaussicht, Wirtschaftlichkeit und Nachhaltigkeit. Möglich sind „einfache" virtuelle Instrumente wie Telefon oder Skype, aber auch umfangreiche prozessbegleitende Online-Tools. Und selbstverständlich Mischformen (Blended Coaching).

In diesem Kapitel lernen Sie verschiedene Möglichkeiten kennen und auch praktikable Interventionen aus meinem Erfahrungsschatz. Dabei handelt es sich natürlich nur um Beispiele – denken Sie gerne bei jedem Format darüber nach, inwieweit Ihre Lieblingsinterventionen übertragbar sind. Die vorgeschlagenen Interventionen sind oft auf andere Formate übertragbar. Lassen Sie sich durch meine Zuordnung zu den Medien nicht beschränken, sondern sehen Sie die Vorschläge als Inspiration zum Ausprobieren, Abwandeln und Weiterdenken.

Ein Tipp: Alle aufgeführten Möglichkeiten des virtuellen Coachings werden mit Vor- und Nachteilen sowie Tipps dargestellt. Lassen Sie die Vor- und Nachteile in jeder Rubrik auf sich wirken, bevor Sie weiterlesen. Vielleicht mögen Sie die jeweiligen Facetten für sich persönlich bewerten und entsprechend an der Seite oder mit Farbe markieren? Dann haben Sie am Ende des Kapitels (S. 214) einen schnellen Überblick, wo Ihre Präferenzen liegen. Im Download-Bereich finden Sie eine komprimierte Darstellung der Formate mit allen Vor- und Nachteilen zur schnellen Übersicht.

## Selbst schwimmen – Selbstcoaching

Selbstcoaching ist ein beliebter Trend. Betreten Sie spaßeshalber eine Buchhandlung und gehen Sie zur Regalwand der Ratgeber. Das Angebot für ziemlich alle Themen ist schier unendlich. Ebenso beliebt sind sog. Psychotests. Das beginnt schon bei Jugendlichen in einschlägigen Magazinen. Natürlich sind dazu ebenfalls im Internet unzählige Angebote verfügbar. Sucht man etwas differenzierter, findet man ein breites Spektrum an Lebensberatungsangeboten, um zum Beispiel den Sinn des Lebens oder die eigene Berufung zu finden.

*Selbstcoaching erfordert viel Selbstdisziplin*

Aber auch Führungscoachings gibt es als Selbststudium. Verbreitet als E-Book zum Download, aber auch über regelmäßig zugesandte Mails mit Aufgaben. Das kann funktionieren, erfordert aber viel Selbstdisziplin. Meine Erfahrung und eigene Testläufe mit Versuchskunden haben ergeben, dass üblicherweise höchstens zwei von zehn Probanden wirklich dranbleiben und alle Wochenaufgaben erledigen.

Viele nehmen sich keine Zeit, wenn sie völlig frei und ohne Rückmeldungen zu bestimmten Terminen – also quasi ohne jeglichen Druck die Aufgaben zu bearbeiten haben. Der

Mensch ist nun mal bequem und ohne echten Leidensdruck oder konsequente Prozessführung durch den Coach schaffen es die Wenigsten, sich selbst zu motivieren.

Das ist aus meiner Sicht kein wirkliches Geschäftsmodell, sondern eher eine Ergänzung – vielleicht auch ein Türöffner für andere Formate. Wirksamer ist erfahrungsgemäß jede Form von Interaktion zwischen Coach und Coachee. Einige der gebräuchlichsten Formate lernen Sie jetzt kennen.

*Eher eine Ergänzung*

## Das Floß – Einfaches Hilfsmittel: Coaching via E-Mail

Asynchrones Coaching findet schriftlich statt. Natürlich wären Sprachnachrichten möglich, sie sind aber in der Anwendung umständlich. Die schriftliche Kommunikation funktioniert häufig über E-Mail. Das ist die Form der Kommunikation, die uns schon am Längsten begleitet und stark an das klassische Schreiben von Briefen erinnert.

Gesprochene und geschriebene Kommunikation unterscheiden sich in einigen Punkten wesentlich voneinander. Der nachweislich heilsame Aspekt von Schreiben kann dem Coachee wertvolle Einsichten bringen. Rechnen Sie damit, dass Ihre Unterstützung vielleicht weniger stark nachgefragt wird. Wichtig: Zweifeln Sie nicht am Wert Ihrer Arbeit, sondern erforschen Sie, wo Sie zusätzliche Anknüpfungspunkte haben. Des Weiteren ist es möglich, dass der Klient unliebsame Persönlichkeitseigenschaften herauszufiltern versucht. Seien Sie wachsam und glauben Sie nicht jedes Wort so, wie es geschrieben steht.

*Kanalreduktion*  Die Theorie der Kanalreduktion beschäftigt sich damit, zu belegen, dass durch die Beschränkungen der Internetkommunikation eine Verarmung im Kommunikationsprozess entsteht. Die Reduktion auf Text könnte zum Beispiel zur Entemotionalisierung, Entwirklichung oder Entmenschlichung führen. Tatsache ist jedoch, dass Menschen häufig das Kommunikationsmedium an die Thematik anpassen. Gerade beim Verschriftlichen findet eine Kanalreduktion statt. Das fordert uns als Coach, aber auch den Coachee:

*„Durch aktive Imagination, die durch bewusste und unbewusste Informationsfilterung und Informationsgewinnung aufseiten des Rezipienten geprägt ist, verbindet sich mit einer Reduktion der Sinneskanäle oftmals eher eine Steigerung als eine Verarmung des Empfindens ... Die Aussicht auf eine längere Kommunikationsbeziehung und das Vorhandensein positiver Erwartungshaltungen gegenüber Kommunikationspartnern, die wir noch nicht kennen, sorgen für die Entstehung eines besonders positiven Eindrucks, der im Face-to-Face-Kontext durch dissonante Nebensächlichkeiten womöglich getrübt wäre. Diese positive Erwartungshaltung und damit einhergehende Freundlichkeit werden vom Gegenüber wiederum mit entsprechend entgegenkommenden Reaktionen beantwortet, was die positive Imagination bestätigt. Unsere Imagination kann im Zuge computervermittelter Wahrnehmung anderer Personen die soziale Wirklichkeit also unter bestimmten Bedingungen produktiv aufwerten."* (Döring, 2003)

Was spricht für, was gegen das Coaching via E-Mail?

## Die Vorteile

### Usability und Flexibilität

Der Großteil der Bevölkerung in Europa nutzt E-Mails für die Kommunikation im Alltag. Der Umgang mit dem Medium ist bekannt und intuitiv. Auch per Smartphone können E-Mails gelesen und beantwortet werden – das zu jeder Tages- und Nachtzeit, wie es in den persönlichen Ablauf passt. Und das ganz ohne Aufwand für Terminvereinbarungen.

*E-Mail kann jeder*

### Nachhaltigkeit

Durch kurze Frequenzen bleiben Coach und Coachee in individuell festgelegten Abständen in Kontakt. Diese Abstände sind in der Regel deutlich kürzer und die Kontaktpunkte häufiger als bei Präsenz- oder auch Chat-Terminen. Durch die durchgängige Dokumentation der Mails bleibt der ganze Prozess jederzeit nachvollziehbar. Der Klient kann sich intensiv mit seinem Thema auseinandersetzen und seine Erfolge schwarz auf weiß nachlesen. Dabei entfällt für Sie als Coach der komplette Dokumentationsaufwand. Der auf diese Weise gut genutzte (und auch vom Coach entsprechend gesteuerte) Coaching-Prozess erhält vertiefend schreibtherapeutische Wirkung und kann weitere Einsichten und Erkenntnisse beim Coachee ans Tageslicht bringen. Durch die Auseinandersetzung in Schriftform kann eine vertiefte Reflexion erreicht werden. Wie schon erwähnt, kann eine gewisse Anonymität den Klienten weiter öffnen und mehr ans Tageslicht befördern.

*Durchgängige Kommunikation*

### Emotionalität

Wie beschrieben, setzt sich der Coachee intensiv mit sich und seinen Gefühlen auseinander. Diese bringt er zu Papier. Dadurch haben die verfassten Texte einen hohen emotionalen Wert. Das kann sogar nach mehreren Jahren noch Wirkung zeigen. Beispielsweise kann es dem Coachee erneut Kraft und Zuversicht geben, die Notizen über die eigenen Ressourcen nachzulesen.

### Verantwortung beim Coachee

Der Coachee bekommt kontinuierlich Impulse und Aufgaben. Er ist absolut in der Eigenverantwortung. Der Coach kann zwar zwischendurch an die Erledigung erinnern, aber die Hauptverantwortung liegt beim Coachee. Er kontrolliert den Fortschritt sowie die Zeit, die für den Prozess aufgewendet werden muss. Er wird aufgefordert, immer wieder aktiv zu werden und ein Stück weit die Steuerung zu übernehmen.

## Reflektierte Kommunikation

Durch die asynchrone Arbeit entfallen sämtliche spontanen Reaktionen. In der Präsenz wird Ihr Coachee jede Ihrer Reaktionen auf seine Worte beobachten. Sie müssen Mimik, Körperhaltung und auch Gedankengänge bzw. gesprochene Worte stets unter Kontrolle halten. Das spielt beim E-Mail-Coaching keine Rolle, sofern Sie Ihre Antwort nicht impulsiv verfassen. Sie haben die Chance, sehr reflektiert und überlegt zu reagieren, und das wirkt professionell.

## Die Nachteile

### Mangelnde Klarheit

Es können leicht Missverständnisse entstehen, da die Qualität der Kommunikation abhängig von der Fähigkeit ist, sich schriftlich auszudrücken. Ebenso stellt mailbasiertes Coaching hohe Ansprüche an Strukturierung von Schriftstücken. Schwierig ist, dass es keine offiziellen Qualitätsstandards für diese Form der Zusammenarbeit gibt.

*Missverständnisse können entstehen*

### Zeitbedarf und Kompetenz

Seien Sie sich bewusst, dass der Zeitaufwand für die Steuerung eines Coaching-Prozesses per Mail nicht unerheblich ist. Zwar sind Sie flexibel, jedoch kosten gut strukturierte und fundierte Texte etwas Übung und Zeit. Sie brauchen ein gutes Textverständnis und eine starke schriftliche Ausdrucksfähigkeit.

### Begrenzte Wahrnehmung

Alle Sinneskanäle fallen weg. Ihre einzige Möglichkeit, Unstimmigkeiten zu erkennen, ist es, genau auf die Worte zu achten. Sobald Sie ein seltsames Gefühl beschleicht oder Sie Klarheit vermissen, deutet dies auf einen Rückschritt hin.

### Distanz

Viele Coachs schätzen gerade die Unmittelbarkeit der Begegnung mit dem Klienten. Diese entfällt beim E-Mail-Schreiben.

### Begrenzte Ausdrucksmöglichkeiten

Emoticons geben die aktuellen Gefühle nur schwach wieder. Es besteht wenig Möglichkeit, begleitende Emotionen auszudrücken. Durch die Möglichkeit, den Text immer wieder zu bearbeiten, fallen möglicherweise auch wichtige Nebenbemerkungen oder Nivellierungen weg, die im persönlichen Kontakt vom Coach wahrgenommen worden wären.

### Affinität fürs Schreiben erforderlich

*Texte zu verfassen liegt nicht jedem*

Es gibt Menschen, denen fällt es schwer, Texte zu verfassen. Sie empfinden es als anstrengend. Hinzu kommt, dass der Aufwand auch noch Geld kostet. Dieses Format ist deshalb eher für die Klientel geeignet, die entweder gerne schreibt und liest oder zumindest keine Scheu davor hat.

*„Unterschätzt wird aber häufig die Kompetenz des Lesens und Schreibens. Keine positiv wirksame Onlinekommunikation ohne einfühlsame und treffsichere Sprache. Die Onlineberatung (die Institution mit Ausbildung, Theorie und Praxis) zeichnet sich vor andern Beratungssettings dadurch aus, dass die hohe Kunst des Lesens und Schreibens ein bestimmendes Gewicht hat."* (Lang, 2015)

### Hilfreich für erfolgreiches E-Mail-Coaching

#### 1. Klären Sie vorab die Rahmenbedingungen

Vereinbaren Sie Reaktionszeiten, in denen mit einer Antwort zu rechnen ist. Definieren Sie den Umfang einer Standardantwort und am besten auch die relevanten Formalien. Es ist hilfreich, sich auf eine sog. E-Mail-Etikette zu verständigen. Diese regelt z.B. Formulierungen im Betreff, Struktur und erwartete Folgeschritte. Ein Beispiel dazu finden Sie auf Seite 318.

#### 2. Trainieren Sie das Schreiben

Texte nachvollziehbar und (möglichst) frei von Missverständnissen zu formulieren, bedarf tatsächlich etwas Übung. Es ist nicht empfehlenswert, sich einfach mal schnell in ein E-Mail-Coaching zu stürzen, weil der Kunde das vielleicht gerade fordert oder weil man als Coach mal experimentieren möchte. Es macht durchaus Sinn, sich zunächst Abläufe, Themen und Vorgehensweisen zu überlegen. Erstellen Sie sich einen „Standard", der Ihnen im Prozess Hilfestellung gibt. Erstellen Sie einige Mails im Voraus – oder auch Bausteine, die Sie von einer (ehrlichen) Vertrauensperson gegenlesen lassen. Nehmen Sie das Feedback als Hilfestellung ernst, nicht als Kritik. Wenn möglich, suchen Sie sich einen Sparringspartner, mit dem Sie einige Sequenzen quasi „live" ausprobieren können. Lernen Sie durch Ausprobieren im geschützten Raum. Achten Sie auf kurze Sätze und unmissverständliche Sprache.

## 3. Formulieren Sie eindeutig, ehrlich und klar

Schreiben Sie in der ersten Person im Präsens. Nutzen Sie „Ich-Botschaften". Seien Sie dabei aber nicht überheblich oder unehrlich. Bestätigen Sie die Erfolge und Fortschritte Ihres Kunden angemessen und geben Sie auch kritisches Feedback gut verpackt (*„Ich hätte mir etwas mehr Ausführlichkeit gewünscht."* Oder: *„Ich hoffe, das Schreiben dieser langen Mail hat Sie nicht in zusätzlichen Zeitstress gebracht? Ich bin auch mit weniger Ausführlichkeit zufrieden."*). Geben Sie zwischendurch preis, welche Gedanken und Reaktionen beim Lesen bei Ihnen aufgetreten sind (*„Ich war ganz aufgeregt, als ich gelesen habe, wie viel Mut Sie zusammengenommen haben und über Ihren Schatten gesprungen sind, indem Sie ..."*).

*Ich-Botschaften*

## 4. Lesen Sie zwischen den Zeilen

Wie beim Eisbergmodell, sind nur 10-20 Prozent der Kommunikation sichtbar, der Großteil liegt unter der Wasseroberfläche. Klassisches Beispiel für diesen Effekt sind Zeugnisse. Während die geschriebene Sachbotschaft sich ganz gut liest, lesen Profis ganz andere Bedeutungen aus den wohlklingenden Begriffen und Sätzen. Ähnlich kann es Ihnen im schriftlichen Coaching gehen. Während die Sachinformation recht vernünftig und zielführend klingt, stecken emotionale

Botschaften zwischen den Zeilen, die Sie zunächst nicht wahrnehmen. Versuchen Sie, Ihren Klienten gezielt durch Fragen auf die emotionale Ebene zu führen und Inkongruenzen aufzudecken.

### 5. Kalkulieren Sie den Zeitaufwand realistisch

Je nachdem, wie sicher Sie sich in der schriftlichen Kommunikation fühlen, können Ihre Mails einige Zeit in Anspruch nehmen. Definitiv ist es nicht sinnvoll, diese Mails zwischen Tür und Angel zu beantworten. Nehmen Sie sich in einem solchen Prozess Qualitätszeit für Ihre Mails. Auf keinen Fall eignen sich Fahrtzeiten oder Zeiten, zu denen Sie schon ausgepowert vom Tag sind – Ausnahmen können im Notfall natürlich sinnvoll sein, nicht aber im regulären Coaching. Bedenken Sie bei der Kostenkalkulation auch, wie schnell Sie tippen. Beherrschen Sie das 10-Finger-System oder arbeiten Sie mit 2-Finger-Suchsystem?

### 6. Unterschätzen Sie nicht die Anfangsphase

*Lassen Sie sich das Thema sehr genau erklären*

Lassen Sie sich Thema (Problem) und Ziel sehr ausführlich schildern und fragen Sie so lange nach, bis Sie das Gefühl haben, dass Sie am Kern angekommen sind. Ihnen fehlen fast alle Wahrnehmungskanäle und Sie können nicht an der Körpersprache erkennen, ob Worte und Stimmung kongruent sind. Sie müssen lernen, zwischen den Zeilen zu lesen und Unstimmigkeiten schnell aufzudecken.

### 7. Sprechen Sie Unklarheiten direkt an

Wie mühsam ist es bereits, Missverständnisse in der synchronen Kommunikation aufzudecken. Umso wichtiger ist es, Unklarheiten in der E-Mail-Kommunikation sofort zu thematisieren. Fordern Sie auch Ihren Kunden immer wieder dazu auf. Die spätere Klärung kostet unnötig Zeit und Mühe und verzögert den Prozess. Im schlimmsten Fall beschädigen Missverständnisse das Vertrauensverhältnis von Coach und Coachee.

## 8. Strukturieren und emotionalisieren Sie den Text

Formatierungswerkzeuge helfen, die Texte leichter lesbar zu machen und den Blick auf die wesentlichen Aussagen oder Schlüsselworte zu richten. Nutzen Sie diese Möglichkeiten und empfehlen Sie dies auch Ihrem Kunden. Hilfreich können auch die Emoticons (Smileys und Co.) sein, die die Standardprogramme in der Regel anbieten. So wird der Text lebhafter und Emotionen werden transportiert. Wird etwa ein Smiley mit einer Träne eingesetzt, können Sie hier nachhaken und vertiefende Fragen stellen.

*Emoticons*

Bitte lassen Sie sich bei all diesen Anforderungen an E-Mail-Coaching nicht zu schnell verunsichern. Gerade die Schreibkompetenz kann trainiert und durch Hilfsmittel vereinfacht werden. Ein Beispiel dafür ist das sog. „Vier-Folien-Konzept" bei E-Mail-Beratung nach Knatz und Dodier (Download-Bereich). Ursprünglich stammt das Konzept aus der schon länger eingesetzten Online-Therapie, es ist aber gut auf das E-Mail-Coaching anpassbar. Die Idee dahinter ist, strukturiert, nämlich in vier Phasen, an die Analyse und Beantwortung der E-Mails heranzugehen. Dazu wird empfohlen, sich zunächst mit der eigenen Resonanz zu beschäftigen. Es ist hilfreich, sich zu allen Phasen die entsprechenden Notizen zu machen, bevor mit der Antwort begonnen wird.

*Das Vier-Folien-Konzept*

1. Phase:
   Es geht um die eigenen Gefühle, Assoziationen, Bilder, die beim ersten Lesen des Anliegens des Coachees in einem selbst entstehen. Zu Beginn eines Prozesses empfehle ich, an dieser Stelle nochmals genau das verstandene Problem zu durchleuchten. Handelt es sich um echten Coaching-Bedarf (speziell in Abgrenzung zur Therapie) und haben Sie das Gefühl, der richtige Coach und hier mit dem richtigen Medium unterwegs zu sein? Vermutlich klären Sie diese Punkte schon im Beratungsgespräch zu Beginn – außer Sie arbeiten komplett online. Ich persönlich pflege nach wie vor noch das Beratungs- oder Auftragsklärungsgespräch vor

Beauftragung, gerne per Video-Chat oder Telefon. Doch an dieser Stelle gestatte ich mir grundsätzlich noch einmal die Frage, ob es für mich auch mit dem Kunden passt.

2. Phase:
Analysieren Sie nun die Mail im Detail. Welche Schlüsselwörter verwendet Ihr Kunde? Erhalten Sie ein gutes Bild über Kontext und Umfeld der Problematik und des Kunden? Können Sie erste Stärken und Schwächen herauslesen, die Ihnen helfen, Hypothesen zu bilden?

3. Phase:
Welche Fragen stellt sich der Kunde bzw. welche adressiert er/sie an Sie als Coach? Ist das Ziel klar und eindeutig formuliert? Fehlen noch wichtige Aspekte mit Blick auf das Ziel? Welche weiteren Hypothesen entstehen beim Lesen in Ihrem Kopf? Welche Fragen sind unbeantwortet?

*Spiegeln*

4. Phase:
Nun geht es um Ihre Antwort als Coach. Wie im Face-to-Face versuche ich auch hier, die Worte des Coachees aufzugreifen und zu spiegeln. Beginnen Sie damit, zu erläutern, was Sie aus der Mail verstanden haben. Erläutern Sie die fehlenden Informationen. Überlegen Sie sich dann, in welche Fragestellungen Sie Ihre bisher entwickelten Hypothesen verpacken können. Achtsamkeit ist ein wichtiger Punkt in der E-Mail-Kommunikation. Stellen Sie nicht alle Fragen auf einmal, Sie könnten Ihr Gegenüber überfordern oder er lässt einfach wichtige Antworten außen vor. Begrenzen Sie Ihre Fragen/Impulse je Mail auf eine vernünftige Anzahl. Ich habe für mich eine Faustregel von drei bis fünf tiefer gehenden Fragen und Impulsen gesetzt – das ist jedoch keine allgemeingültige Empfehlung, sondern ein Erfahrungswert speziell aus meiner Arbeit. Sie kennen Ihre Zielkunden besser als ich. Finden Sie Ihr eigenes sinnvolles Maß. Die Notizen der vorherigen Punkte sind auch deshalb immens wichtig, weil Sie so sicherstellen, dass Ihnen keine wichtige Frage entfällt.

Grundsätzlich finde ich es persönlich wertschätzend und höflich, eine korrekte Anrede und einen motivierenden Schluss zu formulieren. Schließlich möchte ich mein Gegenüber einladen, seine Antwort gerne zu verfassen. Wichtig erscheint mir jedoch grundsätzlich die Angabe eines gewünschten Antwortzeitraumes. Dieser erlaubt mir zu gegebener Zeit eine höfliche Erinnerung. Denn schließlich plane ich in meinem Kalender konkrete Bearbeitungszeiten für die Mails meines Kunden ein. Zuverlässigkeit ist im Online-Coaching genauso wichtig wie die Termineinhaltung vor Ort. Achten Sie außerdem auf Rechtschreibung und Grammatik. Prüfen Sie jede Mail vor dem Versand kritisch. Das ist ein Zeichen von Professionalität und steigert die wahrgenommene Qualität Ihres Auftritts.

So oder ähnlich könnten Sie sich Ihren eigenen Leitfaden erstellen, der Sie bei jeglicher schriftlichen Reaktion anleitet, nicht impulsiv zu handeln. Ganz anders als im Präsenz-Setting heißt es hier nicht, intuitiv zu reagieren, sondern in Ruhe zu lesen und abzuwägen. Es liegt schließlich in Ihrem Interesse, die Aussagen Ihres Coachees möglichst richtig zu verstehen und eine möglichst hilfreiche und eindeutige Antwort zu geben. Das ist aus meiner Sicht eine der größten Herausforderung des E-Mail-Coachings. Denken Sie nur an die vielen Modelle der Kommunikation und die vielen Möglichkeiten für Missverständnisse. E-Mails sind hilfreich zur Prozessbegleitung, keine Frage. Mich wundert persönlich jedoch, dass so viele von uns Coachs dies als ihre Form des Online-Coachings definieren. Aus meiner Erfahrung sind die interaktiven Wege viel näher an unserer ursprünglichen Tätigkeit als Coach.

*„Zwischen den Zeilen lesen, verstehen und antworten, baut eine tragfähige und vertrauensvolle Beziehung in der Online-Beratung auf. Eine Mail, ein Chat oder Forumsbeiträge enthalten neben der sachlichen Information immer auch einen emotionalen Anteil. Dies wahrzunehmen erfordert eine kognitive und emotionale Empathie. Zwischen den Zeilen heißt nicht,*

*Möglichst nicht impulsiv handeln*

*einen Code (wie z.B. beim Lesen von Arbeitszeugnissen) zu entschlüsseln, das Verstehen von Texten in der Online-Beratung umfasst einen ganzheitlichen Prozess, der kognitive und emotionale Entwicklungsgänge miteinschließt."* (Knatz, 2008)

### Beispiele für Interventionen im E-Mail-Coaching

Der Methodeneinsatz ist im E-Mail-Coaching relativ begrenzt. Es ist zu bedenken, dass Sie nicht zu viele Aufgaben und Fragen auf einmal stellen können, um Ihren Klienten nicht zu verwirren. Ich setze es in der Praxis eher begleitend ein, indem ich zwischen den Meetings (online oder offline) eine gute Frage formuliere, die der Coachee dann innerhalb der vereinbarten Zeit – und wenn er selbst aufnahmebereit ist – reflektiert, wirken lässt und entsprechend beantwortet. Es erinnert eher an ein Frage-Antwort-Ping-Pong als an einen fließenden Coaching-Prozess. Dennoch ist es eine berechtigte Variante mit Blick auf die Vorteile. Und es gibt nachgewiesenermaßen Anwendungsfelder für reines E-Mail-Coaching ohne jeglichen anderen Kontaktweg.

Hier ein paar Ideen:

### Zeitstrahl mit Varianten

*Lebenslauf mit Zeitangaben*

Lassen Sie Ihren Klienten eine Art Lebenslauf mit Zeitangaben erarbeiten, diesen kann er als Anlage in die Mail packen (Handschriftliches lässt sich einwandfrei scannen) und in der Mail selbst erläutern. Gerne mit Höhen und Tiefen. Hilfreich kann auch eine Trennung in berufliche und private Lebenslinien sein. Das ist eine sehr gute Basis für die weitere Arbeit. Tauchen Sie mit den folgenden Mails in einzelne Situationen tiefer ein und lassen Sie sich konkrete Fragen in der jeweiligen Lebensphase beantworten (fragen Sie z.B. nach besonderen Stärken, die für das aktuelle Thema relevant sein könnten).

Bei Themen zu Selbstorganisation und Zeitmanagement kann es hilfreich sein, wenn Ihr Klient seinen Tag im Zeitverlauf notiert und kommentiert. Dazu könnten Sie ihm eine Vorlage auf Basis gängiger Textverarbeitungsprodukte zuschicken, die er ausfüllt und in der Mail ausführlich interpretiert. Mit vereinbarten Symbolen, Farben oder Emoticons kann er besonders belastende Situationen kennzeichnen. Darauf aufbauend, können Sie in Ihrer nächsten Mail Fragen stellen und Lösungsideen entwickeln lassen.

## Das Entwicklungstagebuch

Im Coaching von Führungskräften verwende ich gerne sog. Entwicklungstagebücher. Konkrete Alltagssituationen mit Mitarbeitern werden vor Dienstschluss reflektiert und ausgewertet. Am Ende einer Woche oder eines anderen vereinbarten Zeitraums fasst die Führungskraft ihre Erkenntnisse und Lessons Learned bzw. die daraus abgeleiteten neuen Ziele in einer Mail zusammen, die ich als Coach als Zwischenstatus empfange. So habe ich die Möglichkeit, auch während der coachingfreien Zeiten Impulse zu setzen oder Fragen zur Weiterentwicklung zu stellen. Natürlich kann dieses Vorgehen auch für andere Themen und Zielgruppen zum Einsatz kommen. Bei einer Kundin, die sich neu positionieren musste, lieferten die gesammelten Reflexionen einen wertvollen Fundus für die weitere Entwicklung.

*Alltagssituationen werden reflektiert*

## Achtsames Schreiben

Spannende Ergänzungen aus der Achtsamkeitspraxis liefert zum Beispiel das „achtsame Schreiben". Geben Sie Ihrer Klientin die Aufgabe, einmal am Tag für fünf Minuten ohne Pause zu schreiben. Dafür geben Sie Ihr einen initialen Satz, welchen sie weiterführen soll. Diesen Satzbeginn wählen Sie entsprechend der aktuell anstehenden Themen. Wichtig: Das Schreiben darf in diesen fünf Minuten nicht unterbrochen werden. Fällt ihr nichts mehr ein, dann schreibt sie genau das auf – und der nächste Gedanke wird kommen. Außerdem darf nicht strukturiert, gefiltert oder darüber nachgedacht werden. Diese Notizen sind auch nicht für Sie als Coach be-

*Fünf Minuten ununterbrochen schreiben*

stimmt. Lassen Sie Ihre Klientin mehrere solcher Schreibeinheiten durchlaufen und bitten Sie zum Beispiel nach fünf Einheiten um eine Zusammenfassung der Erkenntnisse und Einsichten. Sie werden erstaunt sein, welche Rückmeldungen Sie erwarten und welche Beflügelung dieses Vorgehen für einen Coaching-Prozess bringen kann.

**Bildmetaphern**

Was immer funktioniert, sind Bilder, Sprüche, Zitate, Geschichten. Natürlich mit Bezug zum Thema. Senden Sie Ihrem Klienten das Material und stellen Sie drei bis fünf Reflexionsfragen dazu, die er Ihnen schriftlich beantwortet. Darauf bauen Sie dann in Ihrer nächsten Mail auf.

**Die Wunderfrage**

Um den Zielzustand schon heute erlebbar zu machen, bedienen sich viele Coachs der „Wunderfrage" nach Steve de Shazer. Diese systemische Intervention lässt sich ebenfalls schriftlich sehr gut einsetzen. Lassen Sie sich ausführlich beschreiben, woran Ihr Kunde erkennt, dass sein Problem gelöst ist – wie durch ein Wunder. Leiten Sie dabei gut an, da Sie im Entstehungsprozess nicht dabei sind und nachfassen können. Also beschreiben Sie möglichst gut, worauf geantwortet werden soll. Beispiele:

- „Was ist dann anders?"
- „Woran erkennt Ihr Chef (Partner/Kollege/Mitarbeiter), dass das Problem gelöst ist?"
- „Wie fühlt es sich an?"
- „Was nehmen Sie wahr (was sehen Sie, was hören Sie, was riechen Sie, ...)?"

*Skalenabfrage*

In der nächsten Mail lassen Sie sich dann beschreiben, wo Ihr Klient heute schon auf einer Skala in Bezug auf die Lösung steht und was er dafür tun könnte, dieses Wunder Wirklichkeit werden zu lassen – oder ihm zumindest einen Sprung auf der Skala näher zu kommen. Ihre Aufgabe ist es, immer wieder gezielt nachzufragen, bis Sie zu einem verbindlichen

Lösungsweg gelangen. Achten Sie im Prozess darauf, dass Sie nur eine Ausgangsfrage bzw. nur ein Ausgangsproblem in einem kompletten Durchlauf behandeln. Und lassen Sie auch hier die nötige Zeit, damit alle Informationen und Ideen ihren Weg an die Oberfläche finden.

## Der perfekte Arbeitstag

Kommt Ihr Klient mit einem Stress- oder Zeitmanagement-Thema zu Ihnen, könnten Sie sich zum Beispiel einen perfekten Arbeitstag in der Zukunft beschreiben lassen. Achten Sie hierbei darauf, dass Sie ganz konkret vorgeben, wie der Tag beschrieben werden soll. Also tatsächlich von morgens bis abends und zwar mit großer Detailgenauigkeit und mit allen Sinnen: *„Was sehen Sie, was hören Sie, was fühlen Sie, was denken Sie, ..."* So kommen die unbewussten Wünsche an die Oberfläche und Sie können gemeinsam überlegen, wie diese zur Wirklichkeit werden können.

*Unbewusste Wünsche aufdecken*

*„Unsere Wünsche sind Vorgefühle der Fähigkeiten, die in uns liegen. Vorboten dessen, was wir zu leisten imstande sein werden. Was wir können und möchten, stellt sich unserer Einbildungskraft außer uns und in der Zukunft dar; wir fühlen eine Sehnsucht nach dem, was wir schon im Stillen besitzen. So verwandelt ein leidenschaftliches Vorausgreifen das wahrhaft Mögliche in ein erträumtes Wirkliches."* (Johann Wolfgang von Goethe)

## Feedback einholen

Feedback-Übungen können Sie optimal anreichern, indem Sie Ihren Coachee auffordern, sich zu vorgegebenen Punkten Feedback von Kollegen, Mitarbeitern, Freunden geben zu lassen und dieses Feedback für sich zu interpretieren.

## Der Lebensfreudeprozess

Eine weitere hilfreiche Methode ist der sog. Lebensfreudeprozess: Die Klientin wird dazu aufgefordert, die Dimensionen von Freude für sich zu entdecken. Sie soll erspüren, woran bzw. worüber sie sich freut und was das für ihr weiteres Le-

*Freude wahrnehmen lassen – kurz- bis langfristig*

ben bedeuten könnte – es geht auch um Prioritäten im Leben. Die Methode startet mit der kleinsten Einheit – lassen Sie sich die Fragen ausführlich beantworten. Es ist zielführend, mit jeder E-Mail in die nächste Dimension einzutreten:

- Mail 1 – Freuden der letzten Stunde: Woran haben Sie sich die letzte Stunde erfreut? Es kann etwas ganz Kleines sein.
- Mail 2 – Freuden eines Tages: An einem ganz normalen Tag – woran erfreuen Sie sich? Am Morgen? In der Mittagspause? Nach Feierabend? Am Abend?
- Mail 3 – Freuden eines Monats: Was gibt es darüber hinaus in einem ganz normalen Monat, worüber Sie sich freuen?
- Mail 4 – Freuden eines Jahres: Welche Freuden kommen darüber hinaus noch dazu? Geburtstage? Besondere Jahreszeiten? Urlaub?
- Mail 5 – Freuden Ihres bisherigen Lebens: Von der Gegenwart zurückblickend bis an den Beginn Ihres Lebens – welche Freuden kommen noch hinzu? Kindheit? Freundschaften? Erlebnisse? Erste Liebe? Erstes Auto? Geburt eines Kindes?
- Mail 6 – Freuden des gesamten Lebens irgendwann einmal: Was wird irgendwann (wenn Sie alles sehen, was Sie bisher an Freuden erlebt haben) noch an Freuden auf Sie zukommen?
- Mail 7 – Freuden des Lebens in einem Tag: Wie spiegeln sich die Freuden des gesamten Lebens mit den Freuden eines einzelnen Tages? Was ist wirklich wichtig? Was wird eines Tages bleiben?
- Mail 8: Wie werden sich diese Erkenntnisse auf Ihr zukünftiges Leben auswirken? Was gewinnt dadurch mehr Bedeutung? Was verdient in Ihrem Leben mehr Energie und Aufmerksamkeit?
- Mail 9: Was werden Sie jetzt ganz konkret tun? Was ist der erste Schritt? Woran merken Sie nächste Woche, dass Sie sich auf den Weg gemacht haben?
- ...

Vielleicht haben Sie nun schon einige Ideen im Kopf, was Sie sonst noch an Aufgaben via Mail testen können. Vielleicht haben Sie dieses Format sogar schon ausprobiert.

> Welche Erfahrungen haben Sie mit E-Mail-Coaching?
> ▶ ...
>
> Wo könnten Sie dieses Format in Ihrem Business sinnvoll einsetzen?
> ▶ ...
>
> Welche Interventionen könnten Sie sich hier noch vorstellen?
> ▶ ...
>
> Was geht Ihnen dazu aktuell durch den Kopf?
> ▶ ...

## Unterstützende Systeme

Manchmal kann es hilfreich sein, zusätzlich kurze Impulse zu setzen. Hierfür bieten sich heutzutage SMS- oder andere Messenger-Dienste an. Im Sinne einer Erinnerungsfunktion an Aufgaben oder als Mutmacher vor gemeinsam vorbereiteten Terminen. Es unterstützt auch den Beziehungsaufbau, da dem Coachee das Gefühl vermittelt wird, dass sein Coach auch außerhalb der bezahlten Zeit an ihn denkt und für ihn da ist. Natürlich funktioniert dies bei allen Formen des virtuellen Coachings. Beachten Sie aber bitte, welche Informationen Sie hier teilen! Es sollten keine persönlichen Hinweise oder Firmeninternes über diese Medien geteilt werden – Datenschutz und Sicherheitslücken! Lediglich kurze Reflexionsfragen, die einem Datendieb keinen Mehrwert bieten würden. Oder aber Sie setzen gezielt auf sichere Messenger-Dienste.

*Messenger-Dienste*

Nachteilig könnte sein, dass diese nicht so weit verbreitet sind und somit dem Klienten extra Aufwand zur Installation verursachen.

Es gibt inzwischen auch sehr pfiffige Systeme auf dem Markt, die Coaching-Prozesse in puncto Nachhaltigkeit unterstützen. Das sind virtuelle Assistenzsysteme, die preislich attraktiv, sicher und deutlich komfortabler als E-Mails, SMS und Co. sind. Ein Beispiel dafür ist CleverMemo, welches automatisch alle Interaktionen dokumentiert, an Aufgaben erinnert und je Klienten einen Überblick bietet. Es gibt vorgefertigte Aufgaben, die individuell angepasst werden und wiederum als Vorlage gespeichert werden können. Die integrierten Vorlagen sind gut strukturiert und durchdacht. Die Anwendung ist intuitiv und weder Coach noch Coachee müssen Software installieren. Bei CleverMemo stehen die Datenserver in Deutschland und die Aktivitäten sind passwortgeschützt. Wirklich ein cleverer Prozessbegleiter. Allerdings aus meiner Sicht nicht als Coaching-Tool im engeren Sinne allein nutzbar.

### Ableger – Chat-Kommunikation

*Chat-Systeme* Vielleicht nutzen Sie auch Chat-Systeme statt E-Mail-Kommunikation. Im Chat bleibt Ihnen naturgemäß viel weniger Zeit, um zu überlegen und strukturiert zu antworten. Auch der asynchrone Vorteil entfällt. Dafür sind Sie wieder stärker in der Interaktion. Die Dokumentation erfolgt automatisch. Sie haben auch noch die Möglichkeit, wichtige Passagen des Protokolls zu kennzeichnen. Im Chat fallen leicht Schranken, weshalb es Ihre Aufgabe als Coach ist, für einen passenden Umgangston zu sorgen.

Ich persönlich nutze Chat-Funktionen ausschließlich in virtuellen Räumen bei Gruppencoachings. Dort haben die Teilnehmer die Möglichkeit, mir als Coach „geheime" Nachrichten zukommen zu lassen.

### Idee: Statt mit Mail mit gemeinsamen Pinnwänden arbeiten

Über weitere Software ist es möglich, Texte zu visualisieren und Dokumente zu bearbeiten. Diese Werkzeuge erweitern die Möglichkeiten, auch kreativ zu arbeiten. Ein Beispiel dafür ist Padlet (*de.padlet.com*, eingesehen am 25.02.2019). Als Coach entscheide ich über Privatsphäre, Rechte des Anwenders etc. In der Linkliste finden Sie ein kurzes Tutorial über die Funktionsweise von Padlet. Mit etwas Neugier und Kreativität werden Sie viele Möglichkeiten entdecken, Ihre virtuelle Arbeit noch interaktiver und spannender zu gestalten. Es braucht dazu lediglich etwas Mut und Beschäftigung mit dem Thema. Hilfreich ist auch der Austausch mit Gleichgesinnten, um neue Ideen zu bekommen und gemeinsam weiterzuspinnen.

*Padlet*

## Das Kanu – Basiswerkzeug: Telefon-Coaching

Die in Deutschland am häufigsten genutzte Variante des virtuellen Coachings ist das Coaching mittels Telefon. Oftmals lediglich als Ergänzung, wenn Coach und Coachee sich bereits mitten im Prozess befinden und Nähe und Vertrauen entstanden sind. Typische Einsatzgebiete sind das Ad-hoc-Lösen akuter Probleme oder Aufgaben der Transfersicherung.

Im Folgenden steht allerdings das telefonische Coaching als unabhängige Variante im Fokus, die auch dann eingesetzt werden kann, wenn noch kein persönliches Kennenlernen von Angesicht zu Angesicht stattgefunden hat.

Ihre Entdeckerreise aufs Meer beginnt nun also mit einem soliden Paddelboot, dessen Bedienung zunächst relativ einfach scheint: Einsteigen und lospaddeln? Bitte nicht! Was denken Sie, wären die Konsequenzen, wenn Sie ohne jegliches Training, ohne gründliche Vorbereitung und Kenntnis der Strömungen und des Wellengangs eine längere Distanz auf dem offenen Meer wagten?

Möglicherweise werden Sie unerwartet von einer Welle erfasst, Ihr Boot kentert und Sie resignieren nach dieser ersten schlechten Erfahrung? Oder noch schlimmer – Sie ertrinken, weil Sie Ihren besten Kunden vergrault haben.

Ähnlich kann es Ihnen bei mangelnder Vorbereitung im telefonischen Coaching ergehen. Denn aufgrund der scheinbar geringen Einstiegshürden (es ist keine spezielle Technik erforderlich) besteht die Gefahr, unbedacht in dieses Coaching-Format „hineinzustolpern". Die erste Herausforderung, die Sie bitte nicht unterschätzen, ist das Herstellen der persönlichen Beziehung und somit das Aufbauen von Vertrauen beim Telefon-Coaching.

*Vertrauensaufbau als spezielle Herausforderung*

## Die Vorteile

### Schulung der eigenen Sinneskanäle

Logischerweise beschränkt sich in diesem Format unsere Wahrnehmung. Das bietet allerdings eine große Lernchance: Mit jedem Coaching per Telefon und einer kritischen Reflexion im Anschluss trainieren Sie Ihre auditive Wahrnehmung. Mit etwas Training wird es Ihnen immer leichter fallen, die Zwischentöne herauszuhören.

### Fokussierung auf das Wesentliche

Im Präsenztermin oder auch bei Coaching mit Live-Bild-Übertragung per Kamera achtet Ihr Coachee automatisch immer auf Ihre Mimik und Gestik. Auch sein Wahrnehmungskanal ist im telefonischen Setting begrenzt auf das Gehör, sodass er Ihnen vermutlich intensiver zuhört. Auch beim Nachdenken bleibt er ganz bei sich und wird durch keine Umgebungseinflüsse abgelenkt. Das kann den Prozess intensivieren. Das gilt natürlich auch für Sie als Coach: Sie müssen keinen Blickkontakt halten, können visuelles Pacing und Leading (NLP) außen vor lassen und sich ganz auf die Fragen und Antworten konzentrieren.

### Leichtere Öffnung für heikle Themen

*Schambesetzte Themen können leichter besprochen werden*

Da sich der Coachee nicht beobachtet fühlt und eine gefühlte Anonymität das Coaching begleitet, fällt es vielen Menschen leichter, sich zu öffnen und auch selbstkritische oder schambesetzte Themen anzusprechen. Das kann den Prozess beschleunigen, weil nicht um den „heißen Brei" herumgeredet wird.

### Missverständnisse vermeiden

Manchen Menschen liegt es nicht, ihre Gedanken zu verschriftlichen. Es fällt dann leichter, mit gesprochenen Worten die Dinge zu beschreiben und ins Thema einzutauchen. Außerdem kann die gehörte Frage das Unterbewusstsein nochmal intensiver stimulieren. Ebenso haben Sie als Coach die Möglichkeit, bei Unstimmigkeiten sofort nachzufragen. Dies sichert das Verstehen im Prozess. Mit zunehmender Erfahrung werden Sie heraushören, ob das gesprochene Wort und die Tonlage/Stimmfarbe kongruent sind. Auch hier können Sie besser nachhaken.

### Stellt Befassung mit dem Thema sicher

E-Mails können leichter ignoriert werden. Sitzen Sie sich am Telefon gegenüber, gibt es weniger Möglichkeiten, auszuweichen. Durch Nachfragen können Sie rasch an den Kern vordringen, was schriftlich eher schwierig sein kann.

### Kein (bzw. kaum) zusätzliches Equipment erforderlich

Telefon hat so gut wie jeder. Meistens auch ein Smartphone mit Headset. Weder Coach (mit Ausnahme vielleicht für ein gutes Headset) noch der Coachee haben Anschaffungskosten oder Zeit für das Erlernen der Telefonbedienung aufzubringen.

## Die Nachteile

### Sinneswahrnehmung ist beschränkt

Logsicherweise verzichten Sie als Coach in diesem Format auf den Großteil der Sinneskanäle. Ihnen bleibt ausschließlich der auditive Kanal.

### Einschränkung der Interventionsmöglichkeiten

Durch die fehlenden Sinneskanäle können einige Interventionen nicht sinnvoll eingesetzt werden. Alle Interventionen entfallen, wo zum Beispiel Visualisierungen notwendig sind.

### Übung und Erfahrung ist erforderlich

Bevor Sie telefonisches Coaching in Ihr Portfolio aufnehmen, sollten Sie dazu Erfahrungen gesammelt haben. Sofern Sie nicht schon ein Naturtalent im Telefonieren sind, kann es herausfordernd sein, einen Coaching-Prozess am Telefon zu leiten.

### Nebenbeschäftigung

Es kann sein, dass Ihr Coachee nebenbei eine Mail liest oder andere Nebenbeschäftigungen erledigt. Dann haben Sie nicht seine erforderliche Aufmerksamkeit. Möglicherweise merken Sie diese Nebenbeschäftigung nicht sofort und wundern sich über die geistesabwesenden Antworten oder Lücken in der Kommunikation. Es fällt Ihnen vielleicht schwer, den Coachee auf Ihre Beobachtung anzusprechen. Falls Sie sich irren, und Ihr Klient nur in Gedanken zu Ihrer Frage war, kann das negativ aufgefasst werden.

## Gefasst ins Telefongespräch

Der wichtigste Tipp: Unterschätzen Sie nicht die Auswirkungen von guter Vorbereitung auf die Gesprächsqualität. Spontan in ein Telefoncoaching zu gehen, mag in der Situationsbegleitung wie oben angedeutet bedingt möglich sein, sollte aber nicht zur Regel werden.

*Gute Vorbereitung*

Es ist hilfreich, sich das grundsätzliche Vorgehen für ein telefonisches Setting zu definieren. Folgende Schritt-für-Schritt-Anleitung hilft Ihnen dabei, Ihren Standardprozess zu klären und so Gefahren durch Strömungen oder gefährliche Wellen mit Weitblick vorzubeugen. Auf Seite 121 finden Sie eine Checkliste, mit der Sie den Status Ihrer Vorbereitung vor jedem Termin überprüfen können.

### 1. Sorgen Sie für ein störungsfreies Umfeld

Schaffen Sie ein störungsfreies Umfeld, in dem Sie sich ganz auf Ihren Kunden fokussieren können. Das Klingeln anderer Telefone, der Haustüre, das Bellen eines Hundes etc. wirkt störend im Verlauf des Coachings, und kann den Coachee in seinem Denkprozess stören.

### 2. Vermeiden Sie Nebenbeschäftigungen

Nehmen Sie sich bewusst Zeit für den Coachee, wie Sie es auch in einem Präsenz-Setting tun würden. Schließen Sie E-Mail-Programme und andere signalgebende Anwendungen, wie Chats etc. Sorgen Sie für einen freien Arbeitsplatz. Ihre Aufmerksamkeit könnte möglicherweise auf ein anderes Thema gelenkt werden, wenn es in Ihr Blickfeld gelangt. Wichtig: Autofahren gilt als Nebenbeschäftigung! Es ist nicht sinnvoll, während der Fahrt ein telefonisches Coaching „nebenbei" zu erledigen. Ein Teil Ihrer Wahrnehmung wird durch die Straße bestimmt, und Sie können nicht mit Ihrer vollen Konzentration bei Ihrem Coachee sein. Im schlimmsten Fall gefährden Sie darüber hinaus sich oder andere Verkehrsteilnehmer.

### 3. Bereiten Sie sich auf den jeweiligen Coachee vor

Stimmen Sie sich gedanklich auf den Coachee und seine Situation ein. Beim ersten Termin lesen Sie zunächst noch einmal die Auftragsklärung, beim Folgecoaching studieren Sie den Verlauf der letzten Sitzungen. Geben Sie dem Coachee immer das Gefühl, dass Sie sich gut an seine Bedürfnisse, seine Aussagen und Erkenntnisse erinnern. So stellen Sie die Nähe und das Vertrauen her, von denen ein Coaching-Prozess lebt.

## 4. Achten Sie auf Ihre Körperhaltung

Nutzen Sie ein Headset, um die Hände frei zu haben und nehmen Sie eine bequeme und aufrechte Haltung ein. Ihr Gegenüber wird wahrnehmen, wenn Sie auf Ihrem Stuhl hin und her rutschen und sich dadurch vielleicht gehetzt fühlen.

Zudem ist eine aufrechte Haltung, bei der Ihr Brustkorb gut mit Luft durchströmt wird, die Voraussetzung für eine volltönende Stimme. Bedenken Sie, dass Ihre Stimme direkt auf Ihren Kunden wirkt – damit nimmt er Sie in erster Linie wahr. Noch besser: Telefonieren Sie im Stehen. Er wird, ohne es zu sehen, auch merken, ob Sie zwischendurch lächeln. Spielen Sie, wie im persönlichen Gespräch, mit Ihrer Mimik. Es kann hilfreich sein, die Stimme zu trainieren (ein paar Einstiegsübungen finden Sie ab Seite 319).

## 5. Hören Sie zu statt nur hin

Es gibt einen Unterschied zwischen Hinhören (die Aufmerksamkeit ist nicht voll auf Ihr Gegenüber gerichtet, sondern eher auf die Gelegenheit, selbst sprechen zu können) und wirklichem Zuhören (sich in die Situation des Gegenübers zu versetzen und ihm volle Aufmerksamkeit zu schenken). Seien Sie sich bewusst, dass die Sachinformationen in einem Gespräch oft weniger als 50 Prozent ausmachen. Es schwingt viel an Information und Emotion zwischen dem Gesagten mit. Trainieren Sie bewusst Ihre Stimme, um aktiv und zielorientiert Ihren Coachee begleiten zu können. Startet er zum Beispiel sehr aufgebracht in Ihren Termin, hilft es dem Prozess, Ruhe hineinzubringen. Kommt er eher lethargisch und ruhig in Ihr Telefonat, wird es ihn höchstwahrscheinlich aktivieren, wenn Sie Ihre Stimme bewusst lauter oder fordernder werden lassen. Nutzen Sie zudem, wie im Übrigen in jedem Format, die Techniken des aktiven Zuhörens (Nachfragen, Verbalisieren von Gefühlen, Zusammenfassen etc., nach Carl R. Rogers). Es kann durchaus hilfreich sein, wenn Sie im Gespräch die Augen schließen. Damit fokussieren Sie auf die auditive Wahrnehmung. Achten Sie auch auf andere hörbare Signale als rein auf die Worte. Beispielsweise kann Ihnen

*Schenken Sie Ihrem Klienten die volle Aufmerksamkeit*

die Atmung Aufschluss über das körperliche Befinden Ihres Gesprächspartners geben. Ebenso wie ständiges Räuspern. Konzentrieren Sie sich voll und ganz auf das, was Ihre Ohren wahrnehmen.

### 6. Hören Sie zwischen den Zeilen

*Eisbergmodell*  Das Eisbergmodell (E-Mail-Kommunikation, Seite 99) ist auch im telefonischen Coaching hilfreich. Hören Sie genau hin. Sprach- und Stimmveränderungen begleiten das Wort. Hört sich die Stimme des Klienten eher monoton und gelangweilt an, während er über seine Erfolge berichtet, deutet dies vielleicht auf Unstimmigkeiten hin, denen es nachzugehen lohnt. Auch die Sprechgeschwindigkeit in Passung zu den verwendeten Worten kann Ansatzpunkte für genaueres Nachfragen liefern. Schweigen und Sprechpausen sind Indikatoren, ebenso wie das Sprechen von sich selbst in der dritten Person. Gerade beim Aktionsplan sind Begriffe wie „Man sollte" nicht förderlich.

### 7. Bauen Sie Rapport auf

Indem Sie die Sprachmuster und Worte Ihres Gegenübers in Ihrer Kommunikation aufgreifen, bauen Sie ihm eine Brücke, um sich auf Ihre gemeinsame Arbeit einzulassen. Sie schaffen für Ihren Coachee so eine Atmosphäre der Vertrautheit und nähern sich ihm an – Sie schaffen gezielt Gemeinsamkeit. Sie begeben sich auf seine Wellenlänge und unterstützen ihn dabei, sich Ihnen wirklich zu öffnen. Was Sie im Präsenz-Meeting auch über Körperhaltung, Gestik und Mimik erreichen können, ist in diesem Format auf Auditives beschränkt. Auch Tonlage und Sprechgeschwindigkeit lassen sich gut anpassen.

### 8. Fassen Sie zusammen und fragen Sie nach

*Paraphrasieren*  Entschleunigen Sie den Prozess immer wieder, indem Sie das, was Sie gehört haben, im Kern zusammenfassen. Paraphrasieren Sie und stellen Sie so sicher, dass Sie die Botschaften nicht nur hören, sondern auch verstehen.

## 9. Klären Sie vorher die beabsichtigte Dokumentation

Im Telefongespräch besteht die Möglichkeit der Tonaufzeichnung. Das kann in manchen Fällen Vorteile bringen, ist jedoch vorab kritisch zu hinterfragen. Was ist Ihr Ziel mit der Aufzeichnung, und was bekommt der Coachee davon zum nochmaligen Anhören? Auf keinen Fall dürfen Problembeschreibungen aufgezeichnet werden, da wiederholtes Anhören des Problems den Coachee wieder in den sogenannten Stuck State (einen Zustand, in dem man keinen oder nur eingeschränkten Zugang zu den eigenen Ressourcen hat und im Problem „feststeckt") zurückversetzt und damit die bereits erreichten Fortschritte und Erfolge zunichtemacht. Grundsätzlich sind Aufzeichnungen nur nach Genehmigung des Kunden gestattet.

*Keine Problembeschreibungen aufzeichnen*

Es ist sinnvoll und motivierend, wenn der Coachee seine Lösungsideen und die nächsten Schritte selbst auf einem Blatt Papier visualisiert. Dies erhöht die Intensität. Die umfassende Dokumentation ist zweifellos Ihre Aufgabe als Coach. Empfehlenswert ist eine standardisierte Vorlage, die zugleich durch den Prozess führt (s. Online-Vorlage und Seite 282). Während des Gesprächs sollten Sie unbedingt alle relevanten Aspekte mitnotieren und diese im Nachgang strukturiert erfassen.

## 10. Berücksichtigen Sie die Aufmerksamkeitsspanne

Unser Gehirn kann sich nur eine begrenzte Zeit lang konzentrieren. Seien Sie stets aufmerksam, ob die Energie beim Coachee noch stimmt. Animieren Sie ihn ggf., auch einmal aufzustehen und sich zu strecken oder sich eine Situation aus einer anderen Perspektive heraus anzuschauen. Bauen Sie nach Bedarf behutsam „Minipausen" ein. Ein telefonisches Coaching sollte 60 Minuten nicht überschreiten.

## 11. Sprechen Sie die Rahmenbedingungen ab

Definieren Sie klare Regeln zum Setting auf Kundenseite. Auch hier gilt, sowohl der störungsfreie Platz als auch die Forderung nach voller Aufmerksamkeit für den Prozess sind angemessen. Nebenbeschäftigungen wie Autofahren, Haushaltsarbeiten oder anderes sollten Sie von vornherein klar ausschließen. Klären Sie außerdem im Vorfeld eine Notfalloption, falls die telefonische Verbindung gestört sein sollte, z.B. eine alternative Telefonnummer, um das Gespräch fortsetzen zu können. Je besser die Erwartungen beider Parteien vor dem Termin geklärt sind, desto höher sind die Erfolgsquote und die Qualität Ihres Coaching-Gesprächs.

### 12. Klären Sie den Einsatz von Tonaufnahmen

*Einverständnis einholen*

Es kann an manchen Stellen hilfreich sein, das Gespräch aufzuzeichnen, sodass der Coachee sich Sequenzen nochmals anhören kann. Machen Sie niemals unangekündigte Tonaufnahmen und weisen Sie auch Ihren Coachee darauf hin, dass er für Aufnahmen Ihr Einverständnis einholen muss. Es sollten auf keinen Fall die Problembeschreibungen archiviert werden. Außerdem muss eindeutig (schriftlich) festgelegt werden, dass eine stattgefundene Aufzeichnung ausschließlich beim Coachee für dessen eigene Nutzung verbleibt.

### 13. „Schmieren" Sie Ihre Stimme

Stellen Sie sich Wasser (ohne Kohlensäure) oder warmen Tee (am besten Kräuter- oder Früchtetee) bereit. Nehmen Sie regelmäßig einen Schluck, zum Beispiel, wenn Ihr Kunde spricht.

### 14. Organisieren Sie eine Nachbereitung

Eine schöne Variante, um noch mehr Verbindlichkeit und Nachhaltigkeit in die Sitzung zu bringen, ist es, den Coachee zu bitten, dass er Ihnen seine Erkenntnisse und nächs-ten Schritte per Mail zukommen lässt. So haben Sie eine zusätzliche Sicherheit, ob Ihre Wahrnehmung mit der Ihres Kunden stimmig ist. Außerdem zwingt es ihn automatisch, den Termin zu reflektieren und nachzubereiten. Sie erhöhen damit die Transferchancen. Es ist sinnvoll, dem Coachee eine verkürzte Variante Ihrer Dokumentation zusammen mit dessen Ergänzungen (Achtung: Wortwahl des Coachees verwenden!) zur Abrundung zukommen zu lassen.

Es bietet sich an, dass Sie sich eine Checkliste zurechtlegen, anhand derer Sie sich auf das Gespräch vorbereiten. Diese könnte zum Beispiel so aussehen:

| Aktivität/Frage | Handlungsbedarf | erledigt |
|---|---|---|
| **Zeitpuffer vor und nach dem Telefonat** | Im Kalender reservieren | |
| **Störungen auf meiner Seite** | Handy/Telefon aus oder lautlos | |
| | Türklingel lautlos oder außerhalb | |
| | Kinder/Partner/Hunde außer Sicht- und Hörweite | |
| | E-Mail-Programm/Chat-Programme aus | |
| | Clean Desk – keine Ablenkung auf dem Schreibtisch | |
| **Technik** | Headset bereit – bei Funk geladen | |
| **Eigene Verfassung** | Innere Ruhe finden (Konzentration) | |
| | Aufmerksamkeit fokussieren (Atemübung) | |
| | Körperhaltung – Stuhl bequem einstellen, Schreibtischhöhe anpassen (bei elektrisch verstellbarem Schreibtisch) | |
| | Stimmung im Raum (z.B. Lichtverhältnisse) | |
| | Getränke (z.B. Tee) bereitstellen | |
| | Stimmübungen machen | |
| **Inhaltliche Vorbereitung** | Letzte Sitzung nachlesen – gedanklich auf den Coachee einstimmen | |
| | Material für Notizen bereitlegen (funktionierender Stift) | |

*Checkliste zur Vorbereitung*

## Beispiele für Interventionen im telefonischen Coaching

Es eignen sich alle Methoden, die nicht zwingend eine begleitende Visualisierung erfordern. Selbstverständlich gehören alle Arten von systemischen Fragetechniken dazu.

### Aufstellungen

*Die Schreibtischunterlage als System nutzen*

Sogar kleine Aufstellungen sind möglich: Lassen Sie Ihren Coachee seine Schreibtischunterlage freiräumen und definieren Sie diese Fläche als sein System. Dann bitten Sie ihn, Gegenstände, die sich auf seinem Schreibtisch (oder dem Ort, an dem er sich aufhält) befinden, als seine Elemente auszuwählen, zu benennen, und intuitiv in seinem System aufzustellen. Wichtig ist, dass Sie sich das Bild sehr detailliert beschreiben lassen. Es bietet sich dann an, dass Ihr Coachee verschiedene Perspektiven einnimmt und sich sein System aus verschiedenen Blickrichtungen betrachtet. Eventuell bietet die Auswahl der Utensilien zusätzliche Erkenntnisse. Ist das Bild ausreichend beschrieben – Sie erkennen dies daran, dass keine neuen Aspekte hinzukommen – animieren Sie Ihren Coachee, Veränderungen Schritt für Schritt vorzunehmen.

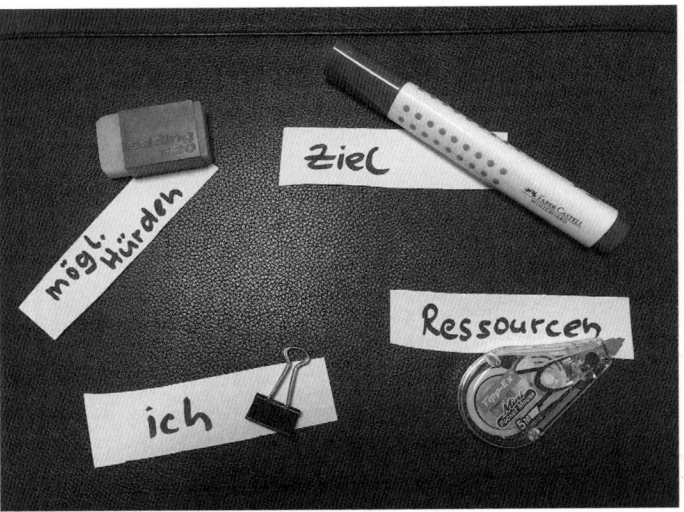

Abb.: Alltagsgegenstände für kleine Aufstellungen einsetzen (Foto: Dundler)

Es ist unerlässlich, dass Sie sämtliche Veränderungen akribisch dokumentieren. Der Transfer auf die reale Situation ist nun von entscheidender Bedeutung. Leiten Sie Ihren Coachee an dieser Stelle immer wieder dazu an, seine Aktionen in die Realität zu übertragen und runden Sie diese Intervention mit einem konkreten Aktionsplan ab.

Bringt Ihr Coachee einen Konflikt als Thema der Sitzung ein, kann es hilfreich sein, ihn zwei unterschiedliche räumliche Positionen einnehmen zu lassen. Zum Beispiel kann er sich in der Rolle der Person A (Konfliktpartner) erhöht auf die Schreibtischkante setzen, und in seiner eigenen Rolle setzt er sich auf den Stuhl. Damit veranschaulicht Ihr Coachee evtl. auch hierarchische Themen – achten Sie darauf, welche Position erhöht sitzt und lassen Sie sich Blickwinkel beschreiben.

*Unterschiedliche räumliche Positionen einnehmen*

## Bilder und Geschichten

Ebenfalls gut geeignet ist die Arbeit mit Metaphern. So lassen Sie auch ohne visuelle Wahrnehmung Bilder im Kopf des Klienten entstehen. Je nach Thema des Klienten können auch Fantasiereisen, z.B. zum nachhaltigen Verankern von Ressourcen, in einem telefonischen Coaching äußerst wirkungsvoll sein. Manche Menschen empfinden es als unangenehm, im Beisein anderer Menschen die Augen zu schließen und einer solchen Anleitung zu folgen. Diese Hemmschwelle gibt es im telefonischen Coaching nicht. Jeder kann unbeobachtet seine Reise zu sich selbst unternehmen. Empfehlen Sie Ihrem Kunden hier den Einsatz eines Headsets, damit er nicht durch das Halten des Hörers abgelenkt ist.

Das Erfragen von körperlichen Empfindungen (Gehirnaktivitäten lösen somatische Marker aus) funktioniert auch im telefonischen Setting. Aussagen wie „Mein Kopf ist voll" oder „Es fühlt sich an, als hätte ich einen Betonklotz an den Beinen" bieten Ihnen als Coach hervorragende Ansatzmöglichkeiten. Es bietet sich an, gezielt nach körperlichen Empfindungen zu fragen, so bekommen Sie Zugang zu hilfreichen

*Somatische Marker*

Wahrnehmungsdimensionen, ohne dass Sie Ihren Coachee sehen.

*Achtsamkeits-übungen*

Angeleitete Achtsamkeitsübungen funktionieren auch sehr gut, da sich der Coachee unbeobachtet fühlt. Hierfür brauchen Sie als Coach ein entsprechendes Vertrauen, dass Ihr Coachee auch mitmacht.

Möchten Sie Ihrem Kunden eine Anleitung oder etwas zum Ausfüllen an die Hand geben, können Sie ihm dies vorab zuschicken. Dann kann er im Prozess auf Basis Ihrer Anleitung das Dokument für sich befüllen. Hilfreich sind auch To-do-Listen, an denen Sie sich gemeinsam im weiteren Prozess orientieren und Erledigtes abhaken.

Es ist oft mehr möglich, als Sie zunächst vielleicht erkennen. Seien Sie kreativ und probieren Sie Varianten aus. Ich freue mich jederzeit über Anregungen in meinem Blog …

---

Welche Erfahrungen haben Sie mit telefonischem Coaching?
▶ …

Wo könnten Sie dieses Format in Ihrem Business sinnvoll einsetzen?
▶ …

Welche Interventionen könnten Sie sich hier vorstellen?
▶ …

Was geht Ihnen dazu noch durch den Kopf?
▶ …

## Das Ruderboot – Mehr Möglichkeiten mit dem Video-Chat-System

In einem Videotelefonie- oder Videokonferenz-System können mehrere Personen miteinander sprechen, sich sehen, aber auch gemeinsam an einem Dokument in Echtzeit arbeiten. Das bedeutet, ab dieser Stufe sind auch Gruppencoachings möglich. Das ist mit E-Mail oder Telefon eher mühsam. Es gibt zwar Telefonkonferenz-Systeme, aber es wird für den Coach schwierig, nur auf der Tonspur zu erkennen, wer gerade spricht – und damit den Prozess gut zu steuern.

Gerade die Videotelefonie ist ein geeigneter Einstieg für Online-Coaching. Es kommt der Präsenzsituation am Nächsten und Sie können sich als Prozessgestalter auf die Gesprächsführung konzentrieren, statt auf weitere technische Möglichkeiten und Interaktionen. Vorausgesetzt, Sie sind in Videotelefonie etwas erfahren und die Bedienung des Systems bereitet Ihnen keine Schwierigkeiten. Wie schon eingangs erwähnt, empfehle ich, jedes neue Setting mit wohlgesonnenen KollegInnen oder FreundInnen so weit zu testen, dass eine sichere Bedienung gewährleistet ist. Auch die Kanalreduktion fällt geringer aus, da Sie Ihr Gegenüber meist in ganz guter

*Ein geeigneter Einstieg für das Online-Coaching*

Qualität sehen und so auch Körpersprache wahrnehmen können. Grenzen sind bei Gruppencoachings erreicht, wenn die Bandbreite nicht ausreicht. Es ist nicht zu empfehlen, wenn ein Teil der Teilnehmer die Videofunktion nutzt und die anderen nicht. Hier gilt das Motto: alle oder keiner.

## Die Vorteile

### Kaum Einstiegshürden aufgrund von Technik

*Verursacht wenig technische Probleme*

Video-Chat-Systeme sind in vielen Unternehmen etabliert und für Konferenzen im Einsatz. Ist dies der Fall, sind kaum technische Probleme beim Start einer Sitzung zu erwarten. Nach einem kurzen Systemtest kann direkt mit der inhaltlichen Arbeit gestartet werden.

### Usability

Sowohl in Unternehmen, als auch im privaten Umfeld wird Videotelefonie seit vielen Jahren genutzt. Die Wahrscheinlichkeit, dass Ihr Coachee firm im Umgang mit der Bedienung ist, ist relativ hoch. Sollte er noch unerfahren sein, kann diese Lücke schnell durch eine kurze Einweisung aufgefüllt werden. Aufwendiges Einlernen ist üblicherweise nicht notwendig. Diese Systeme sind im Normallfall intuitiv bedienbar.

### Echtzeit

*Es können mehr Wahrnehmungskanäle genutzt werden*

Sie arbeiten in Real Time und können sich sehen, Ihre Wahrnehmungskanäle werden um Körperhaltung, Mimik und Gestik angereichert. Zumindest, solange Sie sich im Gespräch befinden und keine geteilten Unterlagen betrachten.

### Vielfältigere Interaktionsmöglichkeiten

Neben dem gemeinsamen Arbeiten an einem Dokument, dem Teilen des Bildschirms oder dem Betrachten von Bildern bietet Ihnen die Kamera Möglichkeiten der kreativen Nutzung. Beispielsweise, indem Sie sie auf ein Flipchart oder ein Whiteboard richten und Dinge skizzieren oder vorbereitete Bilder nutzen. Oder Sie geben Ihrem Kunden einen Einblick in Ihre

Arbeitswelt durch das langsame Bewegen Ihrer Kamera im Raum. Sie könnten Ihren Kunden auch ermutigen, Ihnen einen Eindruck seines Arbeitsplatzes zu gewähren. Je nach Thema Ihrer Coaching-Session kann dies bereichernd sein.

## Die Nachteile

### Einschränkungen in der Spontanität

Die Interaktion im Konferenzraum kann manchmal etwas schwerfällig sein, da jeweils nur ein Teilnehmer Dokumente teilen oder bearbeiten kann. Soll der andere ein Dokument präsentieren, müssen Sie ihm als Konferenzleiter das Recht dazu übergeben.

*Schwerfälliger Dialog*

### Beschränkte Interaktionsmöglichkeiten

Trotz Videoübertragung stehen Ihnen relativ wenige Interaktionsmöglichkeiten zur Verfügung.

### Im Gruppencoaching langsam

In der Regel steht eine Chat-Funktion zur Verfügung, die jeder Teilnehmer nutzen kann. Die Präsentationsfläche ist einem Präsentator vorbehalten. Es ist nicht möglich, gemeinsam z.B. ein Brainstorming durchzuführen. Dies geht nur, indem eine Person alle Beiträge notiert. Eine kleine Krücke kann die Nutzung von Tools wie etwa OneNote darstellen, da in diesem Programm paralleles Arbeiten möglich ist. Teilt der Präsentator seinen Bildschirm, können Einträge in OneNote der anderen Teilnehmer sichtbar werden. Dies allerdings zeitverzögert.

### Es entstehen Kosten

Für Video-Chat-Systeme werden individuelle Lizenzen benötigt, so zum Beispiel bei Skype (*https://www.skype.com/de/*). Alternativ gibt es Anbieter, die eine begrenzte Zeit zur Nutzung eines Raumes kostenlos zur Verfügung stellen. Zoom (*https://zoom.us/*) kann für 40 Minuten kostenfrei genutzt werden (das Tool hat dafür eine integrierte Whiteboard-Funktion), dann beendet sich das Meeting automatisch. Wieder andere Tools erfordern persönliche Konten der Teilnehmer, so wie etwa google Hangouts (*https://hangouts.google.com/*).

**Zusätzliche Software für Visualisierungen**

Möchten Sie spontane Visualisierungen einsetzen, benötigen Sie zusätzliche Software, z.B. für MindMaps.

### Hilfreich für erfolgreiches Video-Chat-Coaching

#### 1. Stellen Sie eine ausreichende Bandbreite sicher

*Mundbewegungen sollten möglichst synchron mit den Worten übertragen werden*

Testen Sie, ob die Bandbreite an Ihrem Standort ausreichend für Videotelefonie ist. Es irritiert, wenn Mundbewegungen und Worte stark zeitverzögert übertragen werden. Zudem sollte das System stabil laufen und keine Aussetzer haben. Das kann den Coaching-Prozess empfindlich stören. Gegebenenfalls müssen Sie Ihren Telekommunikationsanbieter auf eine höhere Bandbreite ansprechen oder sich für dieses Setting einen anderen Ort mit besserem Empfang suchen. Bedenken Sie: Sie sind mobil.

#### 2. Vermeiden Sie Nebengeräusche

Die Mikrofone sind in der Regel sehr sensibel und übertragen selbst kleinste Nebengeräusche unangenehm. Versuchen Sie, jegliche Umgebungsgeräusche auszuschließen. Das bedeutet, stellen Sie alle Telefone im Raum auf lautlos. Während der Sitzung vermeiden Sie Umblättern, Getränke einschenken und ähnliche Dinge, die das Gespräch stören könnten. Weisen Sie auch Ihren Kunden darauf hin, dass sie beide dies beherzigen. Das gilt auch für die Tastaturgeräusche, wenn Sie nebenher Notizen machen. Verwenden Sie vielleicht lieber einen Stift oder sehr geräuscharme Tastaturen (z.B. eine Gaming Tastatur).

#### 3. Verwenden Sie ein Headset

Nutzen Sie bevorzugt ein Headset statt einer Freisprecheinrichtung, da diese noch mehr Nebengeräusche überträgt. Das

Headset ist besonders dann zu empfehlen, wenn Sie dennoch auf der Tastatur mitschreiben. Zudem ist so gewährleistet, dass Ihr Klient Sie gut versteht. Denn auch das Mikrofon direkt am Mund sichert eine gute Übertragung.

### 4. Achten Sie auf Hintergrund und Bildausschnitt

Testen Sie rechtzeitig vor der Sitzung Ihr eigenes Bild durch die Kamera. Sorgen Sie für eine ruhige und professionelle Hintergrundgestaltung. Unordnung wirkt unprofessionell und lenkt ab. Ebenso wie übervolle Bücherregale oder lebhafte Bilder hinter Ihnen. Möglichst klar strukturierte und spartanische Hintergrundgestaltung ist sinnvoll. Sollte das nicht möglich sein, könnten Sie eine Leinwand hinter sich aufstellen oder ein großes einfarbiges (helles) Tuch spannen. Achten Sie auch darauf, dass Sie selbst möglichst groß im Bild erscheinen und der Hintergrund auch wirklich nur im Hintergrund zu sehen ist. Die meisten Kameras haben hierfür eine Zoomfunktion. Ebenso kommt es auf die Aufnahmerichtung an. Versuchen Sie, möglichst gerade – quasi auf Augenhöhe – in die Kamera zu schauen. Ist die Kamera zu weit oben platziert, könnte es so wirken, als blickten Sie auf den Klienten herab.

*Auf Augenhöhe mit der Kamera*

### 5. Leuchten Sie sich aus

Je nachdem, wie groß Sie beim Klienten auf dem Bildschirm zu sehen sind, wirken die Lichtverhältnisse. Mit guter Ausleuchtung ergibt sich ein gutes Bild – und das wiederum wirkt professionell. Achten Sie darauf, dass Sie gut ausgeleuchtet sind. Hilfreich können hier zusätzliche Beleuchtungen von oben und von vorne sein. So fällt der Schatten nicht auf Ihr Gesicht, sondern hinter Sie. Spielen Sie ruhig etwas herum und finden Sie die optimale Ausleuchtung für Ihren Raum.

### 6. „Suchen" Sie den Blickkontakt

Versuchen Sie, die Kamera so zu positionieren, dass Sie zumindest hin und wieder hineinschauen können. Wenn Sie ausschließlich auf Ihren eigenen Monitor und das Bild Ihres

Klienten dort starren, könnte der Eindruck entstehen, Sie sind abwesend. Bei Ihrem Gegenüber wirkt es, als ob Sie ihm in die Augen schauen, wenn Sie den Blick direkt in die Kamera richten. Das kann zwischendurch wichtiger sein, als die Mimik und Gestik des anderen zu verfolgen. Vielleicht haben Sie auf der von Ihnen verwendeten Plattform die Möglichkeit, das Bild Ihres Klienten frei zu positionieren. Dann verschieben Sie es möglichst nah an Ihre eigene Kamera heran. So ist es leichter, häufig in die Kamera zu sehen.

### 7. Starten Sie achtsam

*Vorab etwas Small Talk*

Nehmen Sie sich die gleiche Zeit für das Ankommen und Verabschieden wie im Präsenz-Setting. Lassen Sie sich nicht von der Technik verführen, sofort in die Arbeit zu starten. Es sitzt Ihnen ein Mensch gegenüber, der üblicherweise etwas Small Talk zu schätzen weiß. So nehmen Sie Ihrem Kunden vielleicht auch die Scheu vor der Technik – gerade in den ersten Terminen.

### 8. Strahlen Sie Ruhe aus

Bereiten Sie alles griffbereit auf Ihrem Schreibtisch vor, sodass Sie ruhig und entspannt sitzen können. Schnelle Bewegungen wirken in der Videoübertragung hektisch und irritierend. Bleiben Sie möglichst immer voll im Bild und fokussiert. Achten Sie auf eine zugewandte, ruhige Körperhaltung. Es ist hilfreich, wenn Sie den Stuhl so einstellen, dass beide Füße festen Kontakt zum Boden haben. Lümmeln Sie nicht im Bürostuhl, sondern sitzen Sie aufrecht und leicht nach vorne gebeugt. Das wirkt einladend.

### 9. Wählen Sie „ruhige" Bekleidung

Auch bei der Bekleidung gilt: Weniger ist mehr. Vermeiden Sie unruhige Muster und grelle Farben. Das gilt auch für große, bunte Tücher oder auffälligen Schmuck. Unterstreichen Sie Ihre Persönlichkeit dezent. Achten Sie ebenfalls darauf, dass das Headset gut auf Ihrem Haar sitzt und es Ihnen nicht „zu Berge steht". Abstehende oder eingeklemmte Strähnen lenken Ihren Gegenüber möglicherweise ab.

## 10. Setzen Sie Mimik und Körpersprache bewusst ein

Im Gegensatz zum Telefon wirken Sie nicht nur mit der Sprache, sondern auch mit Ihren Gesichtsausdrücken und Bewegungen. Lächeln Sie, nicken Sie, unterstreichen Sie Ihre Worte oder das aktive Zuhören mit Gesten. Aber auch hier gilt: keine Übertreibung. Verhalten Sie sich möglichst natürlich.

## 11. Setzen Sie Sprache bewusst ein

Bemühen Sie sich, bewusst langsamer zu sprechen als von Angesicht zu Angesicht. Achten Sie dabei aber auf Authentizität. Ihr Klient darf keinesfalls den Eindruck bekommen, dass Sie übertrieben langsam sprechen, damit er Ihnen folgen kann. Achten Sie auf Intonation und Pausen. Geben Sie Raum, nachzudenken. Denken Sie auch daran, Ihre Stimme zu trainieren und anzuwärmen (Tipps ab Seite 319).

## 12. Üben Sie Ihren Auftritt vor der Kamera

Wenn Sie noch nicht viel Erfahrung mit Videotelefonie haben, ist es hilfreich, Ihre Wirkung zu prüfen. Das können Sie entweder tun, indem Sie sich selbst filmen und auf die genannten Punkte kritisch reflektieren. Oder Sie führen ein paar private Videochats und lassen sich gezielt Feedback auf Ihre Wirkung geben.

*Holen Sie sich Feedback ein*

## 13. Verwenden Sie die Kamera selektiv

An manchen Stellen kann es sinnvoll sein, die Kamera auszuschalten. Gerade, wenn Sie sich auf ein Dokument konzentrieren, das Sie gemeinsam bearbeiten oder wenn Sie z.B. eine Gedankenreise machen, kann es störend sein, wenn die Kamera mitläuft. Es kann sein, dass sich Ihr Klient dann nicht wirklich auf sich konzentrieren kann und abgelenkt wird. Thematisieren Sie den Kameraeinsatz bzw. überlegen Sie sich vorher, an welchen Stellen in einem Prozess die Kamera für Sie eher störend als hilfreich erscheint.

### 14. Nutzen Sie die Kamera kreativ

*Im Raum bewegen*

Je nachdem, welche Intervention Sie einsetzen, kann es durchaus hilfreich sein, wenn Ihr Klient die Webcam in die Hand nimmt und Ihnen etwas zeigt. Das bringt Bewegung in die Arbeit und kann eine willkommene Abwechslung zum starren Sitzen vor dem Bildschirm sein. Sie haben die Chance, evtl. eine Aktivität des Coachees mit eigenen Augen zu sehen, etwa dann, wenn dieser an einem Flipchart oder Whiteboard etwas zur Transfersicherung aufgezeichnet hat. Außerdem holen Sie ihn so vielleicht aus einer angespannten Sitzposition heraus.

### 15. Halten Sie Ergänzungen für das Application Sharing bereit

Wenn Sie während der Videokonferenz visualisieren möchten, sollten Sie ein geeignetes Werkzeug dafür in petto haben, welches Sie sicher bedienen können. Das kann sowohl Word oder ein anderes Textverarbeitungsprogramm sein, PowerPoint oder Visio (*https://products.office.com/de-de/visio/flowchart-software*), aber auch MindMapping-Software oder Web Whiteboards. Überlegen Sie vorher, welche Funktionen Sie benötigen und haben Sie die Lösung stets griffbereit. Je nach Anbieter müssen Sie darauf achten, ob die Tools kostenfrei sind und ob irgendwo Ihre Inhalte gespeichert werden (Datenschutz!). Virtuell ist ein Web Whiteboard eine schöne Lösung, um ein Coaching-Gespräch per Telefon oder Video-Chat visuell anzureichern. Schnell und unkompliziert lässt sich ein Board einrichten, der Zugang wird per Link geteilt. In Echtzeit sehen beide Gesprächspartner, wie einfache Skizzen oder Notizen entstehen.

## Beispiele für Interventionen im Coaching via Videotelefonie

In der Videotelefonie funktionieren natürlich visuelle Elemente wieder. Sie können Bilder einblenden, auswählen lassen und anhand diverser Fragestellungen diskutieren.

Ebenso kann der Klient eigene Ausarbeitungen vorbereiten und einblenden. Sie haben die Möglichkeit, Ihren Bildschirm zu teilen und in einem Textverarbeitungsprogramm die Erkenntnisse zu visualisieren, sodass Ihr Kunde direkt mitlesen kann.

**Die systemische Schleife**

Zur Analyse oder Lösungsfindung eignet sich im Video-Chat mit Application Sharing die Intervention der systemischen Schleife. Der Coach hat dabei die Aufgabe, neben der Prozessanleitung auch die Antworten zu visualisieren. Dazu teilt er ein vorbereitetes Blatt (PowerPoint, Word oder andere Textverarbeitungstools, MindMapping-Software, Web Whiteboards usw. – eine Liste mit interessanten Tools finden Sie im Download-Bereich) mit der Vorlage und ergänzt die Punkte des Coachees. Alternativ kann die Kamera auch aufs Flipchart oder das Whiteboard gerichtet sein. Oder natürlich auch auf ein Blatt Papier, das vor dem Coach auf dem Schreibtisch liegt (Anmerkung: Die Visualisierung kann auch durch den Coachee selbst erfolgen). Die Systemische Schleife richtet den Blick auf Auswirkungen von Interaktionen.

Abb.: Systemische Schleife – über Iterationen hin zu immer größerer Klarheit

*Informationen sammeln, Hypothesen bilden, Lösungsideen entwickeln, Aktionsplan erstellen*

Zunächst starten Sie mit einer Beschreibung des Problems, der Organisationsveränderung, des Themas. Dies ist die Phase der Informationssammlung. Die wichtigsten Stichpunkte werden notiert. Es ist auch möglich, dass Sie sich die Situation schon vorab beschreiben lassen und die ersten Punkte, die Sie verstanden haben, vorbereitet mitbringen. Im zweiten Schritt bildet Ihr Coachee seine Hypothesen zur Ausgangssituation, die es ihm ermöglichen, Alternativen zu durchdenken und evtl. andere Wege als bisher einzuschlagen. Regen Sie ihn hier an, um die Ecke zu denken und auch Extrempositionen zuzulassen. Im Anschluss entwickelt er erste Lösungsideen/Interventionen aus den Hypothesen, aus denen er dann die auswählt, die er testen möchte. Daraus entwickeln Sie zusammen mit Ihrem Coachee die nächsten Schritte und den Aktionsplan.

In der nächsten Sitzung startet die Schleife von Neuem. Sie besprechen, wie die Ausgangslage nun aussieht, was sich verändert hat und reflektieren die Umsetzung der Intervention/Lösung und die daraus resultierenden Veränderungen/Ergebnisse. Ist das Thema noch nicht final gelöst, entwickeln Sie neue Hypothesen, Interventionen und Maßnahmen. Die Schleifen werden iterativ so lange wiederholt, bis das Problem zur Zufriedenheit der Beteiligten gelöst ist. Ziel ist es, die Optionen zu erhöhen und bewusst eine Alternative auszuwählen. Dieses Format ist für Gruppenprozesse ebenfalls hervorragend geeignet.

**Die Diamond-Technik**

Die Diamond-Technik (aus dem NLP, entwickelt von Rudolf Kaehr und Robert Stein-Holzheim) ist ein Tool zur Problemlösung mit dem Ziel, neue Standpunkte oder Einsichten zu gewinnen. Es handelt sich um eine eher kognitiv gesteuerte Intervention, die sich gut für virtuelle (auch telefonische) Arbeit eignet. Als Coach notieren Sie wieder für beide sichtbar die Sätze des Klienten.

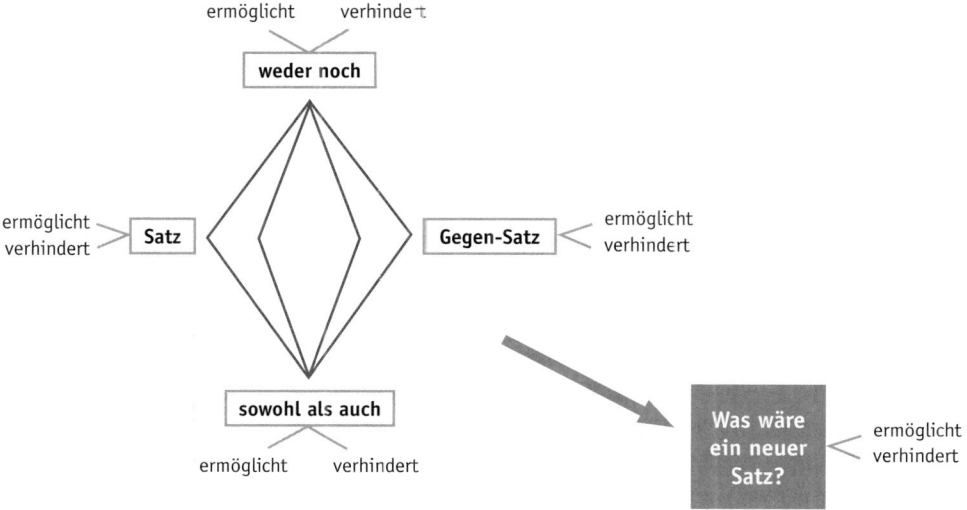

Abb.: Die Diamond-Technik

Ihr Klient formuliert sein Problem in einem negativen Satz, z.B.: „Ich reagiere oft zu spontan." Im ersten Schritt wird das Gegenteil dieses Satzes als Ziel formuliert. In unserem Beispiel: „Ich reagiere öfter überlegt."

*Das Gegenteil des Problems wird zum Ziel*

Die nächste Fragestellung lautet: „Was haben das Problem und das Ziel gemeinsam?" Oder: „Was ist für Sie der gemeinsame Hintergrund beider Sätze?" In unserem Beispiel könnte die Frage so aussehen: „Was haben das spontane und das überlegte Reagieren gemeinsam?" Diese für den Klienten unerwartete und zunächst unlogisch erscheinende Frage führt ihn zu völlig neuen Einsichten, bei denen er sich von seinem Problem emotional entfernt (dissoziiert). Die Grenze zwischen „gutem" und „schlechtem" Verhalten verschwimmt, ohne dass dies explizit thematisiert wird. Wichtig ist, sich

*Was haben Problem und Ziel gemeinsam?*

ausreichend Zeit zu nehmen. Die Antworten können beispielsweise in diese Richtung gehen: „Es handelt sich immer um eine Reaktion." Oder: „Bei beiden Varianten komme ich ins Handeln." Oder: „Ich zeige Umsetzungskompetenz."

*Problem relativieren*

Nun geht es darum, herauszufinden, was weder im Problem, noch im Ziel vorhanden ist, womit weder Problem noch Ziel etwas zu tun haben. Beispielsweise: „Weder meine Spontanität noch das überlegte Handeln schmälern meine Fachkompetenz auf diesem Gebiet." Oder: „Ich bin nie unhöflich oder verletzend – weder spontan noch überlegt." Durch diese Übung wird das Problem in der Gedankenwelt des Klienten relativiert. Die Methode regt durch die beiden ungewöhnlichen Fragen die Kreativität an. Deshalb wäre auch ein Einsatz als Kreativitätstechnik möglich.

Im nächsten Schritt geht es in die äußeren Ringe des Diamanten. Bei allen vier Facetten bzw. Fragestellungen/Sätzen werden jeweils zwei Fragen gestellt: *„Was wird dadurch ermöglicht?"* – Und: *„Was wird dadurch verhindert?"*

Zum Schluss wird der Klient aufgefordert, den Ausgangssatz neu zu formulieren: *„Mit den Erkenntnissen der letzten Stunde: Wie formulieren Sie den Satz jetzt?"*

### Spinnennetz zur Arbeit an den Lebensbereichen im Kontext Work-Life-Balance

Blenden Sie ein Kreuz ein, das die Basis Ihres Spinnennetzes darstellt. Oder verwenden Sie gleich das Bild eines Spinnennetzes – je nach Zeichenmöglichkeit Ihrer eingesetzten Technik. An den großen „Streben" des Netzes stehen Lebensbereiche, die Sie entweder vorschlagen, oder Ihre Coachee formulieren lassen. Zum Beispiel: Beruf, Beziehungen, Familie, Gesundheit, Freunde, Berufung, Finanzen. Verwenden Sie die Begriffe Ihrer Coachee.

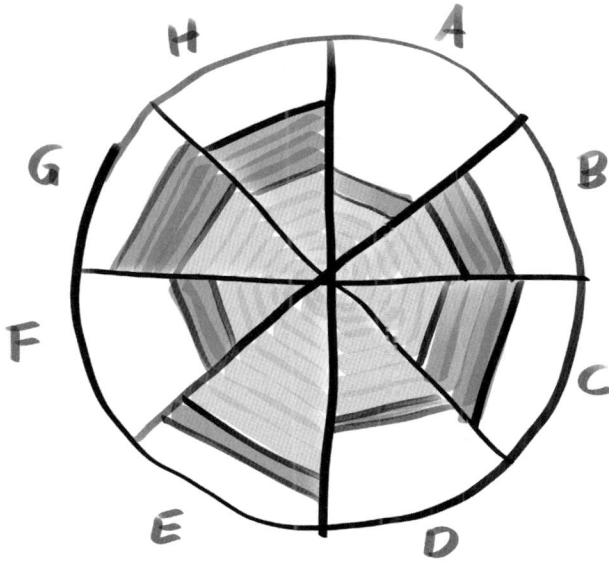

Abb.: Eine Spinnennetzdarstellung

Dann arbeiten Sie sich durch alle Bereiche mit diesen oder ähnlichen Fragen:

*Spinnennetz-Darstellung bewerten*

- „Ist Ihr Netz ausgeglichen, stabil, in Balance?"
- „Welcher Faden (welches Seil) trägt Sie?"
- „Welcher Faden ist eher zu dünn?"
- „Wo nehmen Sie Gefahren wahr? Wo droht Ihr Seil/Faden zu reißen?"
- „Welche Schwachstellen sollten Sie stärken/austauschen/prüfen?"
- „Woran lohnt es sich für Sie, zu arbeiten?"
- „Welche starken Fäden möchten Sie regelmäßig pflegen, damit sie belastbar bleiben?"

Im Anschluss geht es darum, die Handlungsoptionen zu definieren, zu bewerten und nächste Schritte abzuleiten. Das Arbeitsblatt im Download-Bereich enthält eine Vorlage für Sie, falls Sie als Coach an Lebensbereichen arbeiten möchten. Sie können Ihr Diagramm auch automatisiert, (Excel) erstellen lassen. Eine Anleitung finden Sie in der Linkliste.

### „Klopfen" zur Stressbewältigung, etwa bei Ärger

*Die Klopftechnik*

Kennen Sie die Klopftechniken, die sich Erkenntnisse der Traditionellen Chinesischen Medizin zunutze machen? Die aus der Akupunktur bekannten Punkte werden nicht mit Nadeln gespickt, sondern leicht geklopft. Dadurch kann diese Technik auch im Coaching dem Klienten an die Hand gegeben werden. Die Veränderungen, etwa in Form von Entspannung, stellen sich sehr schnell fühlbar ein. Diese Techniken können zum Beispiel über Videoübertragung vermittelt, also gezeigt und auch in ihrer Ausführung beobachtet und nachjustiert werden. Dafür ist das Zoom der Kamera entsprechend zu reduzieren, sodass der Oberkörper sichtbar wird.

---

Welche Erfahrungen haben Sie mit Coaching via Videotelefonie?
▶ …

Wo könnten Sie dieses Format in Ihrem Business sinnvoll einsetzen?
▶ …

Welche Interventionen könnten Sie sich hier vorstellen?
▶ …

Was geht Ihnen dazu noch durch den Kopf?
▶ …

---

### Das sagen die Profis

#### Dr. Martin Emrich:

Welche Formate nutzen Sie?
*„Also tatsächlich nutze ich, glaube ich, ziemlich alle Formate, die es so gibt. Fangen wir mit Offline an. Das ist nach wie vor das häufigste Format, in dem ich arbeite. Da biete ich grund-*

sätzlich 6 x 2 Stunden als Produkt an, also ein Termin pro Monat, insgesamt über eine Laufzeit von einem halben Jahr. Das Nächste ist dann telefonisches Coaching. Meist nicht gleich in der ersten Session, sondern wenn wir einen Face-to-Face hatten. Das läuft dann meistens so ab, dass die erste Session Face-to-Face ist, dann die zweite bis fünfte Session am Telefon und die sechste dann wieder vor Ort. Denn, wenn es machbar ist, habe ich bei der ersten und letzten Session gerne die Führungskraft des Klienten dabei. Und dann finde ich es ganz schön, wenn man sich zu dritt gegenübersitzt. Das Medium, das ich am häufigsten im Online-Coaching nutze, ist wahrscheinlich Skype. Allerdings gibt es da das Problem, dass es den Mitarbeitern in den großen Unternehmen oft verboten ist, Skype zu nutzen. So zum Beispiel bei BMW. Die Compliance-Richtlinien stehen dagegen. Das ist an sich nicht schlimm, denn die Leute, die ich coache, sind in der Regel außertariflich beschäftigt. Das heißt, diese Mitarbeiter dürfen ein bis zwei Tage im Homeoffice arbeiten, und auf diese Tage legen wir dann den Skype-Termin. Sie sind zu Hause und verziehen sich auf den Dachboden oder in den Keller, weg von der Familie. Da habe ich tatsächlich Coachings, bei denen ich nie vor Ort bin. Das heißt, ich bin immer in Stuttgart und die Coachees immer in München, in ihrer gewohnten Umgebung. Fürs Online-Coaching nutze ich außerdem noch die Software WebEx und Zoom. Und tatsächlich setze ich WhatsApp und SMS im Coaching ein. Mit edudip (edudip.com) habe ich auch schon gearbeitet."

Was ist für Sie ein guter Mix aus online und Präsenz?
„Ich habe Spaß mit 20 bis 30 Prozent online, wobei das Video plus Telefon ist, und 70 Prozent Face-to-Face."

Sie verwenden gerne Emoticons. Sehen Sie hier auch Gefahren beim Einsatz von Emoticons?
„Manchmal ist es albern, das gebe ich zu. Ich spiele auch gerne. Aber manchmal lockert es die Stimmung und den Klienten auf. Das Gute an diesen Emojis ist, dass sie Gefühle darstellen. Es gibt ja schon eine ganz große Bandbreite an Varianten. Häufig ist das auch eine Chance, Menschen dazu zu bewegen,

*Gefühle zu thematisieren, die sich mit Worten hier schwertun und sie nicht äußern könnten – wenn wir im Klischee denken, typischerweise die Ingenieure. Emojis sind ein neuer oder weiterer Weg, um daranzukommen. Das passt schon ganz gut. Ich vermittle in vielen Trainings und Coachings die gewaltfreie Kommunikation nach Rosenberg. Schritt 1 ist die Beschreibung der konkreten Handlung und Schritt 2 beschäftigt sich dann mit den Gefühlen, die ausgelöst werden. Dann geht es um die Werte in Schritt 3 und zum Schluss um konkrete Handlungen und Wünsche. Und gerade bei Schritt 2 tun sich die Ingenieure, mit denen ich das seit über sechs Jahren mache, oft schwer. Da kommen dann Argumente wie: „Gefühle? Warum? Die haben doch nichts mit meiner Arbeit zu tun." Und da ist es einfach ein zusätzlicher Kanal, über den ich leichter rankomme."*

Was ist Ihre Lieblings-Intervention, die Sie online einsetzen?
*„Es gibt, glaube ich, in den letzten Jahren kein Coaching, in dem ich die systemischen Skalenfragen nicht einsetze. Und das ist aus meiner Sicht besonders hilfreich, wenn die Werte dann im Chat eingeblendet sind – so als Gedankenstütze oder zusätzliche visuelle Verarbeitung. Denn da kommen ziemlich viele Fragen zusammen. Klar, kann ich die auch auf einen Zettel schreiben, aber im Online finde ich den Chat tatsächlich sehr komfortabel. Und das ist tatsächlich mein Lieblingstool. Skalierungsfragen gehen immer, sind hilfreich und helfen mir, den Anspruch des Coachees zu verstehen."*

### Dr. Melanie Hasenbein

Welche Formate nutzen Sie?
*„Ich selbst nutze hauptsächlich Zoom als Plattform. Weil das stabil funktioniert. Es ist nur bei uns noch nicht so verbreitet. Zoom ermöglicht Tools wie das Whiteboard, Bildschirm-Sharing usw. In meinen beiden laufenden Ausbildungen arbeite ich ebenfalls mit Zoom. Es sei denn, in einem Unternehmen gibt es bereits eine akzeptierte Plattform, die wir nehmen sollen oder die technisch besser unterstützt wird. Dann nutze ich natürlich diese."*

Nutzen Sie eine bestimmte Intervention sehr gerne online?
„Ich nutze gerne und oft das Innere Team. Sowohl online als auch Face-to-Face. Auch SWOT-Analysen setze ich ein, denn die lassen sich sehr gut visualisieren. Aufstellungen nutze ich eher weniger – aber das gilt auch in der Präsenz. Das zeigt sehr deutlich, dass die persönlichen Präferenzen sowohl online als auch offline gelten. Denn einige Tools bieten ja durchaus Aufstellungswerkzeuge an und es gibt Online-Coachs, die erfolgreich virtuelle Aufstellungen anleiten.

*Statt dem Einsatz von Avataren kann ich mir gut vorstellen, dass wir irgendwann mit „realistischen" Hologrammen im Coaching arbeiten. Das wäre eher meins, je realer, je lieber. Darauf hätte ich so richtig Lust und eine Neugier, das auszuprobieren und zu beforschen."*

## Das Motorboot – Gut ausgestattet unterwegs im virtuellen Klassenzimmer

*Die Werkzeuge*

Im virtuellen Klassenzimmer (engl.: Virtual Classroom) befinden wir uns – wie der Name sagt – in einem gemeinsamen Raum im Web. Dort arbeiten wir synchron, also gleichzeitig miteinander. Ein virtuelles Klassenzimmer bietet unterschiedliche Werkzeuge, die für Interaktionen zwischen Coach und Coachee hilfreich sein können. Hier einige Beispiele:

- ▶ Webcam-Funktionen
- ▶ Whiteboard mit Zeichenwerkzeugen, die den Teilnehmern zur Verschriftlichung ihrer Beiträge zugeteilt werden können
- ▶ Teilnehmerleisten mit Statusanzeigen der Teilnehmer wie Aktivitäten oder auswählbare Symbole
- ▶ Umfragewerkzeuge für Abstimmungen, Meinungsabfragen oder Ähnliches
- ▶ Präsentationswerkzeuge zum Anzeigen von Bildmaterial oder vorbereiteten Präsentationen, Vorabaufgaben von Coachees
- ▶ Chatfunktionen
- ▶ Application Sharing ermöglicht das Teilen jeglicher Dateiformate und das gemeinsame Bearbeiten von Dokumenten

Virtuelles Klassenzimmer

▶ Protokollfunktionen, die die gemeinsame Arbeit in Textform oder als Schnappschüsse dokumentieren
▶ Recordingfunktionen, die es Ihnen ermöglichen, Teile der Sitzung aufzunehmen und dem Coachee zum Wiederanhören/Wiederansehen zur Verfügung zu stellen (Vorsicht wegen Datenschutz, Rechten an Videos, Pflicht zur Ankündigung eines Mitschnitts/Einholen des Einverständnisses und welche Sequenzen Sie aufzeichnen – niemals die Problembeschreibung!)

Nutzen Sie einen virtuellen Arbeitsraum dieser Kategorie, sind Sie schon mit einer starken Motorisierung auf dem Weg zu neuen Ufern und müssen weniger selbst Hand ans Ruder legen. Diese Form der Technik bietet uns deutlich mehr Interaktionsmöglichkeiten als bei den zuvor genannten Hilfsmitteln.

## Die Vorteile

### Teamfähigkeit

In einem virtuellen Klassenzimmer können problemlos mehrere Personen zusammen interagieren und über unterschiedliche Medien gleichzeitig kommunizieren. Teamcoaching wird technisch optimal unterstützt.

*Gleichzeitige Kommunikation ist möglich*

### Einfache Einwahl für den Klienten

Der Trainer „besitzt" den Raum bzw. die Lizenz und lädt den Klienten per Link in den virtuellen Raum ein. Der Teilnehmer braucht keine eigene Lizenz oder spezielle Technik.

### Prozesssteuerung beim Coach

In Ihrem Klassenzimmer sind Sie der Chef – zumindest aufseiten der Prozesssteuerung. Als Coach vergeben Sie gezielt Rechte an Ihren Coachee: Wann darf er schreiben, wann reden.

© managerSeminare

### Problemlose Visualisierung

Sowohl der Coachee als auch der Coach können gemeinsam auf einem vorbereiteten oder weißen Blatt arbeiten, zeichnen, schreiben.

### Freie Formate

Das Teilen ziemlich jedes Formats ist möglich. Hilfreiche Videos werden abgespielt oder begleitende Musik, wenn es Ihrer Intervention dienlich ist. Bilddateien können hochgeladen werden für die Arbeit mit Metaphern und Bildern.

### Wahrnehmungsmöglichkeiten

Wie beim Video-Chat kann eine ganzheitliche Kommunikation stattfinden, da bei Nutzung der Webcam die Bandbreite der Wahrnehmungskanäle variiert.

### Intuitive Bedienung für den Coachee

Nach einer ersten Eingewöhnung finden sich die Coachees in den gängigen Virtual-Classroom-Systemen schnell zurecht.

### Einfache Verwaltung

Durch die individuelle Vorbereitung und Ausgestaltung des virtuellen Klassenzimmers schaffen Sie als Coach einen gleichbleibenden Raum für Ihren Coachee. Die erstellten Unterlagen bleiben im Raum erhalten, bis Sie sie aktiv entfernen. So kann immer am letzten Punkt weitergearbeitet werden. Es ist möglich, dem Coachee jederzeit den Zugang zum Raum und den Unterlagen einzurichten. So kann er auch asynchron während der Gesprächspausen an den Themen weiterarbeiten.

## Die Nachteile

### Aufwand für die Auswahl des geeigneten Raums

Der Markt hält unterschiedliche Anbieter bereit, deren Räume teilweise ähnlich, teilweise recht unterschiedlich sind. Um den passenden auszuwählen, benötigen Sie ein Grundverständnis, was Sie in den Sessions an Werkzeugen brauchen. Das bedeutet, dass Sie schon mit einem Raum gearbeitet haben sollten (z.B. im Kontext einer Ausbildung) oder zumindest als Teilnehmer in einem Webinar (es gibt zahlreiche kostenlose Webinar-Angebote) einen ersten Einblick bekommen haben. Es ist sinnvoll, gezielt Webinare zu besuchen, die sich auch inhaltlich mit Ihrer Thematik auseinandersetzen. Zum Beispiel Einführungen in die Arbeit mit virtuellen Klassenzimmern oder Webinare zum Thema Online-Coaching. Haben Sie ein Verständnis für Möglichkeiten und Ihre Bedürfnisse, sollten Sie verschiedene Systeme testen (häufig gibt es eingeschränkte Demoversionen zum Ausprobieren). So finden Sie heraus, welcher Raum zu Ihnen und Ihrer Arbeitsweise passt.

*Mehrere Systeme testen*

## Zusatzkosten

Sofern Sie sich nicht für sog. Open-Source-Produkte entscheiden, fallen je nach Produkt und Lizenzvariante Kosten für Sie an. Virtuelle Klassenräume sind nicht spontan für einzelne Termine buchbar, sondern häufig nur als Jahreslizenzen. Das bedeutet, dass Sie eine zusätzliche finanzielle Verpflichtung eingehen, die auch im Endpreis für den Kunden einzukalkulieren ist.

## Zeitbedarf für die Einarbeitung

Als Coach ist es Ihre Pflicht, den Raum sicher bedienen zu können. Außerdem darf Sie die Technik nicht davon ablenken, den Prozess professionell zu steuern und Ihre Aufmerksamkeit beim Klienten zu haben. Das bedeutet, dass Sie ausreichend Zeit und Übungsmöglichkeiten einplanen sollten, um sich sicher zu fühlen.

## Testzeit für das Coaching einplanen

Ihr Kunde benötigt zu Beginn des Coaching-Prozesses eine Einführung und Unterstützung bei der Einrichtung der erforderlichen Technik. Neben Audiotests und Zugangstest ist es hilfreich, die ersten Schritte der Bedienung in einem jederzeit frei zugänglichen Testraum zu hinterlegen oder einen

*Den Kunden in die Technik einführen*

kurzen Einführungstermin anzubieten bzw. einzufordern. Je nach Vorerfahrung und Technikaffinität auf Kundenseite kann dies variieren. Auch diese Zeit müssen Sie bei der Kalkulation Ihrer Sätze berücksichtigen.

### Probleme mit der Firewall

*Die Technik*    Falls Ihre Kunden aus Unternehmensnetzwerken auf den Raum zugreifen, kann es zu Schwierigkeiten mit der Firewall oder sonstigen Sicherheitsrichtlinien im Kundenunternehmen kommen. Es empfiehlt sich deshalb, die Testzugänge mit ausreichend Vorlauf einzuplanen. Teilweise kann ein Austausch mit dem IT-Support des Kunden empfehlenswert sein.

### Bandbreitenschwankungen

Die Qualität der Videoübertragung hängt von der individuellen Bandbreite der Teilnehmer ab. In der Regel reicht eine Bandbreite von 512 Kbps aus, um gut zu arbeiten. Schwankungen wirken negativ auf die Qualität der Kommunikation.

### Klangprobleme beim Einsatz von Lautsprechern

Der Einsatz eines Headsets für Sprachübertragung und Tonausgabe ist zu empfehlen. In Webcams integrierte Mikrofone verursachen häufig unangenehme Rückkopplungen. Lautsprecher führen nicht selten zu Echoeffekten, die das konzentrierte Arbeiten stören. Ein Headset aus dem mittleren Preissegment ist für diese Anforderungen völlig ausreichend. Im Notfall kann auch das Headset des Smartphones helfen.

### Synchrone Sitzung

Der Vorteil der synchronen Sitzung kann gleichzeitig ein Nachteil für die Nacharbeit des Klienten sein. In dem Moment, wenn Sie als Coach den Raum schließen, hat der Klient keinen Zugang mehr – es sei denn, Sie richten das bewusst so ein. Das bedeutet allerdings, dass Sie für jeden Klienten einen eigenen geschützten Raum einrichten müssen und sich keinen Standardraum für Ihre Coachings einrichten können. Sie müssen abwägen, ob der Klient dauerhaften Zugang braucht, oder ob eine Dokumentation nach jedem Termin zielführender ist.

### Probleme mit der Technik verursachen Stress

Planen Sie im ersten Termin Technikprobleme mit ein. Sind Sie darauf vorbereitet, strahlen Sie Ruhe und Gelassenheit aus. Das nimmt Ihr Klient wahr. Denn bei ihm entsteht schnell Aufregung, wenn er virtuelles Arbeiten nicht gewohnt ist und dann auch noch die Technik streikt. Oftmals liegt es einfach an den Audioeinstellungen im Raum – Sie haben schließlich den generellen Zugang bereits getestet.

## Hilfreich für erfolgreiches Coaching im virtuellen Klassenzimmer

### 1. Sorgen Sie für ausreichende Bandbreite

Testen Sie, ob die Bandbreite an Ihrem Standort ausreichend für Videotelefonie ist (Sie erinnern sich an die Tipps aus dem Video-Chat-Setting: Verzögerungen zwischen Wort und Bild irritieren, Unterbrechungen stören den Prozess). Prüfen Sie notfalls, ob ein Tarifwechsel bei Ihrem Telekommunikationsanbieter möglich bzw. sinnvoll ist. Notfalls hilft es, die Videoübertragung zu deaktivieren, da dies nicht das Hauptkommunikationsmittel im virtuellen Klassenzimmer ist. Sie sollten auf technische Probleme vorbereitet sein und sich nicht aus dem Konzept bringen lassen.

*Ggf. lohnt sich ein Wechsel des Telekommunikationsanbieters*

### 2. Reduzieren Sie Nebengeräusche

Minimieren Sie Umgebungsgeräusche. Das bedeutet: alle Telefone stummschalten (auch keine Vibration) oder aus dem Raum legen. Vermeiden Sie zusätzliche Geräusche (siehe Tipps Video-Chat, Seite 128 f.).

### 3. Verwenden Sie ein Headset

Nutzen Sie bevorzugt ein Headset statt einer Freisprecheinrichtung, da diese noch mehr Nebengeräusche überträgt.

Achten Sie bei der Auswahl Ihres Headsets auf angenehmen Tragekomfort.

### 4. Achten Sie auf Hintergrund, Bildausschnitt, Ausleuchtung

Achten Sie auch hier auf den passenden Bildausschnitt und eine ruhige, professionelle und wenig ablenkende Hintergrundgestaltung. Optimieren Sie Ihre Ausleuchtung für ein gutes Bild (siehe Tipps Video-Chat, S. 129 f.).

### 5. „Suchen" Sie den Blickkontakt

*Direkt hinschauen*

Versuchen Sie die Kamera so zu positionieren, dass Sie zumindest hin und wieder direkt hineinschauen können. Der Nachteil an der Arbeit mit Webcams ist, dass durch den Blick in die Augen des Gegenübers der Eindruck entsteht, Sie halten keinen Blickkontakt.

### 6. Starten Sie achtsam

Auch hier gilt es, bewusst die geografische Distanz zu überbrücken. Investieren Sie Zeit in den Beziehungsaufbau, indem Sie nach Gefühlen fragen und interessiert an scheinbaren Nebensächlichkeiten sind. Schalten Sie Small Talk vor und „stürzen" Sie nicht sofort in die neue Session.

### 7. Strahlen Sie Ruhe aus

*Zugewandte Körperhaltung*

Bereiten Sie alles griffbereit auf Ihrem Schreibtisch vor, sodass Sie ruhig und entspannt sitzen oder stehen können. Schnelle Bewegungen wirken in der Videoübertragung hektisch und irritierend. Achten Sie auf eine zugewandte, ruhige Körperhaltung. Planen Sie mindestens 15 Minuten vor dem Termin keine Telefonate oder andere Aktivitäten mehr ein. Ihr Klient merkt, wenn Sie zur vereinbarten Zeit in den Raum „stolpern".

### 8. Optimieren Sie Ihre Stimme und Sprache

Bei der virtuellen Arbeit stehe ich fast immer. Zu diesem Zweck habe ich mir einen höhenverstellbaren Schreibtisch zugelegt. Außerdem ist es hilfreich, ein paar Lockerungs-

und Stimmübungen vor der Session durchzuführen (Ideen dazu finden Sie im Anhang). Sprechen Sie langsam und deutlich. Nutzen Sie Pausen und spielen Sie je nach Thema mit Ihrer Stimmlage.

### 9. Wählen Sie „ruhige" Kleidung

Auch bei der Kleidung gilt: Weniger ist mehr. Unterstreichen Sie Ihre Persönlichkeit dezent. Ihr Erscheinungsbild sollte stimmig sein.

### 10. Setzen Sie Mimik und Körpersprache bewusst ein

Im Gegensatz zum Telefon wirken Sie nicht nur mit der Sprache, sondern auch mit Ihren Gesichtsausdrücken und Bewegungen. Lächeln Sie, nicken Sie, unterstreichen Sie Ihre Worte oder das aktive Zuhören mit Gesten. Aber auch hier gilt: keine Übertreibung. Verhalten Sie sich möglichst natürlich.

*Lächeln und nicken Sie*

### 11. Üben Sie Ihren Auftritt vor der Kamera

Wenn Sie noch nicht viel Erfahrung mit Videotelefonie haben, ist es hilfreich, Ihre Wirkung zu prüfen. Hilfreich sind Videoaufnahmen, die im virtuellen Klassenzimmer direkt und ohne Zusatzausrüstung möglich sind. So können Sie Ihre Wirkung und Ihr Auftreten selbst mühelos reflektieren.

### 12. Verwenden Sie die Kamera selektiv

So großartig die Videoübertragung sein kann, an einigen Stellen wirken bewegte Bilder störend. In Coaching-Phasen mit erhöhtem Fokus auf Selbstreflexion verzichte ich grundsätzlich auf Live-Video-Übertragung, die den Klienten ablenkt.

### 13. Nutzen Sie die Kamera kreativ

Laden Sie Ihren Klienten ein, die Kamera auch zu bewegen. Bringen Sie etwas Schwung und andere Blickrichtungen in den Prozess. So werden auch Aufstellungen mit Figuren möglich (mehr unter „Beispiele Interventionen", Seite 152 ff.).

### 14. Fordern Sie System- und Zugangstests verpflichtend ein

Verankern Sie verbindlich die technische Vorbereitung auf Kundenseite in Ihrem Beratungsvertrag. Die Praxis zeigt, dass trotz vorbereitender Mails mit Hinweisen immer wieder Klienten ohne Tests in die Termine starten, was regelmäßig zu Problemen führt. Meist ist eine IT-Unterstützung (z.B. wegen Firewall-Einstellungen in Unternehmen) gerade dann nicht verfügbar und Ihr kompletter Termin misslingt. Alternativ vereinbaren Sie eine Testsitzung außerhalb des Coaching-Prozesses für die technische Vorbereitung. Diese sollten Sie dann in Ihrer Kalkulation berücksichtigen.

### 15. Sehen Sie einen Plan B vor

*Vereinbaren Sie eine Alternative*

Falls trotz erfolgreicher Tests der Zugang zum vereinbarten Termin nicht klappt (es könnte z.B. die Datenleitung gerade nicht verfügbar sein), ist es hilfreich, vorab mit dem Kunden eine Alternative besprochen zu haben. Das kann vom Ausweichen auf Telefonie bis zur Terminverschiebung alles beinhalten. Es muss praktikabel für beide Seiten sein.

### 16. Kündigen Sie Recordings an

Sofern Sie es für förderlich halten, bestimmte Sequenzen im Prozess aufzuzeichnen, denken Sie immer an die vorherige Zustimmung des Klienten. Auf Nummer sicher gehen Sie, wenn auch dies schriftlich im Beratungsvertrag festgehalten ist. Definieren Sie klar, zu welchem Zweck und für welchen Adressatenkreis die Aufzeichnung erstellt wird. Fordern Sie eine schriftliche Zustimmung ein. Grundsätzlich sollten ausschließlich Lösungs- oder Ressourcenphasen mitgeschnitten werden. Das Aufnehmen und wiederholte Anhören von Problembeschreibungen birgt die Gefahr des Rückfalls Ihres Klienten zum Ursprungsproblem.

### 17. Bereiten Sie Dokumente gut vor

*Keine Logos, keine Fußnoten*

Wie auch im Video lenkt Nebensächliches unsere Aufmerksamkeit vom Wesentlichen ab. Verzichten Sie deshalb auf vorbereiteten Dokumenten auf jeglichen Schnickschnack. Dazu zählen auch die Einblendung des Logos oder sonstiger

Fußnoten. Bei der Dokumentation fügen Sie gerne Copyrights und Logos ein. Während der synchronen Arbeit im Raum sollten Sie jedoch darauf verzichten, um fokussiert am Inhalt zu sein.

### 18. Beziehen Sie Ihren Coachee aktiv ein

Wenn möglich, übergeben Sie Aufgaben an Ihren Coachee. Je interaktiver Sie ihn einbinden, desto höher bleibt seine Aufmerksamkeit. Im virtuellen Raum ist das über die Zeichenwerkzeuge sehr einfach möglich. Visualisierungen mit Stichpunkten kann der Coachee problemlos selbst auf dem Whiteboard, dem Bild oder der Folie anfertigen. So stellen Sie nebenbei sicher, dass die Dokumentation die Schlüsselworte Ihres Klienten enthält und nicht Ihre Interpretation.

### 19. Dokumentation mit Erinnerungsfunktion

Im Präsenzcoaching mache ich gerne Fotos von geschriebenen Moderationskarten im Raum. So erinnert sich der Klient mit mehr emotionaler Bindung an unsere Sitzung. Ähnlich gehe ich im virtuellen Klassenzimmer vor. Mit Screenshots angereicherte Dokumentationen haben den gleichen Effekt. Zudem ist diese Variante des Protokollierens für den Coach effizienter, als die Notizen in einem Textverarbeitungsprogramm zu verschriftlichen. Manchmal kann es hilfreich sein, die nächsten Schritte als zusätzliches Exzerpt zur Verfügung zu stellen – das können Sie gerne in der begleitenden E-Mail zur Dokumentation realisieren.

*Screenshots reichern die Dokumentation an*

### 20. Verschaffen Sie Ihrem Coaching-Raum eine persönliche Note

In meinem persönlichen Coaching-Raum ist es mir (je nach verwendeter Softwarelösung) möglich, kleine emotionalisierte Elemente einzufügen. Beispielsweise ein „Herzlich Willkommen", kombiniert mit einem Bild oder ein sympathisches Foto von mir. Das hört sich banal an, wirkt aber persönlicher, als ein neutraler Raum und sorgt für Wiedererkennung beim nächsten Betreten. Das kann helfen, dass sich der Coachee schnell wohl- und willkommen fühlt.

## 21. Stellen Sie Ihrem Kunden einen Raum zur Verfügung

Begleiten Sie einen Klienten auf einer längeren Entwicklungsreise, bietet es sich vielleicht an, ihm einen „eigenen" Raum zur Verfügung zu stellen, in dem die Dokumente der vergangenen Sitzungen aufrufbar sind. So könnte sich der Klient auch asynchron, also ohne Ihre Anwesenheit, dort aufhalten und ggf. Ergänzungen durchführen. Ebenso könnten Sie bereits Fragen für das nächste Meeting einstellen, zu denen er sich vorab Gedanken machen soll. Der Vorteil ist, dass Sie sich hin und wieder selbst einloggen und über den Fortschritt informieren können Das funktioniert übrigens noch komfortabler über weitergehende Lösungen, auf die im Folgenden eingegangen wird (ab Seite 212).

## 22. Kombinieren Sie Ihre Sessions mit weiterer Technik

*Der Surface-Stift*

Tablets sind i.d.R. kompatibel mit virtuellen Klassenzimmern. Das ermöglicht Ihnen Zugriff auf zusätzliche Funktionen wie etwa die Nutzung des Surface-Stiftes. So werden auch handschriftliche Notizen oder Zeichnungen im Präsentationsbereich Ihres virtuellen Klassenzimmers sichtbar. Gleiches gilt für elektronische Flipcharts oder Whiteboards. Diese Geräte sind teilweise noch sehr teuer. Hier gilt es genau abzuwägen, was sinnvoll und wirtschaftlich einsetzbar ist.

## Beispiele für Interventionen im Coaching mittels virtueller Klassenzimmer

### Einzel- oder Gruppenchoaching mit dem 8S Stärkeprofil®

*Lizenzpflichtiges Analysetool*

Das 8S Stärkeprofil® (*http://8s-profil.de/*) ist ein lizenzpflichtiges Analysetool zur Ermittlung persönlicher Stärken. Auf Basis neurowissenschaftlicher Erkenntnisse und dem Wissen aus der positiven Psychologie wurden acht Hauptstärken definiert, die uns einen Kompass für verschiedene Coaching- und somit Lebenssituationen liefern. Die acht Stärken setzen sich zusammen aus genetischen Dispositionen (Talent, Begabung), Lebensmotiven (Motivation) und individuellen Entwicklungen des Gehirns (Gehirnhälften-Modelle). Der große Charme dieses Profils liegt in der direkten Auswertung mit dem Kunden ohne computergestützte Analysen. Das bedeutet, dass zu Beginn des Coaching-Prozesses der Coachee auf Papier 40 Schlüsselsätze bewertet, die er dann direkt selbst auswertet und so sein Stärkenrad erhält.

In das virtuelle Klassenzimmer ist dieses Vorgehen zur Stärkenermittlung wunderbar übertragbar: Der Fragebogen wird eingeblendet und der Coachee beantwortet die Fragen. Parallel „werten" Sie die Antworten auf Ihrem vorbereiteten Bogen händisch aus und zeichnen am zweiten Bildschirm die Werte auf dem Stärkenrad ein. Wenige Momente nach der Beantwortung der Fragen ist es Ihnen als Coach möglich, das Ergebnis der Analyse am Bildschirm zu teilen. Alternativ bekommt der Coachee die Arbeitsblätter vorab und kann die Auswertung an seinem eigenen Schreibtisch vornehmen. Mit den Zeichenwerkzeugen kann parallel das Rad auf dem Präsentationsbereich aufgezeichnet werden. Alternativ kann dem Klienten das Stärkenrad und die ergänzenden Informationen/Reflexionsaufgaben auch vorab per Post oder Mail gesendet werden. So hat er alles direkt vor sich. Die Fragen bearbeiten Coach und Coachee wie oben beschrieben im virtuellen Klassenzimmer.

*Analyseergebnis kann am Bildschirm geteilt werden*

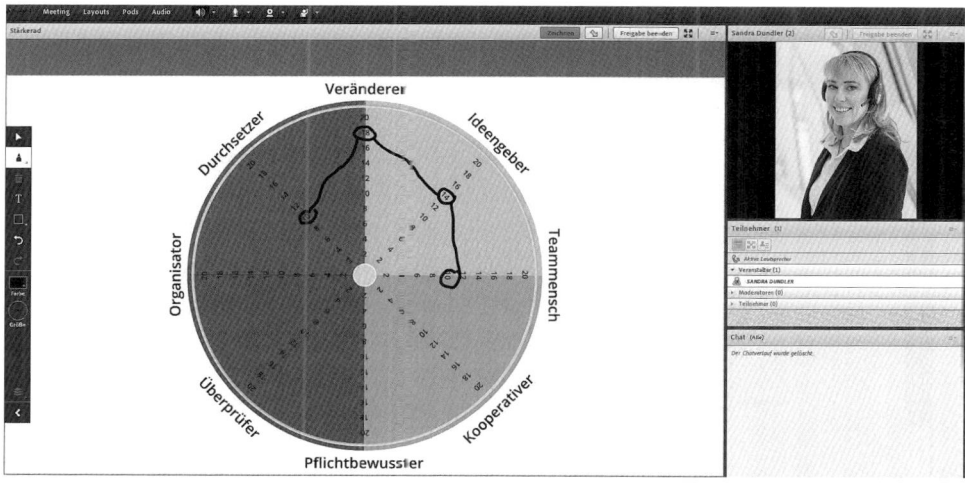

Abb.: Stärkenrad beim Ausfüllen

Innerhalb weniger Minuten sehen beide die Basis für die weitere Arbeit und steigen in die Reflexion bzw. den weiteren Coaching-Prozess ein. Das Tool eignet sich hervorragend für Themen wie Kommunikation, Führungsverhalten, berufliche (Neu-)Orientierung, persönliche Weiterentwicklung.

*Gute Eignung im Teamcoaching*

Im Teamcoaching bietet es hilfreiche Ansatzpunkte für die Analyse von Kommunikationsdefiziten, Konfliktpotenzialen, Motivationsverhalten oder Ähnliches. Hier bietet es sich an, die Analysen in kurzen Einzelsitzungen (ca. 30 Minuten) durchzuführen. Im Teamsetting ist ein neutrales, also leeres Stärkenrad eingeblendet. Jedes Teammitglied kennzeichnet seine Hauptstärke mit den Zeichenwerkzeugen. Alternativ – um die Arbeit bzw. das Team zu personalisieren – könnten die Teammitglieder dem Coach vorab Porträtfotos zukommen lassen, die dann anstatt der gesichtslosen Markierung auf der Hauptstärke platziert werden. Dies funktioniert jedoch nur, wenn die Anzahl der Teammitglieder zehn nicht übersteigt, sonst wird das Bild unübersichtlich. Ziel ist es, Transparenz darüber zu erhalten, wie die einzelnen Teammitglieder „ticken", also worauf sie Wert legen, was sie motiviert, wie sie kommunizieren. Dies ist für das Zusammenspiel eines erfolgreichen Teams essenziell. Aber auch Lücken – also welche Stärken im Team fehlen, werden sichtbar.

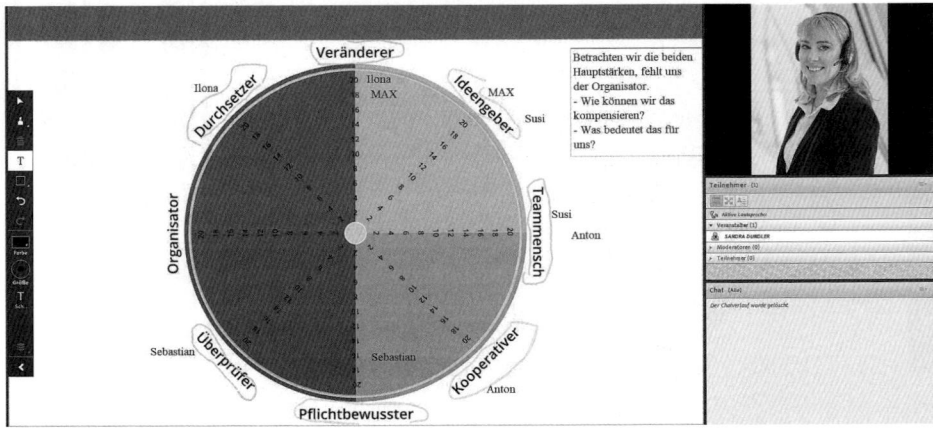

Abb.: Ausgefülltes Stärkenrad aus einem Teamentwicklungsprozess

## Neurologische Ebenen

Es geht im Wesentlichen darum, das Problem auf der „Denk-Ebene" zu lösen, auf der es entstanden ist (frei nach Albert Einstein). Das bedeutet, wir versuchen den besten Ansatzpunkt für Veränderungsarbeit herauszufinden. Die neurologischen Ebenen sind dabei hierarchisch gegliederte Ebenen des Denkens, die sich wechselseitig beeinflussen.

*Hierarchisch gegliederte Ebenen des Denkens*

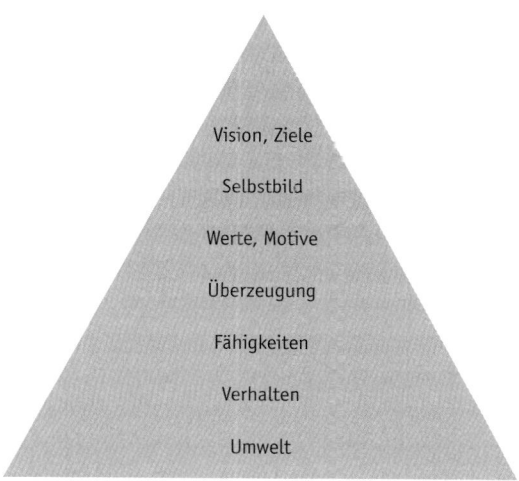

Abb.: Neurologische Ebenen (Pyramide)

Für die Arbeit im virtuellen Klassenzimmer bietet es sich zunächst an, die Pyramide der neurologischen Ebenen als Bild darzustellen und das Vorgehen zu erläutern. Nach der Problembeschreibung starten Sie mit dem Coachee in die Analyse dieser Ebenen. „Zerlegen" Sie beispielsweise dazu die Pyramide in einzelne Scheiben. Dabei erhält jede Scheibe eine eigene Folie, sodass Platz für Notizen ist. Zunächst verfolgen Sie gemeinsam auf einer Seite die Problemspur, d.h., alle Notizen werden auf einer Seite der Pyramide notiert. Beginnen Sie auf der untersten Ebene, der wahrnehmbaren Umwelt (dem Kontext) und arbeiten Sie sich über das beobachtbare Verhalten, die vorhandenen Fähigkeiten, die innere Motivation in Form von Glaubenssätzen und Werten nach oben in Richtung Identität, also dem Selbstbild des Coachees bis hin zu seiner Vision (dem

Sinn seines Handelns). Über die zugehörigen Fragen je Ebene entsteht ein umfassendes Bild des Problems.

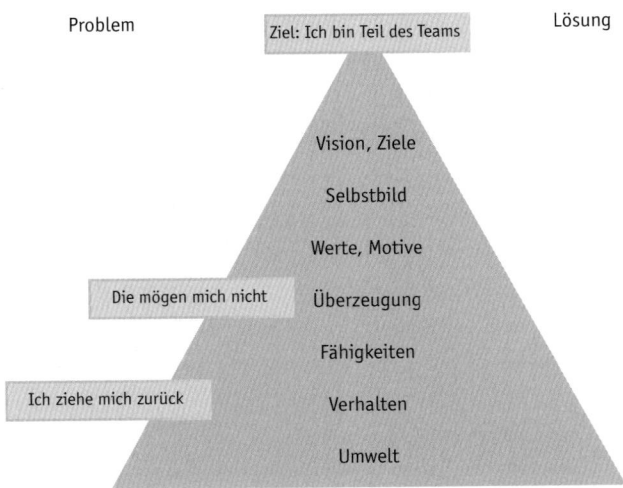

Abb.: Beispiel zur Problemspur

Im nächsten Schritt betrachten Sie auf allen Ebenen mögliche Veränderungen hin zu einer Lösung. Zum Abschluss der Sitzung entstehen daraus ein neues Ziel und konkrete Maßnahmen mit Umsetzungsschritten. Alternativ kann es hilfreich sein, zunächst Ressourcen je Ebene zu suchen, um danach Veränderungsschritte zu fixieren.

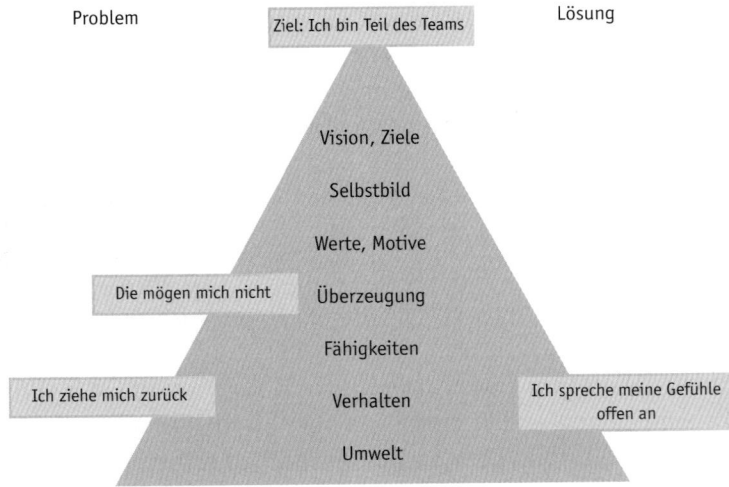

Abb.: Beispiel zur Ressourcenspur mit Lösungsideen

## Walt-Disney-Methode (nach Robert Dilts)

Das Motto von Walt Disney lautete „If you can dream it, you can do it." In seinem erfolgreichen Unternehmen motivierte er seine Mitarbeiter zu kreativem Denken und schuf so die Grundlage der Walt-Disney-Methode, die bis heute in unterschiedlichsten Ausprägungen verwendet wird. Unter anderem auch als Mikromethode im Design Thinking. Da das virtuelle Klassenzimmer Visualisierungen leicht ermöglicht, funktioniert dieses Modell hier ebenfalls sehr gut. Konkret geht es darum, in Bezug auf eine Frage (ein Problem, ein Thema) drei unterschiedliche Positionen einzunehmen:

*Unterschiedliche Positionen zu einem Thema einnehmen*

- ▶ Die Position des wohlwollenden *Kritikers* (der Pessimist, der Berater, der Controller, der Qualitätsmanager) – frei nach Mickey Mouse,
- ▶ die Position des *Träumers* (der Visionär, der Ideenlieferant, der Künstler) – frei nach Donald Duck;
- ▶ die Position des *Realisten* (der Macher, der Handelnde, der die Ärmel hochkrempelt) – frei nach Dagobert Duck.

Es können beispielsweise drei Bilder eingeblendet werden, zunächst alle drei zur Erläuterung des Vorgehens, dann einzeln. Über Fragen regen Sie Ihren Coachee an, die jeweilige Position einzunehmen und das Thema aus dieser Brille zu beleuchten. Alle Antworten aus den jeweiligen Perspektiven werden dann in die finale Lösungsfindung einbezogen.

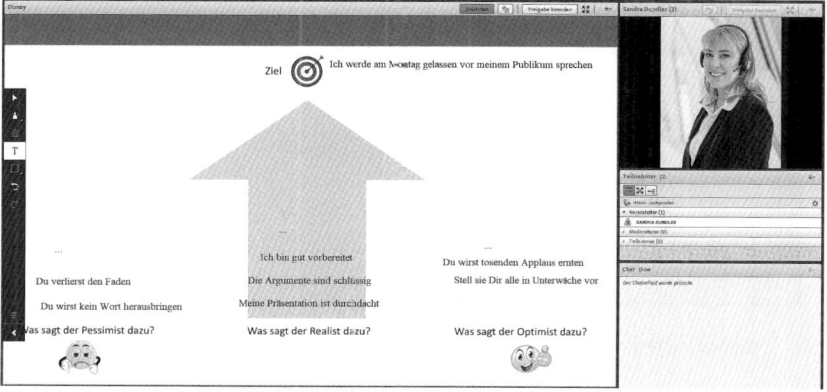

Abb.: Ein ausgefülltes Beispiel

### Arbeit mit dem Inneren Team (nach Friedemann Schulz von Thun)

*Situationsklärung*  Diese Technik dient der Situationsklärung, bringt innere Sicherheit und ist in der Aufstellungsarbeit weit verbreitet für unterschiedlichste Anwendungsfälle. Es geht darum, herauszufinden, welche inneren Stimmen z.B. bei einer Entscheidungsfindung mitdiskutieren und eine finale Entscheidung verhindern. Ziel ist es, allen inneren Stimmen Gehör zu verschaffen und so eine qualifizierte Entscheidung zu ermöglichen. Hier eignet sich das leere Whiteboard, um die inneren Anteile zunächst zu benennen (jeden Anteil in einer eigenen Farbe oder einem eigenen Symbol). Notieren Sie auf dem Whiteboard zunächst die Argumente je inneren Anteil und hinterfragen Sie die guten Absichten – diese werden ebenfalls notiert. Erarbeiten Sie mit der Klientin ein umfassendes Bild dieser inneren Stimmen und visualisieren Sie sorgfältig. Am Ende steht wiederum die Definition nächster Schritte.

### Baum der Erkenntnis, Ressourcen oder Ideen

Blenden Sie auf der Präsentationsfläche einen Baum ein (reales Motiv oder abstrakt) und lassen Sie Ihren Klienten die Blätter mit Erkenntnissen, verfügbaren Ressourcen oder Ideen füllen.

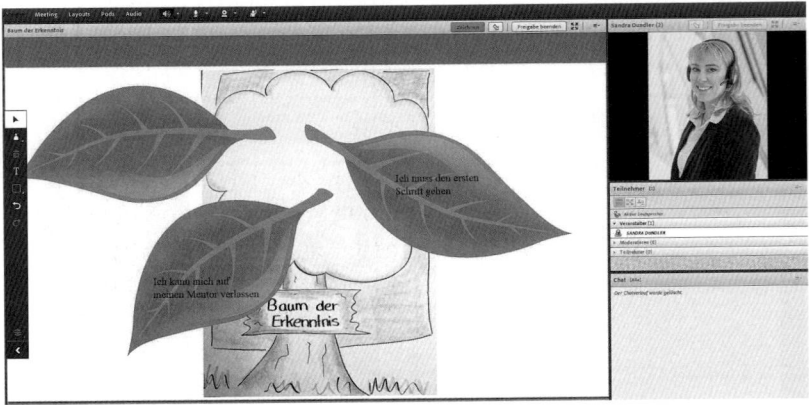

Abb.: Ein Erkenntnisbaum wird präsentiert

Zur Vorbereitung Ihrer Arbeit ist eine weitere Idee, dass Sie den Coachee zu seinem Thema eine Collage erstellen lassen. Entweder mit digitalen Bildern aus dem Netz oder ganz klassisch mit Schere und Kleber aus Magazinen, Fotos etc. Mit dem Smartphone ist schnell ein Foto erstellt. Per Mail an Sie geschickt und in den Raum geladen, starten Sie direkt mit dem persönlichen Werk Ihres Coachees in das Meeting.

*Eine Collage erstellen lassen*

Das Whiteboard bietet die Möglichkeit, somatische Marker sichtbar zu machen. Nutzen Sie dafür zum Beispiel neutrale Figuren oder Strichmännchen und lassen Sie Ihre Coachee ihre Gefühle beschreiben, in Analogien ausdrücken und diese einzeichnen, etwa „Steine, die schwer auf dem Herz liegen" als Ausdruck für einen emotionalen Belastungszustand.

*Somatische Marker*

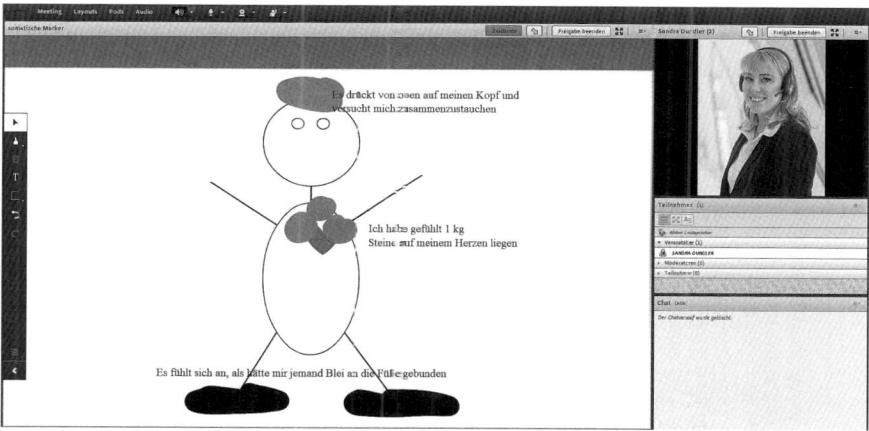

Abb.: Ein Beispiel – Steine drücken einen emotionalen Belastungszustand aus

Arbeiten Sie an diesem Bild weiter, wie Sie es auch tun würden, wenn Sie sich in einem Raum gegenübersitzen würden. Visualisieren Sie die Lösungsstrategien und vor allem den Zielzustand, wenn die Schritte zum Ziel gegangen wurden. Hierzu nutzen Sie wiederum eine Figur und die Zeichenwerkzeuge (Abb. auf der Folgeseite).

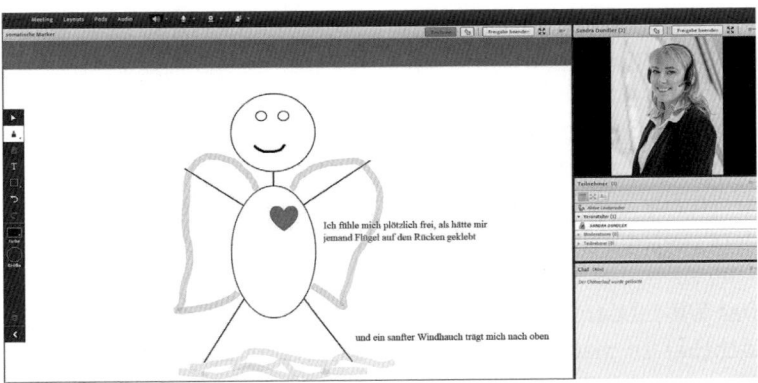

Abb.: Ein Beispiel für den Zielzustand

## Die virtuelle kollegiale Fallberatung – z.B. für Führungsfragen

*Kleingruppenarbeit*

Die Methode der kollegialen Fallberatung eignet sich für eine Kleingruppe. Beispielsweise in einem Führungskräfteteam: Eine Führungskraft hat einen Fall zu lösen und kommt selbst nicht mehr weiter. Sie sucht sich vier bis fünf Berater aus dem Kollegenkreis, die neue Ideen und Sichtweisen einbringen. Zunächst werden die Regeln des Settings besprochen. Hilfreich sind folgende Vereinbarungen, zu denen sich alle Teilnehmer verpflichten:

- ▶ Vertrauen – ich kann offen sprechen
- ▶ Vertraulichkeit – alles bleibt im Raum
- ▶ Unterstützung – jeder ist ehrlich bemüht
- ▶ Wertschätzung – fördert Offenheit

In diesem Setting gibt es drei definierte Rollen:

- ▶ *Moderator* – das sind in diesem Fall Sie als Coach: Sie leiten die Gruppe durch die Phasen der Beratung und achten auf Zeit und Umgangsformen sowie die Einhaltung der Regeln.

- *Fallgeber* – das ist die Führungskraft, die ihr Thema einbringt: Die Führungskraft formuliert eine konkrete Schlüsselfrage, die beantwortet werden soll.
- *Berater* – sie stellen die Verständnisfragen, unterstützen die Führungskraft neutral (urteilsfrei, ohne zu bewerten) und bringen dabei ihre eigene Perspektive und Ideen ein.

Hier die Schritte der kollegialen Fallberatung mit Zeitaufteilung (Gesamtbedarf ca. 60 Minuten + 10 Minuten zur Erläuterung des Vorgehens):

*Die Schritte der kollegialen Fallberatung*

1. Der/die FallgeberIn stellt das Thema, das Anliegen, die Fragestellung und die bisherigen Lösungsversuche vor (10 Minuten).

2. Die BeraterInnen stellen Verständnisfragen (10 Minuten).

3. Der/die FallgeberIn schaltet das Mikrofon stumm und hört schweigend zu, das Video wird ggf. abgeschaltet.

4. Die BeraterInnen sammeln – fokussiert auf die Schlüsselfrage – Ideen, Tipps, Vorschläge – ohne diese zu bewerten. Es empfiehlt sich, dass Sie als Moderator die Tipps am Whiteboard visualisieren (20-30 Minuten).

5. Der/die FallgeberIn kehrt in die Gruppe zurück und teilt seine/ihre aktuellen Gedanken (10-15 Minuten):

- Was ist mir klar geworden?
- Was hat mich überrascht?
- Welche Anregungen sind für mich wichtig und warum?
- Was werde ich jetzt tun?

Die Methode funktioniert auch in anderen Konstellationen, etwa für die Lösungssuche in einem Team.

*Gängige Virtual-Classroom-Systeme*

Hier eine Auswahl derzeit verfügbarer Virtual-Classroom-Systeme – bitte nutzen Sie bei Interesse die Demoversionen und verschaffen Sie sich ein eigenes Bild. Ihr Coaching in einem virtuellen Klassenzimmer kann nur dann erfolgreich sein, wenn Sie sich im Raum wohlfühlen und er für Sie gut bedienbar ist. Ein weiterer Punkt ist sicherlich der Sicherheitsaspekt. Sie sollten sich bei der Auswahl Ihres Anbieters einen Überblick über die Umsetzung von Datenschutzanforderungen und Sicherheitskonzepten verschaffen:

- Adobe Connect (*www.adobe.com*), Hauptsitz in San José (USA)
- Cisco Webex (*www.webex.de*), Hauptsitz in San José (USA)
- Citrix (*www.citrix.com*), Hauptsitz in Fort Lauderdale und Santa Clara (USA)
- GoToTraining (*www.gotomeeting.com*), Hauptsitz in Dublin (Irland)
- Netucate (*www.netucate.com*), Hauptsitz in Bad Homburg (Deutschland)
- Vitero (*www.vitero.de*), Hauptsitz in Stuttgart (Deutschland)

**Reflexionsfragen**

Welche Erfahrungen haben Sie mit virtuellen Klassenzimmern?
- ...

Wo könnten Sie dieses Format in Ihrem Coaching-Business sinnvoll einsetzen?
- ...

Woran müssten Sie noch arbeiten? Bräuchten Sie eine Weiterbildung?
- ...

> Welche Interventionen könnten Sie sich hier vorstellen?
> ▶ …
>
> Was geht Ihnen dazu noch durch den Kopf?
> ▶ …

## Das sagen die Profis

### Alexandra Hagemann

Was war im 1:1-Coaching online die größte Herausforderung für Sie?
„Als Coach für Präsentieren und Kommunizieren brauche ich einen guten Blick auf die Wirkung meiner Coachees. Das Unterbewusstsein steuert unsere Körpersprache inkl. Mimik und Gestik. Manchmal ist es nur ein Augenaufschlag oder ein tiefer Atemzug, der einen Indiz dafür liefert, dass wir an einem wichtigen Thema dran sind. Vielleicht auch nur ein kurzes Zögern. Ich hatte anfangs tatsächlich große Bedenken, ob ich das im virtuellen Kontakt wirklich mitbekomme. War es ein Zögern, oder gab es einen Zeitversatz durch Bandbreitenprobleme? Deshalb überlege ich mir immer vorher sehr genau, welchen Bildausschnitt ich für gutes Coaching brauche. Reicht das Gesicht oder brauche ich den Blick auf den Oberkörper, um auch die Gestik mitzubekommen. Video ist für mich an der Stelle unerlässlich. Deshalb auch bevorzuge ich das virtuelle Klassenzimmer. Hier bin ich sehr flexibel und kann mir meine Räume je nach Zweck vorbereiten und dann schnell die Ansichten wechseln."

Also steht für Sie Video im Fokus?
„Ja, ich habe mich auch lange Jahre mit den Forschungen und Publikationen von Prof. Dr. Dr. Gerhard Roth beschäftigt. Er untersuchte unter anderem die grundsätzliche Wirksamkeit von Coaching. Unser Verhalten als Mensch ist zum größten Teil aus dem Unterbewusstsein gesteuert. Da haben wir verschie-

*dene Systeme und Areale, beispielsweise die Basalganglien, die unser Verhalten automatisieren. Und unser limbisches System hat die passenden Emotionen zu bestimmten Reizen gespeichert und spricht die jeweiligen Hormonsysteme an. Unser bewusstes Denken findet im kortikalen Bereich des Gehirns statt. Das Unbewusste, u.a. die Botschaften des limbischen Systems, spiegelt uns der menschliche Körper in Mimik, Gestik und Verhalten wider. Von Prof. Roth habe ich gelernt, dass wir keinen verbalen oder bildlichen Zugang zum Unbewussten haben. Aus dem Grund ist die Deutung paraverbaler und nicht verbaler kommunikativer Signale des Verhaltens und des Körpers der Zugang. Möchte ich also nicht nur kortikal, sachlich, reflektierend jemanden zum Denken anregen, brauche ich die Körpersignale. Mein Anspruch im Coaching ist, dass wir langanhaltende Erfolge erzielen. Da reicht es nicht aus, auf eine kognitive Umstrukturierung abzuzielen, da müssen wir auch die Emotionen aktivieren, sonst ist Coaching langfristig wirkungslos. Aus diesem Grund ist es wesentlich effektiver, auch Mimik und Gestik des Coachees zu sehen und mit in die Arbeit einzubeziehen."*

Glauben Sie, dass es möglich sein wird, das mit Avataren abzubilden?
*„Also ich habe noch keinen so guten Avatar gesehen, der das abbildet. Wichtig wäre ja, dass eins zu eins transferiert wird, wie der dahintersteckende Mensch gestikuliert, wie seine Körperhaltung ist, ob er lächelt und ob dieses Lächeln auch die Augen erreicht und vieles mehr. Da bin ich ehrlich gespannt, wohin die Entwicklungen gehen. Ausschließen würde ich es nicht. Allerdings ist das technisch bestimmt noch eine ziemliche Herausforderung. Spannend wird auch, wie intuitiv die Arbeit mit so einer dreidimensionalen Welt dann funktionieren wird oder ob die Nutzung wieder neue Probleme und Herausforderungen bereiten wird. Denn wenn ich eine Stunde Online-Coaching angesetzt habe und davon geht dann ein Viertel für Einwählen und Einrichten der Technik drauf, ist das de facto zu viel. Das steht wiederum nicht im Verhältnis. Was ich mir jedoch vorstellen kann, ist, dass wir mit verschiedenen Tools*

zur Visualisierung im 3-D-Raum arbeiten können. Sicherlich kennen Sie die Schachbretter in den Parks. Wenn ich aktuell ein Team nach seinen Stärken mit unserem 8S Stärkeprofil® aufstelle, dann kann ich das nur real in der Präsenz bzw. im Coaching vor Ort machen. Aktuell setzen wir eine solche Übung jedoch in einem dreidimensionalen Raum um. Da geht es weniger um das direkte Verhalten des Coachees, sondern erst einmal um die Visualisierung, um das Finden gemeinsamer Begrifflichkeiten. Da sehe ich enorme Chancen. Es bleibt auf jeden Fall spannend, wie wir in 10 Jahren Online-Coaching durchführen."

Gibt es reines Online-Coaching bei Ihnen?
„Nein. Das strebe ich aktuell nicht an. Ich führe viele Coaching-Sessions nach Präsenzphasen durch. Also als Follow-up zu einem Training oder Workshop. Ganz nach dem Motto: ‚Präsenz perfekt ergänzt.' Persönliches Kennenlernen ist mir wichtig. Das stärkt das Vertrauen und ist die Basis für eine gute Zusammenarbeit."

Was ist aus Ihrer Sicht der größte Nachteil des Online-Coachings?
„Tatsächlich ist es die Technik. Gerade, wenn mein Kunde in einer ländlichen Struktur zu Hause ist. Ich bin regelmäßig entsetzt, welche geringen Bandbreiten oft zur Verfügung stehen. Außerdem ist aus meiner Sicht nicht alles, was ich tue, in den virtuellen Raum übertragbar."

Was ist Ihre Lieblings-Intervention, die Sie im Online-Coaching nutzen?
„Das 8S Stärkeprofil® ist das Tool, das ich am häufigsten einsetze. Egal, in welchem Setting. Online ist es genauso gut nutzbar, wie am gemeinsamen Tisch. Denn es bietet immer wieder einen guten Einstiegspunkt für alle Themen. Über Stärken ist es einfach leichter, gute Kommunikationsstrategien zu entwickeln, oder typische Verhaltensmuster und ihre Ursachen zu identifizieren oder auch das eigene Auftreten zu analysieren. Wie erwähnt, kann ich da auch die Personen eines Teams aufstellen und die typgerechte Führung trainieren."

Sehen Sie Grenzen in der medialen Kommunikation?
*„Ja. Es gibt Tools, die ich tatsächlich nur im Face-to-Face-Setting verwende. Tools, die für mich online nicht funktionieren. Ein Beispiel sind Muskelreaktionstests als Hilfsmittel, um Stressauslöser beim Coachee zu finden. Hier wird es schwierig, nicht in die Therapie abzudriften. Und im digitalen Raum ist hier noch viel mehr Sensibilität gefordert. Deshalb verzichte ich lieber auf diese Methoden, wenn ich online bin. Und nicht zu vergessen: Die Aufmerksamkeitsspanne ist deutlich geringer."*

## Anja Röck

Welche Interventionen machen Sie im Online-Coaching am liebsten?
*„Darauf gibt es nicht die(!) Antwort, weil das vom Thema und von dem Klienten abhängt. Ich nutze ein großes Repertoire, verfüge also über eine reichhaltige Methodensammlung, die sich aus verschiedensten Weiterbildungen und meiner Erfahrung speist. Ich bin auch immer wieder auf der Suche nach neuen Dingen. Grundsätzlich wende ich intuitiv das an, was mir im Moment passend erscheint.*

*Ich habe tatsächlich keine Intervention, die ich immer einsetze. Natürlich habe ich einen groben Plan – im Training auch ein passendes Schema für zum Beispiel eine Webinar-Reihe, die ich dann abwandele, je nachdem, was gerade erforderlich ist. Selbst wenn vielleicht auf meiner Folie steht ‚Schreiben Sie auf das Whiteboard ...', kann es sein, dass ich dann sage: ‚Ach, wissen Sie was? Wir machen das jetzt das ganz anders.' Und dann entscheide ich mich um.*

*Deshalb ist es so wichtig, die Möglichkeiten des eingesetzten virtuellen Raumes und seiner Tools zu kennen. Nur so kann ich schnell agieren und flexibel handeln. Und manche Klienten müssen sich zum Beispiel erst schriftlich äußern, bevor sie bereit sind, über ihre Themen zu sprechen. Dann möchte ich genau da ansetzen können. Oder ich habe eine Landkarte und* möchte, dass die Klienten mit ihrem Zeigepfeil ihren Standort kennzeichnen.

Einmal hatte ich 80 Leute im Webinar und der Zeigepfeil war nicht aktiviert. Hätte ich alle in den Text-Chat schreiben lassen, wäre der hochgerattert und niemand hätte etwas lesen können. Also musste ich spontan umdisponieren. Gestartet habe ich dann damit, dass ich erläuterte: ‚Ich sitze in der Nähe von Stuttgart. Wer von Ihnen befindet sich in Baden Württemberg? Schreiben Sie Ihren Standort bitte in den Chat.' So arbeiteten wir uns durch Deutschland und seine Bundesländer – es dauerte zwei Minuten länger, aber jeder fühlte sich abgeholt und wahrgenommen, ohne dass Chaos entstand.

Die gleiche Situation ist im Coaching natürlich eher unwahrscheinlich, das findet auch nicht mit so vielen Menschen gleichzeitig statt. Aber auch dort können immer ungeplante Situationen entstehen. Deshalb bin ich der Meinung, dass ich zum einen ein großes Methodenrepertoire und zum anderen Sicherheit im Medium brauche.

Ich verwende mit Blick auf das Arbeiten in einem virtuellen Raum bei meinen Teilnehmern gerne folgendes Bild: ‚Stellen Sie sich vor, Sie müssen von Ihrem Schreibtisch einen Radiergummi holen. Ihr Büro ist völlig dunkel und Sie dürfen kein Licht einschalten. Holen Sie diesen Radiergummi, ohne dass Sie stolpern oder irgendwo gegenlaufen. Wenn Sie das auf Ihren virtuellen Arbeitsraum übertragen, wissen Sie, was Sie brauchen, um sich dort ‚blind' zurechtzufinden.'"

## Das Kreuzfahrtschiff – Alles inklusive: Integrierte Online-Coaching-Plattformen

Extrem komfortabel geht es auf integrierten Online-Coaching-Plattformen zu, die üblicherweise bereits weitere Hilfsmittel anbieten und den Coach gezielt im Prozess unterstützen. Es sind zahlreiche Funktionen verfügbar. In der Regel gibt es (je nach Anbieter):

*Funktionen*
- ▶ Videotelefonie
- ▶ Chatfunktionen
- ▶ Desktopsharing
- ▶ Speicher (Clouds)
- ▶ Dashboards für Coachs
- ▶ Methodenunterstützung
- ▶ Aufstellungsarbeiten in 3-D-Räumen

Diese Plattformen sind in der Regel speziell für Coaching entwickelt und orientieren sich an den Bedürfnissen von Coach und Coachee – oftmals in Zusammenarbeit mit Hochschulen. Die Daten werden zentral auf einem Server gesammelt und über Passwortschutz nur dem jeweiligen Klienten und Coach zugänglich gemacht. Der Coach kann innerhalb seines

Arbeitsbereiches mehrere Kunden „verwalten". Häufig funktioniert die komplette Interaktion über die Plattform. Also beispielsweise auch Erinnerungsfunktionen an zugeordnete Aufgaben. Diese Plattformen unterstützen den Coach häufig mit Prozessstrukturen und vorbereiteten Interventionen oder Bildmaterial. Für diesen Service bezahlt der Coach, je nach Lizenzmodell, Gebühren an den Anbieter. Dafür bekommt er zusätzlich teilweise Supervision oder Austauschforen mit anderen Coachs zur gegenseitigen Unterstützung.

## Die Vorteile

### Viele denkbare Interaktionsmöglichkeiten

Da solche Plattformen eine breite Palette an Interaktionsmöglichkeiten bieten, sind alle Vorteile der jeweiligen Medien hier ebenfalls gegeben.

### Prozessführung erleichtert die Arbeit

Die Vorgabe von Coaching-Phasen und dazu hinterlegte Werkzeuge unterstützen den Coach gezielt während des gesamten Prozesses. Der Fokus kann zum Großteil auf die Anwendung gelegt werden.

*Coaching-Werkzeuge inklusive*

### Automatisierte Dokumentation

Da Coach und Coachee sich im gleichen System befinden (über Passwortzugang) und die Plattform während des gesamten Prozesses als Arbeitsgrundlage nutzen, werden alle Gespräche, Notizen, Arbeitsergebnisse automatisiert dokumentiert und zeitunabhängig zur Verfügung gestellt.

### Kombination von synchroner und asynchroner Anwendung

Coach und Coachee treffen sich zu definierten Zeiten für die synchrone Arbeit. Darüber hinaus nutzen beide die Plattform zu individuellen Zeitpunkten, um Vor- und Nachbereitungen durchzuführen. Zusätzlich kann der Coach begleitende Aufgaben stellen, die in Einzelarbeit vom Coachee bearbeitet werden.

### Integrierte Tools sparen Vorbereitungszeit

Das hinterlegte Werkzeugportfolio (beispielsweise Reflexionsfragen, Bilddatenbanken, Vorlagen für Interventionen) ermöglicht dem Coach die Auswahl aus praxiserprobten Hilfsmitteln, die sofort einsetzbar sind.

### Qualifizierungsmöglichkeit

Wer eine hochwertige Plattform aufbaut, legt Wert auf gut qualifizierte Coachs. Deshalb werden oftmals hochwertige Weiterbildungsangebote als Einstiegsvoraussetzung bereitgestellt. Als Neuling im Online-Geschäft profitieren Sie vom Wissensvorsprung erfahrener Online-Coach-KollegInnen.

### Netzwerk

*Gegenseitige Unterstützung durch Expertennetzwerke*

Etablierte Plattformen verfügen über Expertennetzwerke. Die gegenseitige Unterstützung und das Lernen von Kollegen können Ihre persönliche Weiterentwicklung bereichern.

### Bei Full-Service-Plattformen haben Sie kein Risiko

Sie führen Ihr Coaching durch und bekommen fest vereinbarte Honorare ohne Ausfallrisiko. Sie melden bzw. tragen verfügbare Zeiten in dem Ihnen zugeordneten Terminkalender (im Tool) ein. Diese werden dann potenziellen Kunden angezeigt bzw. angeboten. Der Klient wählt sein Zeitfenster aus, das automatisiert auch in Ihren persönlichen Kalender gebucht bzw. mit den entsprechenden Kontaktdaten hinterlegt wird. Der Klient bezahlt die gewählte Zeit und Sie bekommen Ihr Honorar überwiesen. Bei gut frequentierten Plattformen ist dies eine relativ einfache Möglichkeit, den eigenen Kalender besser auszulasten – ohne eigene Akquise.

## Die Nachteile

### Kosten für Systemnutzung

Für die bereitgestellte Technik und das Know-how fallen Lizenz- und Nutzungsgebühren an. Meist sind sie gestaffelt nach der Anzahl der Kunden, für die die Plattform genutzt werden soll oder nach dem Funktionsumfang.

### Kosten und Aufwand für Qualifizierung

Teil eines erfolgreichen Netzwerks zu werden, bringt in der Regel die Nachweispflicht geeigneter Ausbildungen mit sich. Je nach Anbieter sind eigene Qualifizierungsprogramme zu durchlaufen, was Kosten verursacht.

### Begrenzung kann auch Einschränkungen mitbringen

- Je nachdem, wofür Sie sich entscheiden, sind Sie nicht „alleiniger Herr" über Ihr Geschäft. Nutzen Sie integrierte Systeme, die Ihnen die Prozessführung erleichtern, bleiben die Kunden zwar Ihre. Aus wirtschaftlicher Sicht sind Sie jedoch vielleicht gezwungen, Ihr komplettes Online-Geschäft über diese Plattform abzuwickeln (um die Kosten zu decken).
- Bei anderen Systemen fungieren Sie ausschließlich als „Dienstleister" und führen das Coaching durch. Die Kunden sind dann nicht Ihre Kunden.
- Sie werden bei der Nutzung vorbereiteter Tools nicht gezwungen, kreativ zu werden. Vielleicht entgehen Ihnen Chancen, eigene Lieblingsinterventionen in den virtuellen Kontext zu übertragen.

Der Markt ist dermaßen stark im Umbruch und im Wachsen begriffen, dass es keine vernünftige Übersicht gibt. Die im Buch genannten Anbieter sollen Ihnen einen ersten Eindruck der Möglichkeiten vermitteln. Dies ersetzt keinesfalls die eigene ausführliche Beschäftigung mit dem passenden Angebot für Ihr Business. Es ist Ihre Aufgabe, herauszufinden, ob und welche Plattform für Sie und Ihr Geschäftsmodel passt.

Die englischsprachige Plattform Pluform (*www.pluform.com*) bietet umfassende Funktionen an. Auf der Plattform organisieren Sie den Kontakt mit Ihrem Kunden und arbeiten über die Plattform mit ihm zusammen. Sowohl Video-Chat als auch schriftliche Konversation sind vorgesehen. Ein 3-D-Raum ist derzeit nicht integriert.

*Aktuelle Anbieter*

Prof. Dr. Elke Berninger-Schäfer, ebenfalls eine der Pionierinnen des Online-Coachings, hat mit ihrer CAI®-Plattform und der darin integrierten CAI®-World ein Komplettpaket für Coachs aufgebaut. In ihrer engen Zusammenarbeit mit der Wissenschaft entstand umfangreiches Studienmaterial zur Wirksamkeit von Coaching und im Speziellen von Online-Coaching. Sie ist auch selbst Autorin einiger Standardwerke zum virtuellen Coaching.

## Auszug: Coachingformate der CAI® World

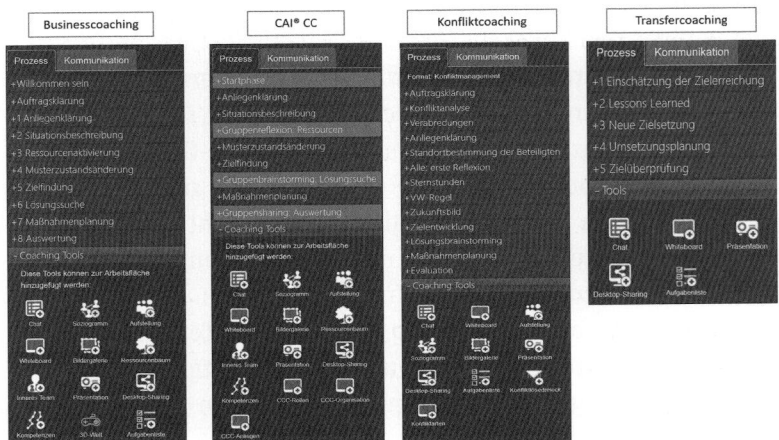

Abb.: CAI®-World (aus Digital Leadership, 2019)

In ihrer CAI®-World (*www.cai-world.com*) sind folgende Features und Tools hinterlegt:

▶ Kommunikationswerkzeuge Chat, Telefonie und Video
▶ 2-D- und 3-D-Räume (Whiteboard, Dokument Sharing, Avatare)
▶ Selbstcoaching-Tools und Apps
▶ Klienten- und Sitzungsverwaltung (inkl. Statistik und minutengenauer Abrechnung)
▶ Foren-, Wissens- und Dokumentenseiten
▶ Coaching-Phasen mit hinterlegten Arbeitsmaterialien wie z.B. Fragensets, Soziogramm, Inneres Team, Bildmaterial, Aufstellungsfiguren, Ressourcenbaum, Symbole

- ▸ Möglichkeiten der individuellen Konfiguration (eigenes Material, individuelle Inhalte)
- ▸ Qualitätsstandards und Ethikrichtlinien, wissenschaftliche Evaluation
- ▸ Support
- ▸ Coach-Datenbank und Austauschforen

Wer bereit ist, selbst Arbeit in die Lernumgebung für seine Klienten zu stecken und mehr bieten möchte als isolierte Online-Sitzungen, dem bietet sich die Möglichkeit, sogenannte Lernmanagementsysteme zu nutzen. Ein Beispiel dafür ist moodle (*www.moodle.com*). Für die Nutzung der kostenfreien Version ist allerdings ein gewisses Maß an technischem Grundwissen und Spaß daran Voraussetzung. Grundsätzlich stellt moodle virtuelle Kursräume zur Verfügung, in denen Arbeitsmaterialien bereitgestellt werden können. Lernaktivitäten können verfolgt und getrackt werden. Die Zulassung der Teilnehmer kann frei oder mit Passwort erfolgen. Als Arbeitsmaterialen kommen Texte, Links, Dateien, Tests oder Aufgaben in Frage. Als Kommunikationsmodule sind Chat, Foren, Messenger-Dienste und ein Wiki vorgesehen. Schnittstellen zu virtuellen Klassenräumen sind problemlos konfigurierbar. Für Coaching-Prozesse in Gruppen ist es denkbar, individuelle Gruppenräume aufzubauen und über einen definierten Zeitraum darin gemeinsam zu arbeiten. Mit etwas Kreativität und Umsetzungsgeschick entsteht so Ihre eigene Coaching-Plattform. Bitte unterschätzen Sie den Aufwand dafür jedoch nicht. Vielleicht sind Sie nicht ausschließlich als Coach unterwegs, sondern auch als Trainer. Dann ergeben sich hier neue Möglichkeiten der virtuellen Arbeit.

*Lernmanagementsysteme*

Inzwischen entstehen auch integrierte Systeme, bei denen die komplette Auftragsabwicklung über eine Plattform läuft (also von Angebotserstellung bis Bezahlung bzw. Mahnwesen). Der Coach muss sich ausschließlich um die Arbeit mit dem Kunden kümmern. Hier kommt es darauf an, wie viel Freiheit Sie aufgeben bereit sind und wie viel Vertrauen Sie in den jeweiligen Anbieter haben.

*Integrierte Systeme*

## Reflexionsfragen

Welche Erfahrungen haben Sie mit Coaching in Online-Plattformen?
▶ …

Wo könnten Sie dieses Format in Ihrem Business sinnvoll einsetzen?
▶ …

Woran müssten Sie noch arbeiten? Bräuchten Sie eine Weiterbildung?
▶ …

Welche Interventionen könnten Sie sich hier vorstellen?
▶ …

Was geht Ihnen dazu noch durch den Kopf?
▶ …

## Das sagen die Profis

### Ursula Diettrich

Sie haben Erfahrung mit den unterschiedlichsten Medien. Was ist Ihr favorisiertes Setting, also womit führen Sie Ihre Online-Coachings am liebsten durch?
„Witzigerweise, obwohl ich hier bisher ohne Live-Bild arbeite, mag ich die CAI® World am liebsten. Gerade, weil hier ein ‚echter' Coaching-Prozess stattfindet. Glücklicherweise bin ich so erfahren, dass ich es auch bei GoToMeeting™ oder Skype schaffe, den roten Faden zu behalten. Aber manchmal empfinde ich diese starke Kamerapräsenz hier als Nachteil für die Arbeit."

Wie haben Sie sich vorbereitet auf das Online-Coaching?
„Aktuell eben die Ausbildung in der CAI® World, die ich noch in den nächsten zwei Wochen mit den letzten Lerncoachings beende. Neben viel Input mussten wir zweimal zwei komplette Einzelcoaching-Prozesse durchführen, dokumentieren und unser Vorgehen begründen. Begleitet wurden wir auch über unsere Peer-Coaching-Gruppe. Es gab viel Supervision und hilfreiches Feedback. Hilfreich ist bei der CAI® World zum Beispiel die automatische Protokollfunktion. So ist man auch selbst in der Lage, den Prozess und die Sitzungen nochmals auszuwerten und daraus zu lernen."

Was ist für sie der größte Vorteil der CAI® World im Vergleich zu den anderen Möglichkeiten?
„Man merkt, dass die Trainer, die für die CAI® World arbeiten, alle selbst eine fundierte systemische (oder andere) Coaching-Ausbildung haben. Das heißt, sie greifen alle auf Präsenzerfahrung zurück. Außerdem sind alle Prozessschritte vorbildlich eingehalten – praktisch nach Lehrbuch. Das mag manchmal dogmatisch erscheinen, macht aber auch Sinn. Als Coach habe ich Bildmaterial zur Verfügung, aus dem ich auswählen kann. Bei den Prozessschritten kann ich verschiedene Tools, wie zum Beispiel den Ressourcenbaum einsetzen. Oder problemlos mit dem Inneren Team, Aufstellungen oder dem Visualisieren sozialer Systeme arbeiten. Das entspricht ziemlich genau dem, wie ich Face-to-Face auch arbeite. Deshalb konnte ich ohne großen Aufwand schnell diese Tools nutzen."

Gutes Stichwort: Aufwand. Wie groß ist aus Ihrer Sicht der Aufwand, sich in der CAI® World einzuarbeiten?
„Ich finde, der Aufwand ist in Ordnung und steht für mich in einem guten Verhältnis zum Nutzen. Es kommt natürlich auf die Person an. Jemand mit einer gewissen Affinität zu Online-Tools, der einmal verstanden hat, nach welcher Logik die Plattform aufgebaut ist, findet sich relativ schnell zurecht. Denn der große Unterschied zu klassischen Live-Online-Interaktions-Plattformen liegt darin, dass ich als Coach meinen Klienten sehr strukturiert durch den vorbereiteten Klärungsprozess füh-

re. Im Dialog bleibe ich dabei entweder über die Chat-Funktion oder aber per Gespräch. Und trotz aller Prozessführung habe ich immer die Möglichkeit, Schritte zu überspringen, die Reihenfolge anzupassen oder auch Schritte komplett auszulassen. Meistens ist es jedoch schon gut, dass es diesen Ablauf der Prozessschritte so gibt."

Wie schaffen Sie emotionale Nähe im Online-Coaching?
„Ich bevorzuge es, wenn vorab die Möglichkeit besteht, sich zumindest einmal persönlich zu treffen. Dieses Kennenlernen und Beschnuppern, ob man miteinander arbeiten will. Dann kann man im Online-Coaching darauf aufbauen. Es funktioniert aber auch anders, denn in meiner Peer-Gruppe in der Coaching-Fortbildung öffnen wir uns komplett, obwohl wir uns noch nie im Leben gesehen haben. Ich kann nicht genau sagen, warum. Vielleicht ist es die Freundlichkeit in der Stimme, ein Lächeln, Zuverlässigkeit in den Absprachen. Ich denke, emotionale Nähe ist auch eine Sache von Erfahrung. Eine Erfahrung, die man sich im Laufe der vielen Jahre als Coach aneignet. Es hat einfach auch viel mit der eigenen Person zu tun. Denn ein eher distanzierter Typ wäre in dem Job vielleicht fehl am Platz."

### Anke Ulmer

Ist die viel diskutierte, fehlende emotionale Nähe zwischen Coach und Coachee der Online-Arbeit aus Ihrer Sicht überhaupt ein Thema?
„Eigentlich geht es um den Reflexionsprozess und den Lern- oder Entwicklungsweg des Coachees. Natürlich braucht dieser eine vertrauensvolle Atmosphäre. Aber ich glaube, es ist nicht korrekt zu sagen, dass die ‚Führungspersönlichkeit' des Coachs zentraler Faktor für das Vertrauen und die Nähe ist. Natürlich führe ich durch den Prozess, aber eigentlich bin ich viel mehr der Sparringspartner, der zur Reflexion anregt.

Und explizit zum Thema emotionale Nähe: Selbstverständlich schaffen wir diese auch online. Wenn man einen Menschen coachend begleitet, den man noch nie persönlich erlebt oder gesehen hat, sind die eigenen Antennen hochsensibel. Das gilt für den Coachee genauso. Es geht auch hier darum, einzuschätzen, ob ich mit dem Menschen auf der anderen Seite ‚kann'. Ob beide es fertigbringen, sich zu öffnen und aufeinander einzulassen. Und da spielen mehrere Dinge eine Rolle. Es ist z.B. nicht der ‚feine Zwirn' oder das eindrucksvolle ‚Entree' der Räumlichkeiten. Unser Auftreten, das Milieu, in dem wir uns bewegen, ist in der CAI® World eine saubere, professionelle Plattform. Für mich sind an dieser Stelle andere Themen wichtig: Der datengeschützte Raum, die IT-Sicherheit, die Intelligenz der Tools, das Coaching-Konzept und natürlich die eigene Haltung.

Und zum Vertrauen gehört dann auch meine persönliche Art und Weise der Kommunikation. Ich nutze die Stimmlage sowie sämtliche Stimm- und Sprachparameter. Denn das Coaching vollzieht sich a) über die Dinge des Prozesses und die Dokumentation, die auf dem Monitor zu sehen ist und b) eben auch durch meine ‚Präsenz' mit dem Werkzeug Stimme – wie spreche ich, was sage ich, wie setze ich meine Stimme ein? Und das gilt umgekehrt genauso: Die Stimme als Organ reflektiert seelische und körperliche Befindlichkeit.

Die Weiterbildung zum Online-Coach bereitet darauf vor, hochsensibel zu hören. Allerdings, das ist vielleicht auch ein interessanter Gedanke, ist Online-Coaching darin nicht wirklich anders als Präsenzcoaching. Es ist eben ergänzt um verschiedene neue Kompetenzen. Das Kompetenzprofil eines Online-Coachs erfasst einiges mehr, als für das Präsenzformat gefordert ist. In der Regel ist eine gezielte Weiterbildung notwendig. Ich muss zum Beispiel lernen, die Möglichkeit körperlicher Reaktionen beim Coachee zu thematisieren und abzufragen – so durchlaufen sie nicht nur meine persönliche Bewertung, wenn ich diese im Präsenzcoaching beim Klienten beobachte. Diese Technik kann genau diese Diskussionen und Erkenntnisse noch wertvoller machen. Im Online-Coaching bin ich noch viel intensiver am Nachfragen – ohne zu interpretieren. Ein Beispiel:

'Ihre Stimme hat sich für mich gerade ein bisschen verändert. Haben Sie es selbst bemerkt? Inwieweit hat sich Ihr Befinden geändert? Heißt das, dass es Ihnen jetzt ... geht?'

Eine andere Möglichkeit ist es, den Coachee im Visualisierungstool aufmalen zu lassen, wo genau im Körper er eine bestimmte Reaktion spürt. So entsteht für den Klienten eine zusätzliche Reflexionsschleife, die sehr wertvoll sein kann. Meine Unterstützung besteht dann in dem Impuls, dass sich der/die Klient*in auf die eigene körperliche Wahrnehmung fokussiert, statt dass ich diese allein für mich wahrnehme und womöglich beginne zu interpretieren."

Was ist die Intervention, die Sie am liebsten nutzen?
„Alles, was einen Wechsel des Mediums bedeutet. Ein Beispiel: Telefon-Coaching finde ich persönlich anstrengend. Warum? Weil ich quasi ausschließlich ‚im Wort' unterwegs bin. Sobald ich die Möglichkeit habe, in die Bilderwelt zu wechseln, schaffen wir einen ersten Schritt in die ‚Verflüssigung' des Zustandes. Ich meine damit, dass es mit Bildmaterial und verschiedenen Visualisierungsmöglichkeiten eher gelingt, Leichtigkeit einzuführen, in das spielerisches Element zu wechseln und damit den nötigen Abstand zu gewinnen, sodass sich der/die Klient*in selbst anschauen kann."

Wie verteilt sich Ihre Arbeit als Coach auf Präsenz und online?
„Tatsächlich arbeite ich inzwischen überwiegend online. Außerhalb der Weiterbildungs-Settings starte ich häufig im Präsenzformat und gehe dann in die Online-Arbeit über, wenn sich die Vorurteile auf Klientenseite ein bisschen gelegt haben und Vertrauen entstanden ist."

Coachen Sie auch komplett online, also gibt es die Kunden ohne Vorbehalte?
„Die gibt es auch, ja. Das ist oft auch in Unternehmen der Fall. Und selbst, wenn die Unternehmen nur ihre eigenen Kommunikationstools (z.B. Skype for business oder andere

*Telefonkonferenzsysteme) zulassen, ist das mit der CAI® World technisch kein Problem, weil man ja einen eigenen Workaround hat. Man kann die Plattform mit den Tools nutzen und die individuellen Konferenzsysteme für die Audiofunktion einbinden. Im Übrigen ist Online-Coaching in der Durchführung sehr diskret."*

Sehen Sie Grenzen in der medialen Kommunikation?
*„Nicht in der bzw. durch die mediale Kommunikation. Nein, die Grenzen sind nicht anders, als beim Präsenzcoaching. Es kommt immer dann zu schwierigen Situationen, wenn sich zeigt, dass ein Mensch nicht hundertprozentig seelisch gesund ist. Im vergangenen Jahr erlebte ich das selbst in einem Coaching-Prozess, bei dem ich immer wieder an den Grenzbereich stieß. Hier war der Umgang für mich online sogar leichter, denn das Herauslotsen aus kritischen Zonen ist einfacher. Ich kann Coachees immer wieder zur Autonomie und in den Prozess zurückführen, wenn ich dazu anleite, entstehende kritische Themen selbst aufzuschreiben.*

*Wirkliche Grenzen von Online-Coaching an sich sehe ich dann, wenn die Technik oder das Internet versagen, also z.B. die Zeiten für Download oder Upload nicht ausreichen, oder vielleicht, wenn ich als Coach in totalitären Staaten arbeite, wo ich nicht sicher sein kann, dass der virtuelle Raum vertraulich bleibt und die Daten geschützt sind.*

*Schon aus der Telefonseelsorge kennt man das Phänomen, dass die Offenbarungsneigung tendenziell größer ist, wenn man sich nicht Auge in Auge gegenübersitzt. Das passt auch ganz gut zu meiner eigenen Erfahrung, dass nämlich viele Coachees gerne auf das Angebot der Videoübertragung verzichten. Denn das Bild des Coachs präsent auf dem Bildschirm zu sehen, kann durchaus auch bedrohlich oder konfrontativ wirken. Mich persönlich würde das auch zu sehr vom Eigentlichen, dem Coaching-Prozess, ablenken.*

*Bei Gruppencoachings nutze ich die Kamera schon gerne zur Begrüßung und beim ‚Tschüss' sagen – es ist nett, wenn man sich zuwinkt. Aber dann schalte ich in der Regel ab."*

Was ist Ihr persönliches Highlight in Ihrer Arbeit als Online-Coach?
*„Ich habe schon viel mit Online-Coachinggruppen gearbeitet. Einmal habe ich aus der Praxis heraus in einer gewissen Not ein agiles Format entwickelt, welches möglich macht, dass praktisch fünf Personen in anderthalb Stunden simultan ihre Anliegen bearbeiten. Zwischengeschaltet gibt es Gruppenphasen, sodass am Ende alle fünf online gearbeitet, reflektiert und die Impulse von der Gruppe mit aufgenommen haben. Zu erleben, dass fünf Personen mit dem gleichen Tool arbeiten und (in diesem Fall mit Aufstellungen) dabei ganz unterschiedliche kreative Darstellungen ihrer jeweiligen Situationen entstehen, das sind Highlights! Das macht einfach richtig Spaß!"*

## Die Yacht – Kombination aus Luxus und Freiheit: Virtuelle 3-D-Lernwelten

Unser Gehirn lässt sich „leicht täuschen" und nimmt virtuelle Erlebnisse als Realität wahr. Ende des 19. Jahrhunderts löste ein schwarz-weißer Stummfilm in einem gut gefüllten Pariser Café gehörig Unruhe aus. Auf der ersten öffentlichen Filmvorführung der Welt wurde der Kurzfilm „Die Ankunft eines Zuges auf dem Bahnhof in La Ciotat" der Gebrüder Lumière gezeigt. Ein Zug rollte im Film auf die Zuschauer zu. Es entstand schlagartig Panik im Raum. Es gab Geschrei, viele duckten sich, einige flüchteten sogar aus dem Raum, weil sie fürchteten, von der Lok überrollt zu werden. Unser Gehirn taucht in virtuelle Realitäten vollständig ein. Die sog. Immersion kann durch Messungen bewiesen werden. Virtuelle Erlebnisse sprechen exakt die gleichen Gehirnareale an, wie dieselbe Situation in einer echten Umgebung. Diesen Effekt machen sich virtuelle 3-D-Lernwelten zunutze. Inzwischen gibt es zahlreiche Forschungen rund um die Immersion. Einer der Koryphäen auf diesem Gebiet ist sicherlich Mel Slater von der Universität Barcelona.

*Immersion*

## 4. Online-Coaching – Welche Formate sind verfügbar?

*Vorreiter ist die Unterhaltungsindustrie*

Virtuelle Realitäten sind computergenerierte dreidimensionale Wirklichkeiten. Bereits in den 1990er-Jahren gab es den ersten Hype um Virtual Reality, obwohl die Technik noch lange nicht so ausgereift war wie heute. Sehr pixelig und mit zeitlichem Versatz erschienen die ersten Bewegungen in der 3-D-Welt. Was zunächst mit Computerspielen begann, findet inzwischen auch Einzug in die Berufs- und Lernwelten. Die Games-Branche sieht sich dafür als Wegbereiter: *„Beim Thema Virtual Reality zeigt sich zudem erneut, dass die Games-Branche Wegbereiter und Impulsgeber für die Anwendung neuer Technologien in anderen Branchen ist. Aufbauend auf der VR-Technologie aus Spielen sind Anwendungsmöglichkeiten bei verschiedensten Tätigkeiten und Berufen (Arzt, Handwerker, Designer usw.) oder neue Gestaltungsansätze in der Werbung oder Kunst denkbar oder befinden sich bereits in der Umsetzung. Bei Ikea kann dank Virtual Reality in der neuen individuell gestalteten Küche gekocht werden ... In der Medizin und in therapeutischen Anwendungen wird VR verwendet, um gegen Phobien vorzugehen oder Verhaltensstörungen zu behandeln. Relevant ist Virtual Reality auch für die Industrie 4.0: Das Fraunhofer Institut arbeitet beispielsweise an einem Holodeck 4.0."* (28.10.2018, Homepage des Verbands der deutschen Games-Branche, *www.game.de*)

Immer mehr Einsatzmöglichkeiten wecken das Interesse an Virtual Reality. Das zeigen Studien des Bundesverbands Interaktiver Unterhaltungssoftware:

Abb.: Das Interesse an Virtual-Reality-Brillen steigt (Quelle: BIU)

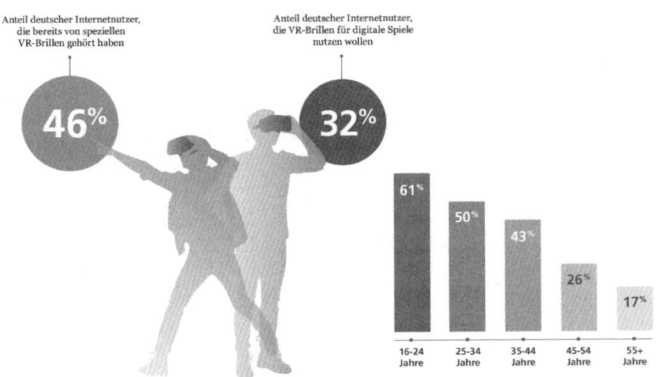

# Virtuelle 3-D-Lernwelten

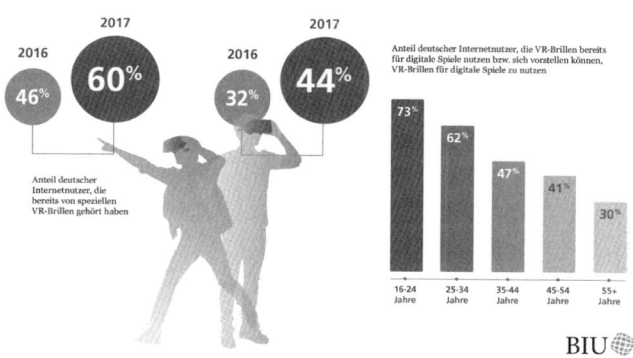

Abb.: Mehr als jeder vierte Deutsche kann sich den Kauf einer VR-Brille vorstellen
(Quelle: BIU)

Noch bewegen sich die Nutzungsmöglichkeiten schwerpunktmäßig im privaten Bereich. Doch der Einzug in die berufliche Bildung ist bereits in vollem Gange. Das zeigt sich beispielsweise auf den einschlägigen Fachmessen wie der LEARNTEC. Immer mehr 3-D-Lösungen kommen auf den Markt. Nicht für alle werden tatsächlich Virtual-Reality-Brillen benötigt. Im Umfeld der Lernsoftware reicht häufig „normale" Büroausstattung wie bei Videotelefonie (Webcam und Headset) vollkommen aus. Die Einstiegshürden sind relativ gering. Da scheint es naheliegend, die Möglichkeiten dieser technischen Entwicklung für Weiterbildung zu nutzen.

*Lernen mittels Virtual Reality*

Erste Erkenntnisse aus der Forschung gibt es bereits. Der Neurowissenschaftler Dr. Henning Beck referiert auf der Learntec 2018 unter anderem über das Lernen mittels Virtual Reality. Er bestätigte, dass das Eintauchen in eine virtuelle Szene vom Gehirn durchaus als „Wirklichkeit" wahrgenommen wird – im Sinne von Wirkung. Allerdings ist die Voraussetzung dafür eine einwandfrei funktionierende Technik. Das bedeutet, dass kaum Verzögerung vorhanden sein darf. Es kann einem buchstäblich schwindelig werden, wenn die Technik langsamer arbeitet als das Gehirn.

## AULA

Birgit Blohman untersucht in ihrer Masterarbeit an der Zürcher Hochschule für Angewandte Wissenschaften Nutzen und Wirksamkeit von Distanz-Beratung mittels Avataren. Technische Grundlage hierfür war die Virtuelle Realität namens AULA der vComm Solutions AG in Zürich. Die Themenfelder der betrachteten Coachings waren dabei breit gefächert, sodass die Erkenntnisse aus meiner Sicht auf sämtliche Coaching-Themen übertragbar sind. Ein paar Beispiele: Themen der Selbstorganisation, Karriereplanung, Umgang mit Meinungsverschiedenheiten, persönliche Verhaltensmuster. In der Versuchsgruppe kamen alle Coachees ihrem persönlichen Ziel näher. Die Ergebnisse legen die Aussage nahe, dass die Wirksamkeit des Coachings via Avatar anhand verschiedener Dimensionen belegt wurde. Neben allen empirisch erhobenen Daten sind vielleicht die O-Töne der Probanden/Probandinnen am spannendsten:

*O-Töne der Probanden*

| Hilfreiche Faktoren | Hinderliche Faktoren |
|---|---|
| „Ich denke, man hat weniger Hemmungen, die Wahrheit zu sagen, da man sich nicht live sieht." | „Negativ an der Beratung war nichts, leider hat bei einem Beratungstermin AULA nicht mehr funktioniert und ist abgestürzt. Die abrupte Trennung erfolgte, als ich mich gerade öffnete und das Gespräch sehr gut lief." |
| „Ich fand es super, die digitalen Möglichkeiten zu nutzen während der Beratung. Wir haben uns Bilder angeschaut und verkleinert und vergrößert, was in der realen Welt so nicht funktioniert hätte, aber es in der Beratung vereinfacht hat!" | „Keine nonverbale Kommunikation, welche sehr wichtig ist." |
| „Der Faktor Mensch spielt trotz der Virtualität eine Rolle." | |
| „Dass man sich austoben konnte. Sachen machen, die man sonst nicht machen kann (fliegen, unter Wasser gehen, …)" | |

Das zeigt wiederum, wie individuell die Wahrnehmung der Probanden in einem virtuellen Raum ist. Während die einen den Menschen dennoch wahrnehmen, fehlt den anderen der direkte Bezug zum Gegenüber. Es gibt kein „Richtig" oder „Falsch", kein „Funktioniert" oder „Funktioniert nicht". Einsatzmöglichkeiten und Wirksamkeit stehen in direkter Korrelation mit den Anwendern. Ein überzeugter Coach findet für sein Vorgehen den richtigen Kunden. Ein aufgeschlossener und technikaffiner Kunde sucht nach dem für ihn passenden Coach.

Für das Arbeiten im 3-D-Setting gibt es auf dem Markt inzwischen interessante Möglichkeiten. Hier ein paar Beispiele:

*Beispiele für Arbeiten im 3-D-Setting*

2009 – AULA: „Der Neuling unter den virtuellen Welten basiert auf der Open-Source-Software OpenSim und stellt Nutzern eine Reihe von Räumen zur Verfügung: ein Auditorium, drei Schulungsräume, einen größeren Schulungsraum, einen Raum für PowerPoint-Präsentationen sowie eine Halle, die zum Beispiel als Ausstellungsraum oder Einführungsparcours für neue Nutzer dienen kann. Jeder dieser Räume kann, ebenso wie die Landschaft, die den Komplex umgibt, individuell gestaltet werden. Im Gegensatz zu Second Life kann Aula nicht nur außerhalb der Organisation gehostet, sondern auch im Intranet hinter der Firewall des jeweiligen Unternehmens auf einem sicheren Server betrieben werden. Eine weitere Besonderheit: die Sprachunterstützung. Nutzer können per Chat und Instant-Messaging kommunizieren, aber auch ganz normal miteinander sprechen. Begleitet werden diese Gespräche durch Lippenbewegungen und Sprechgestik der Avatare. ‚Dieses begleitende Verhalten kann kulturell auch angepasst werden', erklärt Volker Gässler von vComm. ‚Schließlich untermalen Japaner ihre Worte mit anderen Bewegungen als wir.' Die einzelnen Komponenten von Aula können kostenlos genutzt werden. Kosten fallen an für Support, Beratung und individuelle Gestaltung." (*https://www.managerseminare.de/ta_News/,175296*, eingesehen am 05.03.2019)

Volker Gässler, der Gründer von vComm und Initiator von AULA, beschreibt sein Tool selbst mit folgenden Worten: *„Das Eintauchen in eine erlebbare virtuelle Welt wird durch das Zusammenspielspiel verschiedener immersiver Technologien erreicht: ein hochsensibles Voice-System mit niedriger Verzögerung, 3-D-Sound und automatischen Lippenbewegungen mit Sprechgestik, eine ansprechende grafische 3-D-Umgebung mit einer Reihe von Kollaborationswerkzeugen wie Pinboards und Flipchart, personalisierbare Avatare sowie ein leicht zugängliches Bedienkonzept ..."* (Website: *vComm.ch/aula/*, eingesehen am 05.03.2019) Interessant ist dazu auch das Interview mit Volker Gässler auf der LEARNTEC 2016 (Linkliste).

Tatsächlich bietet AULA derzeit zwei Schwerpunktthemen:

*Rollenspiel-Szenario* — Zunächst ein *Szenario für Rollenspiele* (z.B. Führungssituationen wie Mitarbeitergespräche oder Verkaufsgespräche, Verhandlung etc.), das sehr gut technisch unterstützt wird – komfortabel für den Trainer/Coach.

*Interaktive Workshops* — Der zweite große Bereich ist für *komplexe, interaktive Workshops* gedacht. Man befindet sich quasi auf einer großen Insel mit verschiedenen Zonen, die Immersion und Interaktivität unterstützen.

Abb.: Quelle AULA

Virtuelle 3-D-Lernwelten

Volker Gässler verfolgt mit AULA das Ziel, die Produktivitätslücke zwischen virtuellen Tools von Telefon bis 2-D und dem persönlichen Kontakt zu schließen:

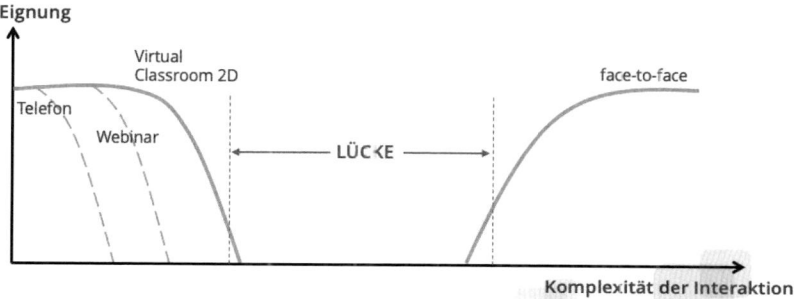

Fläche zwischen traditionellen Tools und face-to-face: LÜCKE
Komplexität für traditionelle Tools zu hoch
Kein Budget für Face-to-Face

Abb.: Produktivitätslücke (Quelle: AULA)

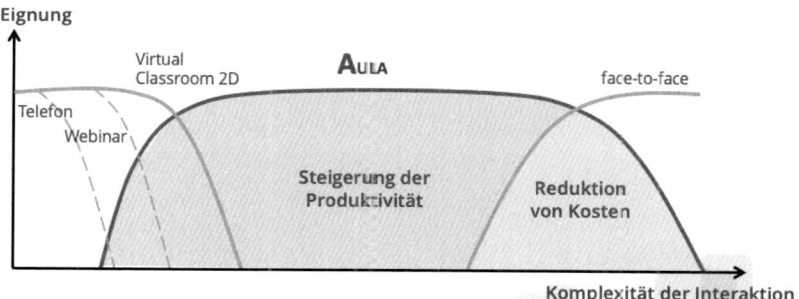

Das volle Potential mit AULA
Erhöhen Sie die Produktivität durch Überbrückung der Lücke
Sparen Sie Kosten durch Ersetzen von face-to-face Sessions

Abb.: Das Potenzial aus der Mitarbeiternähe (Quelle: AULA)

© managerSeminare

187

## 4. Online-Coaching – Welche Formate sind verfügbar?

Coaching-Szenarien wurden für einen Kunden bereits entwickelt, die Aufstellungsflächen mit Figuren oder unterschiedlichen Landschaften sind momentan jedoch nicht im frei buchbaren Setting enthalten. Was aber auf jeden Fall für Coachings – gerade für Teams – gut geeignet ist, sind die großen Aufstellungsflächen, auf die mehrere Bilder (z.B. als PowerPoint) geladen werden können. So werden Aufstellungen im Raum möglich. Beispiel Veränderungskurve:

*Große Aufstellungsflächen*

Abb.: Aufstellungen im Raum (AULA)

Es können auch in jedem Raum beliebig viele Pinnwände aufgestellt und bestückt werden. Oder über einen QR-Code das Tablet mit Stiftfunktion auf die Mediawall geladen werden. Visualisierung ist auf diese Weise schnell möglich. Derzeit wird an einer browserbasierten Version gearbeitet.

Ziel der AULA-Welt ist es immer gewesen, die Immersion zu fördern und einen „Wohlfühl-Charakter" zu schaffen. Beispiele dafür sind der Wasserfall oder auch die Garderobe, in der der Avatar jederzeit sein Outfit wechseln kann. Spielerei? Keineswegs. All diese Optionen haben den Hintergrund, spontane Interaktion zu fördern und damit Nähe zu generieren. Damit ist Volker Gässler 2007 angetreten und dieses Ziel verfolgt er auch heute noch mit der Weiterentwicklung von AULA.

Virtuelle 3-D-Lernwelten

## TriCAT spaces

Die beiden Gründer und Geschäftsführer der TriCAT GmbH starteten 2002 ihr Unternehmer. mit dem Plan, eine E-Learning-Firma aufzubauen. Beide kommen aus der Luftfahrt und sind selbst als Piloten geflogen. Ihr Ziel war es, eine Schulungsplattform zu entwickeln, die zunächst den angehenden und erfahrenen Piloten möglichst reale Trainingssituationen zur Verfügung stellt – mit allen Sinnen, aber ohne echtes Risiko. Sie merkten sehr schnell, dass die klassischen Ansätze von E-Learning bis dato nichts mit ihren Anforderungen zum Kompetenzaufbau am Arbeitsplatz zu tun hatten. Die Anforderungen der Lernenden waren deutlich komplexer und dynamischer, das konnten die bisher verfügbaren E-Learning-Plattformen nicht annähernd abbilden. Schon 2006 suchten sie deshalb nach Möglichkeiten, die näher an der realen Lernsituation ansetzen könnten. Erklärtes Ziel war es, realitätsnahe Lernsimulationen zu schaffen, die den Transfer nachhaltiger machen – und das weit über Flugsimulationen hinaus. Daraus entstand die avatarbasierte interaktive 3-D-Lern- und Arbeitswelt TriCAT spaces. So beschreibt TriCAT selbst die innovative Lernumgebung:

*Der Beginn: eine Schulungsplattform für Piloten*

„Das Raumangebot erstreckt sich von Meeting- und Trainingsräumen über Breakoutrooms bis hin zu speziell ausgestatteten Coaching-Szenarien inkl. Werkzeugen für Systemische Aufstellungen. Es stehen auch Freigelände wie z.B. eine Terrasse oder ein weitläufiger Garten zur Verfügung. Sie arbeiten, präsentieren, lernen und schulen, wie und wo Sie es möchten. Die 3-D-Handlungsumgebungen sowie die uneingeschränkten, kommunikativen und interaktiven Möglichkeiten bewirken ein vollständiges Eintauchen in Situationen und fördern ein spontanes, natürliches Handeln. Sie können mit Menschen an verschiedenen Standorten weltweit verbunden sein – gleichzeitig innerhalb eines Raumes – in Echtzeit. ... Mithilfe von Computermaus und Tastatur haben Sie direkte Kontrolle über Ihren Avatar. Wir legen großen Wert auf eine einfache und intuitive Bedienung. Sie werden Ihren Avatar bereits nach wenigen

*Minuten beherrschen. Außerdem haben Sie die Möglichkeit, die integrierten Selbstlernprogramme zu durchlaufen und sich somit maximale Sicherheit in puncto Bedienung Ihres Avatars zu verschaffen. Sie können sich ganz natürlich durch die Räumlichkeiten bewegen. Mit Ihrem Avatar können Sie die anderen Teilnehmer (Avatare) sehen und ansprechen. Sie können auch die Mimik und Gestik Ihres Avatars steuern, und wenn Sie sprechen, bewegt Ihr Avatar sogar die Lippen."* (http://www.tricat-spaces.net/tour/die-virtuelle-welt/, eingesehen am 05.03.2019)

TriCAT beteiligt sich kontinuierlich an Forschungsprojekten und Studien, die spannende Ergebnisse liefern und eindringlich verdeutlichen, dass unser Gehirn die dreidimensionalen Erlebnisse wie reale Erlebnisse verarbeitet. Es werden die gleichen Gehirnareale stimuliert und aktiviert. In der virtuellen 3-D-Umgebung von TriCAT fühlt man sich tatsächlich räumlich und sozial präsent, was dazu führt, dass soziale Interaktion stattfindet. Diese Ergebnisse stützen auch die umfassenden Forschungen von Mel Slater, Universität Barcelona.

*„In den letzten Jahren arbeiteten wir an der technischen Ermöglichung. Das ist jetzt nicht mehr der Schwerpunkt unserer Arbeit. Die Plattform läuft stabil und die Verfügbarkeit ist gewährleistet. Technisch ist beim Avatar das eigene Gesicht/ der eigene Körper schon möglich und selbst haptische, taktile und olfaktorische Reize sind machbar. Aktuell ist die Herausforderung, das Mindset für die 3-D-Arbeit zu schaffen und die 3-D-Welt didaktisch und methodisch mit Leben zu füllen."* So der Gründer und Geschäftsführer Markus Herkersdorf im Interview am 16.01.2019.

*Einsatz vno KI*

*Projekt EmpaT*

Dabei setzt TriCAT auch auf Künstliche Intelligenz. Gefördert durch das Bundesministerium für Bildung und Forschung realisierte das Unternehmen empathische Trainingsbegleiter für den Bewerbungsprozess. Im Projekt EmpaT koppelten sie erstmals eine Echtzeit-Analyse sozialer Signale mit einem emotionalen Echtzeit-Benutzermodell. Das ermöglichte es, das Verhalten eines interaktiven Avatars an die sozio-emotionale Situation eines Bewerbers im Gespräch anzupassen. Spannend: Den Probanden war bewusst, dass sie es mit einer künstlichen Intelligenz statt eines echten Gesprächspartners zu tun hatten und dennoch fühlte sich das Bewerbungsgespräch echt an. Selbst „peinliche" Schweigemomente oder „unsicheres" Lächeln wurden sehr genau erfasst. Die Probanden waren sich einig, dass ein sehr realer Dialog zustande kam und sie sich emotional in einem sehr realen Gespräch gefühlt hatten. Weitere Infos dazu gibt es auch im Internet (*www.empat-projekt.de*).

*„Ich bin fest überzeugt, dass ‚einfaches Standardcoaching' sukzessive durch künstliche Intelligenz ersetzt wird. Mittels Emotionserkennung und -auswertung sowie Musteranalyse ist das kein Problem. Das Berufsbild des Coachs wird sich dadurch verändern und der hoch qualifizierte Coach kann seine Expertise zeigen. Oder aber die KI übernimmt die Auftrags- und Zielklärung im Vorfeld. Vieles ist denkbar"*, so Markus Herkersdorf im weiteren Verlauf des Gesprächs – natürlich vor Ort im virtuellen Coaching-Szenario. Ganz nebenbei flackert das Lagerfeuer und wir befinden uns quasi unter freiem Himmel.

Speziell für Coaching-Sitzungen stellt TriCAT spaces eigene Szenarien zur Verfügung. Die Terrasse mit Teich und Kois, Aufstellungsflächen mit Körpern, in die man auch tatsächlich eintauchen oder die man in Vogelperspektive überfliegen kann. Alle Perspektiven sind einfach einzunehmen und bringen neue Blickwinkel. Es gibt Skalen, die eingeblendet werden können und Mediawalls, auf die auch Bilder geladen werden können. Doch auch im Freien – auf der Parkbank, an besagtem Lagerfeuer, beim Spaziergang oder beim Schachbrett, das wiederum für Aufstellungsarbeit hilfreich ist. Das ist erst der Anfang. Ich persönlich bin von der 3-D-Welt fasziniert und halte mich sehr gerne mit meinen Klienten darin auf.

*Coaching-Szenarien*

## 4. Online-Coaching – Welche Formate sind verfügbar?

Abb.:
Der Eingangsbereich
(TriCAT)

Abb.: Gesprächssituationen

 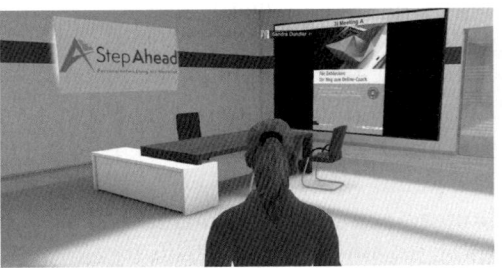

Abb.: Den Weg zum Ziel visualisieren (TriCAT)

Man muss nicht gleich eine individuell customized 3-D-Welt beauftragen. Die Räume können auch in Paketen stundenweise gebucht werden – auf das persönliche Konto werden Credits geladen, die dann mit der Nutzung verrechnet werden. Und auch dort ist das eigene Logo oder eine persönliche Begrüßung an der Mediawall (z.B. „Herzlich Willkommen, Frau Dundler!") einfach selbst umzusetzen. Ergänzend bietet TriCAT spaces eine „Train the Trainer"-Schulung an, in der die technischen Möglichkeiten und Funktionen vermittelt werden. In Kleingruppen mit max. drei Teilnehmern werden Sie in 90 Minuten zu einem fairen Preis befähigt, den Raum für Ihre eigenen Zwecke sicher zu nutzen.

## LPScocoon

Speziell für die Aufstellungsarbeit hat Christiane Grabow ein eigenes Tool mit Namen LPScocoon entwickelt. *„Die Online-Aufstellung erfolgt über eine interaktive Software, auf die Klient und Berater zeitgleich zugreifen können. Alle Aktionen werden simultan an beide Partner übertragen. ... Während einer Online-Sitzung kommuniziert der Ratsuchende mit dem professionellen Berater oder Coach über das Telefon. Der Klient stellt, wie in der realen Aufstellung, mit seiner Auswahl aus den angebotenen Symbolsteinen seine Fragestellung räumlich dar. Der Berater sieht zeitgleich das aufgestellte System und leitet mit Frageimpulsen die Aufstellung und den damit verbundenen Beratungsprozess über das Telefon an ... Die Plattform wird in Lizenz an Berater vergeben, die mit systemischen Aufstellungen Face-to-Face bereits Erfahrung haben. Mit der Lizenz erhält der Berater seine eigene Website, die Zugangsberechtigung auf die Berater-Software und eine Datenbank, sodass er unabhängig eigene Beratungen durchführen und verwalten kann."* (http://www.lpscocoon.de/html/die_innovation_2008.php, eingesehen am 06.03.2019)

*Tool für Aufstellungsarbeit*

## ProReal

Eine andere Plattform für 3-D-Arbeit bietet seit 2013 ProReal, allerdings englischsprachig. Auf der Homepage beschreiben die Tool-Betreiber ihr Angebot wie folgt: *„The ProReal soft-*

*ware is an immersive, virtual-world technology platform that helps people create a visual representation of how they experience a situation, explore different perspectives and futures and solve problems. Clients enter a secure, virtual landscape and add avatars and props to create representations of real-world scenarios. It is a digital tool that can be used in a range of organisations and sectors by trained professionals."* (*https://www.proreal.world/faqs/*, eingesehen am 06.03.2019).

*Arbeit mit Avataren*

Der Mitgründer David Tinker arbeitete selbst über 20 Jahre als Entwicklungscoach. Die Avatare sind keine natürlichen Personen, sondern eher bunte Figuren in ungefährer Menschengestalt ohne Gesichter oder Kleidungsstücke. Laut den Entwicklern haben sie ihre Avatare mit Klienten aus aller Welt getestet und empfanden diese Darstellung als die effektivste Variante. Neben den Avataren sind Symbole wie etwa eine Uhr, Brücken, Mauern oder ein Gartentor verfügbar, die zum Beispiel in einer Landschaft positioniert werden können. Die Räume sind entweder leer oder mit vorbereiteten Landschaften verfügbar. Coach und Coachee sind per Audio verbunden. Das Unternehmen bietet zum Beispiel Anwenderschulungen in Form von Webinaren oder Nachschlagewerken an.

Neben privaten Unternehmen fördern Universitäten und das Bundesministerium für Bildung und Forschung in Deutschland die weitere Entwicklung von 3-D-Lernplattformen und die Nutzbarkeit in der betrieblichen Weiterbildung. Es werden vermutlich weitere Anbieter mit interessanten Lösungen folgen.

Lieben Sie das Neue, noch Ungewohnte? Vielleicht auch ein bisschen exklusiver? Dann sollten Sie es selbst einmal mit einer virtuellen dreidimensionalen Umgebung versuchen. Wie vorangegangen erläutert, ist die 3-D-Welt eine holistische Kopie unserer physisch-realen Umgebung. Das bedeutet, Sie und Ihr Coachee schlüpfen in einen Avatar. Der Avatar ist Ihr grafischer Stellvertreter, also eine fiktive, softwarebasierte Bildschirmgestalt eines realen Nutzers in virtuellen Welten (Gabler Wirtschaftslexikon, 2018). Diesem können Sie eine individuelle Note verleihen, da meist Kleiderfarbe, Art der Kleidung, Haarfarbe und Frisur und Accessoires wie eine Brille wählbar sind. Es können auch mehrere Personen als Avatare im Raum auftreten, was für Gruppencoachings eine absolute Bereicherung ist, da in Echtzeit miteinander gearbeitet wird. In den 3-D-Welten stehen Ihnen verschiedene Raumkonzepte per Klick zur Verfügung. Bewegen Sie sich auf einer Terrasse oder im Grünen oder nutzen Sie einen klassischen Besprechungsraum. Auch Aufstellungsräume sind häufig verfügbar. Grundsätzlich ist an Technik einiges vorhanden, wie z.B. große Mediawände, an denen Sie Bilder hochladen können. Oder Whiteboards, Flipcharts, Mediatheken etc.

*Verschiedene Raumkonzepte, verschiedene Technik*

Dr. Christopher Rauen bestätigt in seinem Coaching-Newsletter vom April 2017, dass Virtuelle Realitäten (VR) mit ihren Möglichkeiten perfekte Lern- und Entwicklungsumgebungen bieten werden: *„So existieren längst schon sogenannte ‚VR-Therapien', die erfolgreich für die Behandlung von Angststörungen und Phobien eingesetzt werden (Diemer et al., 2013). Dies zeigt das Potenzial der Virtual Reality im Bereich Coaching und Weiterbildung auf: Zum einen können damit nahezu perfekte Lern- und Entwicklungsräume gestaltet und hochindividualisiert auf die Bedürfnisse von Klienten zugeschnitten werden. Damit eröffnen sich für Coachs neue Wege: In virtuellen, optimal gestalteten Lernumgebungen kann intelligente Software zur Selbst- und Situationsreflexion und gewollten Selbstentwicklung des Klienten beitragen."*

*Perfekte Lern- und Entwicklungsumgebungen*

Auch Vera Birkenbihl attestierte der Virtuellen Realität phänomenale künftige Möglichkeiten, denn (so schrieb sie in ihrem Bestseller „Stroh im Kopf"): *„Simulation ist für das Gehirn von ‚echt' de facto nicht zu unterscheiden."*

Im Jahr 2017 eroberten Alexa, Google Home und Microsoft Cortana bereits die ersten Deutschen Wohnzimmer. Was zunächst eher verspielt anmutet, zeigt einen Trend auf, wohin sich unser Verhalten gegenüber künstlicher Intelligenz entwickeln wird. Es drängt sich doch geradezu auf, die Vorteile dieser 3-D-Welten auch für das Lernen und die persönliche Weiterentwicklung zu nutzen.

## Die Vorteile

### Das Erlebnis

*Erstaunlich real*

Die 3-D-Welt bringt mehr „echte" Erfahrung in die Coaching-Situation. Es fühlt sich erstaunlich real an, wenn man sich erst mal an die Bedienung des Avatars gewöhnt hat. Das funktioniert sehr intuitiv mit Maus oder Pfeiltasten. Aus den Augen des eigenen Avatars blicken Sie in den Raum, drehen den Kopf, setzen sich auf eine Bank.

### Aktivität

Die Steuerung und Perspektive des Avatars vermittelt das Gefühl von aktiver Teilnahme. Die Stimulation ist höher als reines Sitzen vor dem PC.

### Realistische und somit nachhaltige Lernerlebnisse

Trainings von belastenden Situationen oder komplexen Abläufen werden bereits virtuell durchgeführt. Beispiele sind schwierige Operationen, Übungen zum Verhalten bei einem Flugzeugabsturz o.Ä. Was hindert uns daran, auch weniger „gefährliche" Situationen in der virtuellen Welt nachzuempfinden? Nur unsere Einstellung. Wer sich selbst auf persönliche Erlebnisse im virtuellen 3-D-Raum einlässt, merkt schnell, welche Möglichkeiten sich ergeben. Denn unser Gehirn trennt die virtuelle Erfahrung emotional nicht scharf vom echten Erleben. Und warum „entführen" wir unsere Coachees immer wieder in ungewöhnliche Settings (Hochseilgarten, Wanderungen, Tierchoachings etc.)? Um ein Erlebnis zu schaffen, das nachhaltig wirkt.

## Simulation

Der 3-D-Raum ermöglicht eine Vielzahl an unterschiedlichen Simulationen. Das ist einerseits bereichernd bei technischen Schulungen (weil sich Modelle bewegen und Funktionen getestet werden können), aber auch bei räumlichen systemischen Aufstellungen. Verschiedene Perspektiven werden durch Herumgehen, Stehen oder Sitzen, oder durch die Betrachtung aus der Vogelperspektive problemlos einnehmbar. Des Weiteren ist es möglich, den Coachee in eine nahezu echt anmutende Situation zu versetzen, in der er seine Lösungsstrategien testen kann, und das gänzlich ohne zusätzlichen Aufwand.

## Einfache Beschaffung

3-D-Räume können ebenso simpel gebucht werden, wie virtuelle Klassenzimmer. Häufig sogar ohne Vertrags- oder Lizenzbindung, einfach für die konkrete Sitzung oder das Teamcoaching. Bezahlt wird nach Anzahl Teilnehmer und Sitzungsdauer. Gute Anbieter unterstützen den Coach oder Trainer auch mit preislich attraktiven Technik-Basisschulungen. Das ist sinnvoll, wenn schon Erfahrung mit Online-Coaching-Tools (ich meine damit nicht E-Mail) besteht. Sollten Sie gänzlich neu auf diesem Gebiet sein, empfehle ich eine ausführlichere Weiterbildung mit didaktischen Hintergründen in Bezug auf Online-Lernen (Adressen guter Anbieter finden Sie in der Linkliste im Download-Bereich).

## Geringe Einstiegshürden

„Normale" Technik reicht völlig aus. Mit einem Standard-Rechner oder Laptop mit einer 2-Ghz-Prozessorleistung, einer vernünftigen Grafikkarte, einer Maus und einem Headset sind Sie schon gut ausgerüstet. Dazu noch DSL6000 oder mehr (3000 ist das Minimum) – und Sie können loslegen.

## Erfahrungen im Gruppencoaching werden möglich

Teams treffen sich im virtuellen Raum und treten wie in einem „echten" Raum in Interaktion. Jeder wählt frei seine

*Gruppencoaching*

Blickrichtung, seine Position im Raum, ob er sitzt oder sie steht, wann er spricht.

## Die Nachteile

### Übung ist erforderlich

Der Umgang und die Steuerung des Avatars bedarf etwas Übung.

### Erlebnis ist begrenzt

Das Gefühl endet bei olfaktorischen, gustatorischen und haptischen Wahrnehmungen. Diese Sinneskanäle sind (noch) nicht erlebbar.

### Anstrengend fürs Gehirn

*Ermüdungseffekte*

In der virtuellen Realität laufen wir herum, in Wahrheit sitzen wir auf dem Stuhl. Die Einordnung dieser widersprüchlichen Signale fordert unser Gehirn, das Höchstleistung bringen muss. Die Ermüdung erfolgt dementsprechend schneller als bei einem anderen Setting. Beachten Sie dies bei Ihren Einheiten.

### Studien zur Auswirkung auf die Augen (speziell beim Einsatz von 3-D-Brillen) fehlen

Bisher gibt es kaum Studien über die Auswirkung von 3-D-Brillen auf die Augen. Ausnahme: Bei Kindern bis 12 Jahren kann längeres Nutzen Kurzsichtigkeit fördern.

## Hilfreich für erfolgreiches Coaching im virtuellen 3-D-Raum

*Rundgänge*

- ▶ Ermöglichen Sie Ihren Coachees vor der Sitzung einen Rundgang – entweder allein oder mit Ihnen gemeinsam im virtuellen Raum. Ihr Coachee muss sich erst zurechtfinden – je nach Technikaffinität.

## Virtuelle 3-D-Lernwelten

- Planen Sie vor allem vor den ersten ein bis zwei Sitzungen Puffer für technische Schwierigkeiten ein. Es ist ärgerlich, wenn Ihre kostbare Coaching-Zeit für Problembehebung verloren geht.
- Animieren Sie Ihren Coachee, sich zu bewegen. Er könnte alle Mediawalls einfach bedienen, ohne seinen Avatar zu nutzen. Fordern Sie ihn immer wieder auf, aufzustehen, sich zu bewegen, zur Wall zu kommen …
- Verzichten Sie auf das „beamen". Sie möchten realitätsnahes Erleben erreichen. Deshalb ist es zielführend, dass Sie auch für die Fortbewegung über Stockwerke hinweg die Treppe oder den Aufzug nutzen und nicht einfach Ihren Coachee durch die Räume „beamen".
- Planen Sie gerade am Anfang kurze Sequenzen ein. 90 Minuten sind eine gute Faustregel. Gehen Sie behutsam vor, wenn Ihr Coachee sich in der Welt der Avatare noch nicht so gut auskennt. Die neue Dimension virtueller Arbeit kann überfordern. *Anfangs lieber kurze Sequenzen*
- Und verwirren Sie Ihren Coachee nicht durch stetig wechselnde Kleidung und grelle Farben. Ich selbst wähle maximal dezente Veränderungen zum Beispiel der T-Shirt-Farbe bei mehreren Treffen meines Klienten – so ist ihm mein Anblick vertraut.

## Beispiele für Interventionen im Coaching mittels Virtueller Realität

### Die Fishbowl-Methode als Gruppenintervention

Intention ist es, eine Gruppe zu bestimmten Schlüsselfragen in intensive Diskussionen zu bringen und diese zu kanalisieren. Der Name Fishbowl leitet sich von der Sitzordnung ab, da die Diskussionsteilnehmer wie in einem Goldfischglas im Kreis sitzen, während die restlichen Teilnehmer im äußeren Kreis platziert sind.

Es gibt klare Regeln für die Diskussion:

- ▶ Gesprochen wird ausschließlich im inneren Kreis
- ▶ Es spricht immer nur eine Person
- ▶ Im Innenkreis gibt es einen freien Stuhl, auf den sich jede Person aus dem Außenkreis setzen und sprechen kann
- ▶ Nach dem Redebeitrag kehrt die Person in den Außenkreis zurück

*Annäherung an ein Thema*

Diese Methode eignet sich sowohl zur Annäherung an ein Thema, das die Gruppe/das Team beschäftigt als auch zur Vorbereitung der finalen Einigung. Beispielsweise wenn vorher Kleingruppenarbeiten im 3-D-Raum stattgefunden haben und die Ergebnisse im Planum geteilt werden. Sämtliche Aufstellungen sind möglich.

### Neurologische Ebenen

Die neurologischen Ebenen nach Dilts oder die Walt-Disney-Methode funktionieren ebenfalls hervorragend im 3-D-Raum. Statt nur zu visualisieren (wie im Abschnitt „Virtuelles Klassenzimmer" auf Seite 155 ff. beschrieben), stellt sich der Coachee mit seinem Avatar auf die jeweiligen Positionen. Denn es ist möglich, auch am Boden Präsentationsflächen zu aktivieren und so sämtliches Bildmaterial „begehbar" zu machen.

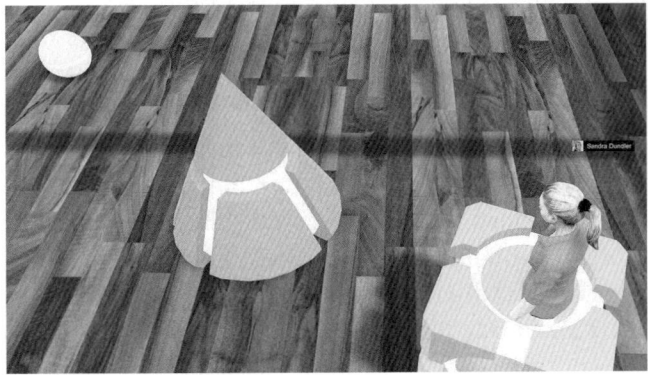

Abb.: Eintauchen in die Aufstellung: „Ich kann mein Ziel aus dieser Perspektive nicht sehen." (Quelle: TriCAT)

## Virtuelle 3-D-Lernwelten

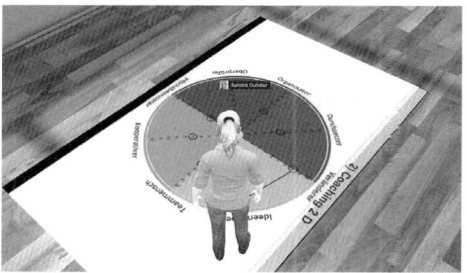 

Abb.: Aufstellung der Stärken mit dem 8S Stärkeprofil® (s. Seite 152)

### Konfliktlösung mit mehreren Positionen

Es geht darum, Konflikte aus einer Perspektive zu betrachten. Im 3-D-Raum eröffnen sich Ihrem Klienten die Möglichkeiten, die Positionen und damit auch die Blickwinkel der verschiedenen Positionen einzunehmen. So erhält er neue Einsichten und kann den Konflikt dissoziiert betrachten, d.h., weniger emotional damit umgehen. Im 3-D-Raum stehen zu diesem Zweck mindestens drei Stühle oder Positionen auf einer Aufstellungsfläche bereit. Ermutigen Sie den Klienten aus seiner Position auf den Konfliktpartner zu blicken und seine Situation, seine Sichtweise, seine Gefühle dabei zu beschreiben. Lassen Sie ihn im Anschluss die Position des Kontrahenten einnehmen. Was würde dieser darauf antworten? So entsteht ein fiktiver Dialog, den Sie so lange unterstützen, solange neue Erkenntnisse kommen.

*Perspektivwechsel bei Konflikten*

Im Anschluss bitten Sie Ihren Klienten, die Meta-Ebene eines neutralen Beobachters einzunehmen. Was würde dieser sagen, wenn er den Dialog bis hierhin verfolgt hätte? Alternativ könnten Sie einen Experten zu genau diesem Streitthema fiktiv als Berater einladen, der von Ihrem Klienten in seiner Expertise akzeptiert ist. Im anschließenden Transfer nimmt Ihr Klient seine eigene Position wieder ein und legt seine nächsten Schritte im Konflikt bzw. im Kontakt mit der betroffenen Person fest.

### Innere Bilder

*Die innere Bühne*

Eine Alternative der Arbeiten mit dem Inneren Team, die sich im 3-D-Raum anbietet, ist die Methode der „Inneren Bühne". Sie lassen die relevanten Akteure (Persönlichkeitsanteile) mit ihren unterschiedlichen Meinungen auf verschiedenen räumlichen Positionen zu Wort kommen. Wie würde ein momentan dazu passendes Bühnenstück aussehen? Was für ein Genre spielt sich dort ab? Die Aufgabe bis zum nächsten Termin würde dann lauten, dieses Bühnenstück zu einem passenden Zielbild zu beschreiben.

### Rollenspiele

*Nachstellen von Gesprächssituationen*

Das Nachstellen von Gesprächssituationen ist genauso wie das Betreiben von Rollenspielen im virtuellen 3-D-Raum sehr gut möglich, da sich Coach und Coachee in körperlicher Form gegenübersitzen. In relativ realitätsnahen Settings (je nach verwendeter Technik) können Gesprächsstrategien ausprobiert und eingeübt werden. Beispielsweise auch, einen Vortrag in einem großen Vorlesungssaal zu halten, wenn es darum geht, die Nervosität bei öffentlichen Auftritten oder Prüfungsängsten zu reduzieren. Das Telekommunikationsunternehmen Swisscom nutzt den virtuellen 3-D-Raum als Trainingsplattform für Kundengespräche, kombiniert mit Coaching durch Spezialisten. Ein nachgebildeter Verkaufsraum oder ein Telefonarbeitsplatz schaffen eine lebensnahe Situation.

---

Welche Erfahrungen haben Sie mit virtuellen 3-D-Lernwelten?
▶ …

Wo könnten Sie dieses Format in Ihrem Coaching-Business sinnvoll einsetzen?
▶ …

Virtuelle 3-D-Lernwelten

> Woran müssten Sie noch arbeiten? Bräuchten Sie eine Weiterbildung?
> ▶ ...
>
> Welche Interventionen könnten Sie sich hier vorstellen?
> ▶ ...
>
> Was geht Ihnen dazu noch durch den Kopf?
> ▶ ...

## Das sagen die Profis

### Anja Röck

Welche Tools setzen Sie bevorzugt ein?
„Momentan nutze ich das kleine oder große Coaching-Szenario von TriCat. Der Markt verändert sich kontinuierlich und es gibt immer wieder neue Angebote und Alternativen. Ein Beispiel dafür ist AULA, der Raum der vComm Solutions Zürich, das habe ich mir natürlich auch angesehen. Jedes System legt den Fokus auf andere Merkmale und hat seine Vor- und Nachteile. Es gibt hier keine allgemeingültige Empfehlung. Welches Angebot zu mir als Coach und zu meinem Klienten passt, muss jeder selbst herausfinden. Kriterien können sein, die Bedienbarkeit (müssen zum Beispiel Gesten wieder deaktiviert werden oder setzen sich diese nach einer gewissen Zeit selbst zurück), die Flexibilität der angebotenen Räumlichkeiten für die eigenen Anwendungsfälle usw. Ich persönlich bin zum Beispiel mit dem Einsatz von Mimik und Gestik eher zurückhaltend, deshalb spielen diese Merkmale in der Auswahl meines Raumes keine so große Rolle. Das sieht jeder Coach anders. Ich bin gespannt, was sich hier noch alles bei den Anbietern tut. Auf der LEARNTEC hat man immer gute Gelegenheiten, sich von den neuesten Entwicklungen ein Bild zu machen."

Wie nehmen Ihre Klienten die 3-D-Welt an?
*„Eine typische Frage meiner Klienten im 3-D-Raum ist die, warum sie sich selbst nicht sehen können. Man merkt, dass bei vielen eher die Erfahrungen aus dem Gaming-Bereich kommt. Man muss sie dann zunächst darauf aufmerksam machen, dass sie sich selbst in einem Präsenzsetting ja auch nicht sehen können. Oder nur ihre Schuhe, ihre Hände, ihren Unterkörper. Natürlich gibt es die Funktion, dass man seinen Avatar bzw. das gesamte Setting aus der Vogelperspektive betrachten kann. Aber viel spannender ist, dass sich sehr schnell ein ziemlich echtes ‚Präsenzempfinden' einstellt. Tatsächlich findet die Verarbeitung der Eindrücke, die ‚durch die Augen des Avatars' aufgenommen werden, im Kopf genauso gut statt, wie in einem gemeinsamen Raum. Im Raum von TriCat sind Aufstellungen möglich. Es gibt ein kleines und ein großes Coaching-Szenario. Dort können Figuren aufgestellt, eingefärbt, in der Größe verändert werden. Beziehungen sind damit abbildbar. Das große Coaching-Szenario bietet darüber hinaus Möglichkeiten, im ‚Freien' zu arbeiten. Sodass auch die Perspektiven verändert werden – also der weite Blick oder das freie Atmen und Ähnliches. Mit meiner Kollegin Isabell Hammermann-Merker hatte ich das Glück, dass wir bei der Gestaltung Einfluss nehmen durften. Zum Beispiel, dass in einem bisher leeren Raum ein Stuhlkreis geschaffen wurde. Dadurch werden auch Techniken wie die Fishbowl-Methode möglich. Oder eine Skala von 0 bis 10, die über eine Art Lichtschalter eingeschaltet und eingefärbt werden kann. Neu ist auch ein Bereich im Freien mit einem Schachbrett oder einem Lagerfeuer, an das man sich setzen kann. Immer, wenn es um das Thema hinter dem Thema geht, nutze ich, wenn möglich, den 3-D-Raum. Spannend ist wirklich dieses Echtheitsgefühl. Darum war auch der Stuhlkreis so wichtig. Denn wenn ich mit mehreren Teilnehmern eine Stunde oder länger im 3-D-Raum gestanden bin, hatten alle das Gefühl, in Wirklichkeit gestanden zu haben. Und dass, obwohl sie ja tatsächlich auf ihrem Stuhl vor dem Computer saßen! Denn unser Gehirn verarbeitet diese Impulse, als würden sie tatsächlich stattfinden."*

## 4.2 Ideen zum Weiterdenken

Spannend ist in diesem Zusammenhang, dass virtuelle Formate gänzlich neue Unterstützung bieten können. Stellen Sie sich vor, Ihr Kunde, die Führungskraft, hat keine Sparringspartner für Führungsthemen im eigenen Unternehmen verfügbar. Oder er möchte keine Führungsthemen mit Kollegen diskutieren, um seinen Mitarbeiter nicht bloßzustellen, oder die Firmenkultur erlaubt ihm keine vermeintliche Schwäche. In diesem Fall wäre eine kollegiale Fallberatung im virtuellen Klassenzimmer eine charmante Alternative. Mit einem geeigneten Moderator (Sie) und ein paar neutralen „Beratern", finden sich garantiert neue, hilfreiche Lösungsideen für sein Problem. Diese Art der kollegialen Fallberatung verschafft ihm zusätzlich eine gewisse Anonymität. Es reicht aus, wenn der Moderator, den er beauftragt, ihn kennt. Idealerweise bringt dieser geeignete Berater mit, die entsprechende Führungserfahrung aufweisen.

*Blick durchs Fernrohr: Was die Zukunft bringen könnte*

Der Online-Coaching-Markt unterliegt einer rasanten Entwicklung. Es ist schwierig, gute Angebote für die eigene Arbeit als Online-Coach herauszufiltern, dies kostet viel Zeit und Energie. Leider gibt es keine pauschal passenden Qualitätskriterien oder Empfehlungen. Jeder Coach muss für sich selbst die richtige Online-Strategie definieren und die nötigen Schritte gehen, sein Geschäftsfeld ausgestalten und adäquate Hilfsmittel auswählen. Und dabei geht es nicht nur um das passende Tool für den Coaching-Prozess. Nein, es gibt inzwischen Anbieter für die komplette Wertschöpfungskette, von der Akquise bis zum Nachinkasso. Für Sie als Coach stecken dahinter unterschiedliche Risiken, aber auch Chancen, die es gründlich zu durchdenken gilt. Ich persönlich lege viel Wert auf Nachvollziehbarkeit und hohe Qualität. Beides muss nachweislich im Angebot enthalten sein, um eine Zusammenarbeit zustande kommen zu lassen.

**Virtuelles Coaching**

*Förderung der Selbstkompetenz*

Einer der Pioniere des Virtuellen Coachings ist Prof. Dr. Harald Geißler, der eine der ersten Plattformen entwickelt hat (*www.virtuelles-coaching.com*). Sein Ziel ist die Förderung der Selbstkompetenz. Die Reise beginnt mit der Registrierung auf der Plattform. Dann wird der Klient durch ein Internetprogramm geführt, das ihn anleitet, aufeinander aufbauende Fragen schriftlich zu beantworten. Zusätzlich kann er sich Unterstützung durch einen registrierten Coach holen. Diese Unterstützung reicht von einfachem „Mitlesen" der Entwicklung über E-Mail-Kontakt bis hin zum regelmäßigen Telefoncoaching.

**Cooning**

*Cooning übernimmt Dienste wie Akquise, Terminplanung, Kundenbetreuung*

Ein spannendes Unternehmen für Online-Coachs ist zum Beispiel Cooning. Eine Online-Business-Coaching-Plattform speziell für größere Unternehmen, die ihre Mitarbeiter mit individuellem Coaching unterstützen möchten. Als zertifizierter Coach liegt Ihr Fokus ausschließlich auf dem Coaching-Prozess mit dem Kunden. Dienste wie Akquise, Terminplanung, Rechnungsstellung, Kundenbetreuung etc. werden komplett von Cooning übernommen. Sie stellen Zeitfenster zur Verfügung, zu denen sich die Klienten einbuchen können. Die Sitzungen finden via Zoom (Video-Chat-System) statt und Sie bekommen garantiert Ihr Honorar aufs Konto. Ansprechend finde ich persönlich, dass es sich um „handverlesene und zertifizierte Coachs" handelt, die in den Coach-Pool aufgenommen werden. Dafür bürgt Cooning-Geschäftsführer Jens Kraiss, weshalb er jeden (ausgebildeten) Coach persönlich auswählt. Im Anschluss ist ein Zertifizierungs-Prozess zu durchlaufen, der mit der Verhaltensanalyse auf Basis des Freiburger Erfolgsmodells startet und durch eine eigene Basisqualifizierung mit Ausrichtung auf Online-Coaching endet. Sollten Sie als Coach Ihre eigenen Prozesse mit Ihren Klienten digitalisieren wollen, bietet Ihnen Cooning auch das an. Sie können die Plattform quasi mieten, auf Ihr Coaching-Unternehmen branden und für Ihre eigenen Kunden verwenden (*https://cooning.de*).

**Im Praxisgespräch mit Jens Kraiss, CEO & Gründer von Cooning, am 06.12.2018**

Wie entstand die Idee zu Cooning?
*„Daran kann ich mich noch ganz genau erinnern. An einem sonnigen Morgen saß ich im Zug von München nach Stuttgart. Für meinen damaligen Arbeitgeber habe ich nebenbei im Zug gearbeitet und ich fand das Arbeiten im Zug einfach toll und inspirierend. Es hatte etwas von Freiheit und Unabhängigkeit. Ich hatte mich schon seit Längerem mit dem Thema Selbstständigkeit befasst, da ich nebenberuflich bereits als Coach arbeitete. Also musste es ein digitales und ortsunabhängiges Geschäftsmodell sein. Im Zug habe ich auch nach einer Sprachschule für unser damaliges Au-Pair gesucht und bin auf eine Online-Sprachschule gestoßen. Aus dieser Situation heraus kam dann der Gedanke, eine Online-Business-Coaching-Plattform zu entwickeln. Die ersten Aufzeichnungen zu Cooning sind dann noch im weiteren Verlauf der Zugfahrt entstanden."*

Was ist das Besondere an Ihrer Plattform?
*„Die Auswahl und Vermittlung von Coachs und die Durchführung von Coaching ist für Unternehmen sehr aufwendig – einmal zur Aufnahme in einen Coach-Pool, dann noch mal zur Vermittlung für ein individuelles Coaching oder zur Integration in Projekte und am Ende zur Freigabe des Mitarbeiters für die Durchführung. Daher entsteht ein Zielkonflikt zwischen dem Wunsch, einerseits auf einen sehr breiten, vielfältigen, qualitativ sehr guten Coach-Pool mit einfachen digitalen Prozessen zugreifen zu wollen und andererseits, den Aufwand zu minimieren. Mit Cooning haben wir diese Lücke mit einem digitalen Angebot geschlossen. An Cooning macht uns beson-*

*ders stolz, dass wir von der Online-Auftragsklärung bis zur Coaching-Durchführung digital sind. Das unterscheidet uns auch wesentlich von klassischen Matching-Plattformen, wo der Schwerpunkt auf das Matching Coach-Coachee liegt.*

*Die Entwicklung von Cooning ist in einer wissenschaftlichen Kooperation mit der Universität Salzburg, dem Freiburg Institut und ChangeFormat erfolgt. Dabei war uns besonders wichtig, die Evaluation des Coaching-Prozesses oder das Reporting auch digital abzubilden und z.B. Standards für den Einstieg in eine Coaching-Session zu schaffen. Weiter ist das Besondere, dass der Unternehmenskunde entscheiden kann, ob er unser Branding verwendet oder unsere Plattform komplett auf das CI seines Unternehmens anpasst. Da sind wir sehr flexibel und schnell.*

*Darüber hinaus machen unsere Coachs Cooning einmalig. Alle sind handverlesen aus unserem Netzwerk, persönlich bekannt und geschätzt. Die Voraussetzungen sind hoch und zusätzlich verwenden wir ein preisgekröntes Auswahlmodell (Basis sind die Freiburger Erfolgsfaktoren). Bis zum Zertifikat durch die genannten Kooperationspartner müssen unsere Coachs auch zusätzlich eine Qualifizierung im Online-Coaching durchlaufen. Reizvoll an dem digitalen Geschäftsmodell ist sicherlich auch die ortsunabhängige Zusammenarbeit von Coachee und Coach. Beide Akteure können das Coaching im Prinzip an jedem Ort der Welt durchführen (zumindest soweit die Vertraulichkeit gegeben ist). Damit sind wir auch deutlich kosteneffizienter und effektiver als Face-to-Face-Anbieter. Aktuell haben wir bereits auch Anfragen von Coachs und Coaching-Unternehmen, die unsere Plattform zur Organisation und Durchführung von Coaching-Sessions verwenden wollen. Das hatten wir am Anfang gar nicht im Blickfeld. So nutzt zum Beispiel die Beratungsgesellschaft Tommorrows Business GmbH als Unternehmenskunde unsere Plattform für Online Coaching mit eigenem Branding. Ziel ist es, die kundeneigene Effektivität, Kosteneffizienz und Qualität im Coaching erhöhen."*

Was muss ich als Coach für eine Zusammenarbeit mitbringen?
*„Gemeinsam mit dem Freiburg Institut, der Universität Salzburg und ChangeFormat haben wir für unsere Coachs einen Zertifizierungsprozess entwickelt. Erst wer die Voraussetzungen erfüllt, ein Aufnahmegespräch mit mir führt, die Prüfung zu erfolgsrelevantem Coaching-Verhalten besteht und die speziell entwickelte Qualifizierung durchläuft, wird in den Cooning-Coach-Pool aufgenommen und erhält das universitäre Zertifikat. Bei der Prüfung des Coaching-Verhaltens werden unsere Coachs auf Expertenniveau geprüft. Daher sollte man profunde Erfahrung als Business-Coach mitbringen. Genauso wichtig wie die Zertifizierung ist uns bei unseren Coachs die Cooning-Philosophie. Das bedeutet, Coaching ist für uns eine Herzensangelegenheit und damit sollte man mit Leidenschaft dabei sein. Wir erwarten eine absolut professionelle Haltung und höchste Qualität gegenüber unseren Kunden. In der Zusammenarbeit ist uns ein gegenseitiger, fairer und respektvoller Umgang wichtig. Für Cooning zu arbeiten bedeutet, digital zu arbeiten. Das ist für viele in der Branche noch neu und ungewohnt. Daher ist uns sehr wichtig, dass die Coachs bereit sind, sich auf die digitale Welt und Online-Coaching einzulassen. Das kann man erlernen – und da lassen wir unsere Coachs auch nicht im Stich. Wir führen regelmäßig und gerade am Anfang Learning Sessions online durch."*

Wie wird sich das Coaching-Business aus Ihrer Sicht in Zukunft entwickeln?
*„Die Frage ist nicht einfach zu beantworten, da sich bereits in den zwei Jahren, seit wir an Cooning arbeiten, extrem viel verändert hat. Klar ist, die Digitalisierung ist im Coaching-Business angekommen, einer Branche, die bis dato stark von erfahrenen Experten, die nicht immer digital sind, größtenteils analog geprägt war. Das hat sich stark verändert und wird sich weiter rasant entwickeln, da bin ich mir sicher. Der Trend ist klar weg vom Coach als Einzelkämpfer, hin zum Coach in einem großen Netzwerk, eingebunden in digitale Plattformen. Die Generation unter 30-35 Jahre wird in Zukunft derartige Leistungen vorzugsweise nur noch digital in Anspruch nehmen. Das kann man bei der Video-Arztsprechstunde gerade*

*intensiv beobachten. Ich kenne viele Unternehmen, die aktuell ihre Coaching-Prozesse auf den Prüfstand stellen und digitalisieren. In den nächsten Jahren wird insbesondere künstliche Intelligenz im Business-Coaching Einzug halten. Ich denke, da sind auch zunächst keine Grenzen gesetzt. Insbesondere im Life-Coaching oder Karriere-Coaching kann ich mir das sehr gut vorstellen, dass dies ein digitaler Coach zukünftig übernimmt. Gerade bei sehr komplexen Coaching-Prozessen wird aus meiner Sicht jedoch die Interaktion noch einige Zeit im direkten Kontakt mit einem menschlichen Coach erfolgen. Weiter sehe ich mit der Einführung von 5G-Mobilfunknetzen keine Grenzen mehr für ein ortsunabhängiges Coaching. Dies eröffnet aus meiner Sicht ganz neue Lösungen, sowohl für uns als Coachs als auch für die Kunden. Beispielsweise wird das Coachen mit Avataren dann überall möglich sein. Ich bin ja ein Vertreter des digitalen Coachings. Ich möchte dennoch eines anmerken: Ich kann mir gut vorstellen, dass es in 15 Jahren wieder eine Rückbesinnung in Richtung direkten, persönlichen Kontakt gibt. Gerade dann, wenn wir in der Digitalisierung voll angekommen sind und wieder die Nähe zu realen Menschen suchen. Dann kann ich mir gut vorstellen, dass wir unsere Kunden dort treffen, wo sie gerade arbeiten (z.B. in der Natur) und nicht wie bisher im Besprechungszimmer oder Hotel."*

Was habe ich als Coach davon, wenn ich den Prozess durchlaufe und für Cooning arbeite?
*„In den persönlichen Gesprächen mit unseren Coachs sind zwei Punkte essenziell, weshalb Coachs die Zertifizierung mit uns durchführen. Zunächst finden es viele sehr spannend, sich nach zumeist langer Arbeit als Coach in einem Expertenpool nach wissenschaftlichen Kriterien und Standards messen zu lassen. Sie wollen wissen, ob sie in den Kriterien ‚Ressourcen aktivieren', ‚Kooperativ begleiten' und ‚Klare Prozessführung' überzeugen. Wir wenden dazu das von unserem Kooperationspartner wissenschaftlich entwickelte und prämierte Freiburger Erfolgsmodell an. Noch wichtiger ist unser Qualifizierungsprogramm zu Online-Coaching. Viele Coachs haben erkannt, dass sie sich gerade jetzt an dieser Stelle weiterqualifizieren müs-*

sen, um für die digitale Coaching-Zukunft gerüstet zu sein. Sie nutzen die Qualifizierung damit auch für sich selbst und ihren eigenen Kundenstamm, was für uns völlig in Ordnung ist. Die Coachs haben daher durch den Zertifizierungsprozess einen hohen Eigennutzen für ihre persönliche Entwicklung, den wir für die Coachs aktuell kostenlos anbieten. Weitere reizvolle Punkte in der Zusammenarbeit mit Cooning sind eine marktübliche Bezahlung, keine Kundenbetreuung/-akquise, kein eigenes Marketing, ein spannendes und fachlich interessantes Netzwerk und die wissenschaftliche und methodische Begleitung durch unsere Kooperationspartner."

## Vermittlungsplattformen

Die Teilnahme an diesem oder ähnlichen Programmen ist anspruchsvoll und kostet Sie sowohl Zeit als auch Energie. Darüber hinaus tummeln sich viele „Vermittlungsplattformen" für Coachs im Netz, die geringere Einstiegshürden aufweisen. Die Klienten sind hier in der Regel eher private Personen, die Unterstützung suchen. Mein Tipp: Machen Sie sich von einem möglichen Kooperationspartner grundsätzlich ein fundiertes Bild, bevor Sie sich als Coach registrieren lassen. Denn Ihr Ruf ist Ihr Markenzeichen, das es zu schützen gilt. Sie sollten die Seriosität jedes Angebots gründlich prüfen. Am besten über zufriedene „echte" Kunden und für Sie nachvollziehbare Zugangskriterien. Eine nachgewiesene Coaching-Ausbildung sollte das Minimum sein, nur so können Sie davon ausgehen, gemeinsam mit anderen Experten vermittelt zu werden. Es ist ebenfalls ratsam, sich bereits registrierte Coachs, deren Portfolio und, wenn möglich, auch Bewertungen anzusehen. So können Sie besser einschätzen, ob Sie in diesem Pool auf Gleichgesinnte stoßen.

*Stoßen Sie auf der Plattform auf „Gleichgesinnte"?*

## Flexperto

Ein System zur Bündelung von Kommunikationswegen bietet Flexperto: „Die Communication Cloud für effizienteren Vertrieb. Alles, was Ihre Vertriebsmitarbeiter bisher offline gemacht haben, ist jetzt auch online möglich: Kundentermine vereinbaren, Fragen per Videochat klären, Dokumente

*Bündelung von Kommunikationswegen*

gemeinsam betrachten, Verträge unterschreiben oder per WhatsApp ‚Hallo' sagen." (*https://flexperto.com/*, eingesehen am 06.03.2019). Die Plattform ist zwar offensichtlich für den Vertrieb konzipiert, die Funktionalitäten sind jedoch für die Bedürfnisse eines Coachs ebenso anpassbar. Je nachdem, wie Ihr Geschäftsmodell aussieht.

### Coaching Cloud

*Verwaltung und Steuerung der Zusammenarbeit mit Ihren Klienten*

Ein Angebot zur Verwaltung und Steuerung der Zusammenarbeit mit Ihren Klienten bietet die Coaching Cloud (*www.coachingcloud.com*). Neben Kalenderverwaltung und entsprechender Terminbuchung steht Dokumenten-Sharing, ein Echtzeit-Chat und Werkzeuge zum Erstellen eigener Lernmodule (Selbstlerneinheiten) zur Verfügung. Die Plattform hält auch automatisierte Bezahlsysteme (z.B. PayPal) bereit. Allerdings in englischer Sprache.

### Coaching-Werkzeuge

*Coaching-Werkzeuge*

Ebenfalls spannend – nicht nur für Online-Arbeit – ist The Coaching Tools Company (*https://www.thecoachingtoolscompany.com/*). Dieses Unternehmen bietet Coaching-Werkzeuge, Vorlagen und Übungen zur Verwendung im eigenen Coaching an. Leider ausschließlich auf Englisch. Die deutschen Pendants sind vielleicht die Sammlung auf *www.coaching-tools.de* der Christopher Rauen GmbH oder die Tool-Datenbank *Trainerkoffer.de* von managerSeminare Hier finden Sie neben Coaching-Tool-Dokumenten auch noch Coaching-Musterverträge. Allerdings ist das Material auf beiden Seiten nicht editierbar.

### KangaCoach

*Coach buchen*

Eine andere themenunabhängige Online-Coaching-Plattform ist beispielsweise „KangaCoach" (*www.kangacoach.com*). Das Ziel ist, dem potenziellen Coachee einen simplen Zugang zu einem Coach zu verschaffen – die Buchung soll so einfach sein, wie ein Buch zu bestellen. So beschreibt es die Homepage. Man findet Coachs von Nachhilfe bis Didaktik. Von Sprachen bis Unternehmensführung und vieles mehr. Allein in der Rubrik „Persönlichkeitsentwicklung" werden 55 Ergebnisse (Stand 06.03.2019) aufgeführt. Dabei reicht das Angebot der Coachs von Stundensätzen von 45 EUR (Englisch) bis 200 EUR (Führungscoaching). Es wird bei jedem Coach neben einer Profilbeschreibung und der Honorare der nächste verfügbare Termin (Dauer jeweils 55 Minuten) angezeigt. Das 1:1-Gespräch mit dem Coach der Wahl findet dann via Videokonferenz statt. Als Vorteile dieser Plattform für Coachs nennen die Betreiber die eigene Online-Videofunktion, die sichere Zahlung nach dem Auftrag und die bessere Auslastung – weil Sie als Coach aktiv Ihre Lücken im Terminplan melden und die Chance besteht, dass diese dann über die Plattform gefüllt werden. Es handelt sich hier um eine Vermittlungsplattform. Jeder kann sich registrieren.

## Coaching als Transferbegleitung für Wissensvermittlung

Alternativ finden Sie diverse Plattformen, die Online-Passiv-Angebote mit Live-Sessions verbinden. Gerade wenn Sie Coaching als Transferbegleitung für Wissensvermittlung einsetzen, also einerseits Input in Trainings liefern und ergänzend parallel die Teilnehmer als Coach bei der persönlichen Reflexion begleiten. Ein Beispiel dafür ist e-sheperd (*https://www.e-shepherd.de/*).

# Übersichtstabelle

Die abschließende Übersicht bietet Ihnen noch einmal eine rasche Orientierung der unterschiedlichen Online-Coaching-Formate. Zur Erläuterung: Der Begriff „Einarbeitungszeit" bedeutet in diesem Fall einmalig, um das Tool bedienen zu können. Bei der Einschätzung wird davon ausgegangen, dass keine bzw. wenig Vorerfahrung vorhanden ist. Wenn Sie z.B. schon als Trainer ein virtuelles Klassenzimmer im Einsatz haben, müsste dort eine „0" stehen.

*Übersichtstabelle über die Online-Coaching-Formate*

„0" bedeutet keine Einarbeitungszeit
„+" bedeutet geringe Einarbeitungszeit
„++" bedeutet aufwendige Einarbeitungszeit

| Format | Beschreibung | Vorteile | Nachteile | Einarbeitungszeit |
|---|---|---|---|---|
| Selbstcoaching | Angeleitete, zur Verfügung gestellte Reflexionsfragen/-aufgaben, die der Coachee ohne Unterstützung bearbeitet | Kann ein Türöffner sein und verursacht „nur" einmalig Aufwand. | Wenige Menschen schaffen es, sich selbst bis zum Abschluss des Prozesses zu disziplinieren – dadurch ist die Wirksamkeit in Frage gestellt. | 0 |
| E-Mail | Asynchrone Bearbeitung von geschriebenem Text | E-Mail-Programme sind weit verbreitet und sofort einsatzbereit. Beim zeitunabhängigen Schreiben kann tiefe Reflexion stattfinden. | Schriftliche Kommunikation kann zu Missverständnissen führen und erfordert eine hohe Kompetenz im Lesen und Schreiben. | 0 |
| Telefon | Telefonische Interaktion | Wenig Hemmschwellen aufgrund von Technik, gefühlte Anonymität durch fehlendes Bild kann schnell bei heiklen Themen öffnen. | Ablenkungen beim Telefonieren durch Nebenbeschäftigung behindern möglicherweise die Arbeit. | 0 |
| Video-Chat | Video- und Audiofunktionen werden gekoppelt mit gemeinsamer Dokumentenbearbeitung | Auditive und visuelle Wahrnehmungskanäle sind verfügbar. Video-Chat-Systeme sind vielen Menschen bereits bekannt. | Für professionelle Systeme entstehen Kosten, wenig Interaktionsmöglichkeiten. | + |
| Virtuelles Klassenzimmer | Interaktive Plattform für die Zusammenarbeit mit Audio, Video, Statusanzeigen, Umfragen, Protokollfunktion, gemeinsame Dokumentenbearbeitung | Einfache Einwahl für den Klienten, Prozesssteuerung liegt beim Coach, jegliche Dokumentenformate sind zur Bearbeitung möglich. | Lizenzgebühren beim Coach, Probleme mit Firewalls beim Kunden möglich, Technikprobleme können Stress verursachen. | ++ |
| Integrierte Coaching-Plattformen | All-in-One-Plattformen von Klientenverwaltung bis Kommunikationsmedien | Viele Interaktinsmöglichkeiten, automatisierte Dokumentation, integrierte Methoden und teilweise Prozesssteuerung bieten dem Coach Hilfestellung. | Kosten für Lizenzierung und Nutzung. | ++ |
| Virtuelle 3-D-Welten | Avatare in einer 3-D-Umgebung | „Echte" Erfahrung in der 3-D-Welt, aktive Steuerung des Avatars erhöht die Aufmerksamkeit, realistische Simulation. | Übung ist erforderlich und die Zeit im Raum ist für das Gehirn anstrengend. | ++ |

# 5. Die Phasen im Online-Coaching-Prozess

# 5. Die Phasen im Online-Coaching-Prozess

*Ablauf ist ähnlich wie im Face-to-Face*

Grundsätzlich ist die Struktur eins virtuellen Coachings gleich der eines Präsenzcoachings: Der Coach gibt den Rahmen vor, der es dem Klienten ermöglicht, Lösungen zu finden. Konkret heißt das, wir orientieren uns im Ablauf des virtuellen Coachings genauso an den logischen Phasen wie im Face-to-Face – mit der ein oder anderen Ergänzung oder Besonderheit. In diesem Kapitel wird verstärkt auf eben diese Besonderheiten eingegangen, der Fokus liegt auf Online-Coaching.

> **Die acht Phasen eines klassischen Coaching-Prozesses**
>
> Phase 1: Wahrnehmung des Coaching-Bedarfs
> Phase 2: Erstes Kennenlernen
> Phase 3: Vertragsabschluss
> Phase 4: Klärung der Ausgangssituation
> Phase 5: Zielbestimmung
> Phase 6: Interventionen
> Phase 7: Evaluation
> Phase 8: Abschluss

## Der Ablauf eines Online-Coaching-Prozesses

### Vorher

- Wahrnehmung des Coaching-Bedarfes und Auswahl des Coachs
- Erste Kontaktaufnahme und Kennenlernen (gehört zu Phase 1)
- Auftragsklärung inkl. Auswahl des Settings (gehört zu Phase 2)
- Technik-Check, Briefing zu Besonderheiten des gewählten virtuellen Formats (gehört zu Phase 2)

### Im Coaching

- Atmosphäre und Beziehung herstellen trotz räumlicher Distanz (gehört zu Phase 2)
- Thema klären, beschreiben lassen (gehört zu Phase 3)
- Ziel definieren (gehört zu Phase 4)
- Ressourcen aktivieren (gehört zu Phase 5)
- Lösungsideen generieren (gehört zu Phase 6)
- Alternativen bewerten und auswählen (gehört zu Phase 6)
- Konkrete Schritte vereinbaren/Transfer (gehört zu Phase 7)
- Evaluation des Termins (gehört zu Phase 7)

### Nach dem Coaching

- Transfer sicherstellen/prüfen (gehört zu Phase 7)
- Formaler Abschluss des Coaching-Vertrags (gehört zu Phase 8)
- Evaluation des kompletten Prozesses (gehört zu Phase 8)

## 5.1

# Die Phasen 0-1: Finden und Kennenlernen – präsent und/oder online

*Der Coachee hat Unterstützungsbedarf*

Alles beginnt mit der ersten Idee des potenziellen Coachees nach Unterstützungsbedarf. Wir müssen grundsätzlich unterscheiden, ob das Coaching durch ein Unternehmen, also zum Beispiel für einen Mitarbeiter, beauftragt wird, oder von einer Privatperson. Mittlere und größere Unternehmen halten häufig eigene Coach-Pools vor, in die sie die Coachs aufnehmen, mit denen sie gute Erfahrungen gemacht haben oder die ihnen empfohlen werden. Oder aber, Sie fallen dem HR-Verantwortlichen als Experte durch Fachvorträge, Messen oder spannende und mehrwertstiftende Publikationen auf. Falls das Unternehmen gerade auf der Suche nach virtuellem Coaching ist, ist es wichtig, eine gute Webpräsenz zu bieten – denn natürlich suchen auch Unternehmen im World Wide Web nach Ideen, Dienstleistern und Kooperationspartnern.

*Internetrecherche*

Private Coaching-Kunden kommen entweder ebenfalls über Mundpropaganda oder vermutlich im Wesentlichen über Internetrecherchen.

Statista untersucht die Nutzung des Internets über Suchmaschinen. Im Jahr 2017 suchten rund 23,9 Millionen Menschen der deutschsprachigen Bevölkerung täglich im Netz mittels Suchmaschinen. Tendenz steigend! (*https://de.statista.com/statistik/daten/studie/183133/umfrage/nachrichten-und-informationen---internetnutzung/*)

Wenn Sie von sich selbst ausgehen: Wo informieren Sie sich als Allererstes bei einem neuen Thema oder wenn Sie einen Dienstleister suchen? Wenn Ihnen jemand empfohlen wird oder Sie eine Visitenkarte in Händen halten? Suchen Sie nach Informationen zu dieser Person im Internet? Ich schon.

Das bedeutet für Ihr Online-Business: Egal, ob Sie eine automatisierte Terminvergabe für Erstgespräche nutzen oder ein Kontaktformular anbieten: Die Präsenz im Internet ist Grundlage für Ihren Erfolg. Es sei denn, Sie suchen keine neuen Kunden, sondern ausschließlich nach Wegen, um Ihre Bestandskunden besser zu bedienen. Dann herzlichen Glückwunsch – Sie sind in einer sehr komfortablen Position.

*Internetpräsenz ist Grundlage für Ihr Business*

Es ist sinnvoll, Ihre Internetpräsenz mit Informationen zu Ablauf und Möglichkeiten Ihres Online-Angebotes anzureichern.

Tritt der potenzielle Kunde mit Ihnen in Kontakt, gibt es wiederum verschiedene Alternativen. Ein persönliches und unverbindliches Kennenlernen wäre im bisherigen Geschäftsmodell der nächste Schritt. Vielleicht nutzen Sie hierfür bereits Telefon oder Video-Chat? Durch die Online-Modelle werden Entfernungen unwichtig. Das bedeutet, dass nun auch Kunden den Weg zu Ihnen finden, die geografisch relativ weit von Ihnen entfernt leben. Präsenztreffen – und schon gar nicht kostenlos – sind nicht mehr möglich. Das bedeutet, Sie benötigen neue Strategien für das Erstgespräch. Vielleicht verbinden Sie dieses Erstgespräch schon geschickt mit einem Einblick in die verwendete Technik und laden Ihren potenziellen Kunden in Ihren „Zoom-Raum" oder in Ihr virtuelles Klassenzimmer ein.

*Persönliches Kennenlernen ist bereits über Video-Chat möglich*

## 5.2

# Phase 2: Auswahl des Settings und Einstimmung auf das Online-Arbeiten

In der Arbeit auf Basis physischer Präsenz würden Sie an dieser Stelle klären, wer die Räumlichkeiten stellt und wo Sie sich treffen werden. Das ist auch im Online-Coaching ein wichtiger Bestandteil – welche virtuellen Räume benötigen Sie, wer trägt evtl. anfallende Lizenzgebühren usw. Darüber hinaus gibt es noch weitere Rahmenbedingungen zu klären.

### Auftragsklärung und Auswahl des Settings

Das Fragenset Ihrer Auftragsklärung benötigt, je nach gewählter Online-Variante, einige Ergänzungen.

> Übung: Denken Sie an Ihr bisher übliches Vorgehen in der Auftragsklärung. Nutzen Sie einen standardisierten Fragebogen? Welche Fragen stellen Sie? Was ist Ihnen wichtig? Was glauben Sie, ist mit Blick auf virtuelles Coaching zusätzlich sinnvoll, in der Auftragsklärung zu vereinbaren?
> ▶ ...

Diese Fragen könnten Ihren bisherigen Katalog ergänzen: *Frageset*

- In welcher Form ist das Coaching gewünscht? Möglich sind Face-to-Face, online (mit diesen Medien) oder kombiniert (Blended).
- Nutzen Sie bereits Medien (Verweis auf die gewünschte Variante)? Haben Sie Vorerfahrungen im Umgang mit (z.B. einem virtuellen Klassenzimmer)?
- Installation/Voraussetzungen: Wie fit ist mein Klient mit der Bedienung?
- Gibt es Rahmenbedingungen (vor allem in Unternehmen) zu beachten, Beispiele sind Firewall-Einstellungen, Internetnutzung etc.?
- Welche Erwartungen haben Sie speziell an die Online-Arbeit?
- Gibt es Einschränkungen oder Rahmenbedingungen für die Zusammenarbeit (Zeitverschiebungen, Auslandseinsätze, Sprache, Erreichbarkeit etc.)?
- Erläutern Sie Grenzen und Voraussetzungen der virtuellen Arbeit, vor allem bei asynchroner Zusammenarbeit (Selbstverantwortung des Klienten).
- Ist vorab eine gesonderte Unterstützung beim Einrichten der Technik gewünscht (Zeit wird als Zusatzoption berechnet)?
- Wie organisieren Sie Ihre Termine im synchronen Arbeiten? Besprechen Sie auch Fristen für Absage von Terminen und ggf. Ausfallentschädigung. Dies ist in der asynchronen Arbeit auch ein Thema, wenn die Aufgaben vom Klienten nicht erledigt werden.
- Wie ist Ihr Prozess grundsätzlich strukturiert (Phasen, zeitlicher Fahrplan)?
- Gibt es Kontaktmöglichkeiten – on demand – in den Phasen zwischen Ihren Terminen?
- Wie gehen Sie vor, wenn der Klient im Prozess merkt, dass diese Art des Coachings für ihn nicht funktioniert? Gibt es „Sollbruchstellen", an denen eine Aufhebung des Coaching-Vertrags in beiderseitigem Einvernehmen möglich ist?

> Erläutern Sie Ihre Vorkehrungen zum Thema Datenschutz und IT-Sicherheit. Weisen Sie den Klienten auch auf seine Pflichten in diesem Zusammenhang hin.

*Vereinbarung des Settings*

Haben Sie das Gefühl, alle Fragen geklärt zu haben, wählen Sie gemeinsam mit der Kundin/dem Kunden das optimale Setting für Ihr Thema aus. Besprechen Sie Erwartungen beider Seiten (z.B. zuverlässige Erledigung der Aufgaben im E-Mail-Coaching als Voraussetzung für den Erfolg oder Rückmeldefristen). Besprechen Sie Notfallpläne, wenn die Technik streikt. Was sind die Fallback-Optionen, falls beim Termin ein Technikproblem auftritt (z.B. Handynummer)? Wie gehen Sie vor, wenn mitten im Prozess klar wird, dass ein persönliches Treffen zwingend erforderlich ist? Auf Basis der Vereinbarungen entstehen Angebot und Beauftragung.

*Notfallpläne*

### Technik-Check, Briefing zu Besonderheiten des gewählten virtuellen Formats

*Technische Voraussetzungen schaffen und Klienten einweisen*

Nun ist es an der Zeit, die technischen Voraussetzungen zu schaffen, Testmöglichkeiten oder eine gemeinsame Einweisung zu organisieren (Näheres im Kapitel 4 zum jeweiligen Format). Sobald Sie mehr als Mail, Telefon oder Videotelefonie nutzen, stellen Sie unbedingt sicher, dass Sie einen Ansprechpartner beim Kunden haben, der sich mit der IT-Landschaft auskennt. Es kann Probleme mit der Firewall geben oder mit Systemvoraussetzungen. Verlangen Sie von Ihrem Coachee immer einen Test mit ausreichend Vorlauf zu Ihrem Termin. Und planen Sie – vor allem für die ersten Termine – einen Zeitpuffer für technische Probleme ein. Sollten Sie mit Plattformen oder Avataren arbeiten, geben Sie Ihrem Kunden Zeit, sich zurechtzufinden. Vielleicht bieten Sie vorab eine kleine Führung an, um im vereinbarten Termin keine Zeit zu verlieren. Vereinbaren Sie an dieser Stelle, mit welchem Vorlauf (x Min.) sich beide Parteien beispielsweise im Konferenzsystem einwählen, damit keine Zeit von der inhaltlichen Arbeit verloren geht.

Phase 2

## Atmosphäre und Beziehung herstellen, trotz räumlicher Distanz

Es ist erstaunlich, wie gut man mit geeigneten Methoden und einer guten Wahrnehmung gefühlt ganz nah zusammen ist, obwohl man sich vielleicht noch nie persönlich begegnet ist. Zu Beginn meiner Beschäftigung mit virtuellen Medien war ich immer wieder überrascht, da für mich die Arbeit in der Präsenz das Nonplusultra war. Doch ich wurde eines Besseren belehrt. Ich lade Sie zu einer kleinen Übung ein:

*Übung*

> 1. Wie stellen Sie bisher eine gute Beziehung zu Ihrem Klienten her? Was tun Sie normalerweise vor bzw. während Ihres ersten Termins?
> ▶ ...
>
> 2. Was davon könnten Sie auch in der virtuellen Zusammenarbeit nutzen? Was könnten Sie vielleicht abgewandelt anwenden? Was funktioniert aus Ihrer Sicht davon wirklich nur in der Präsenz?
> ▶ ...

Ich bin mir sicher, dass sich viele Ihrer bisherigen Herangehensweisen auch für den virtuellen Kontext eignen. Ich persönlich starte gerne mit Bildern, oder kleinen „gefahrlosen" Übungen zum gegenseitigen „Beschnuppern". Haben Sie ein Whiteboard zur Verfügung, könnten Sie den Klienten zum Beispiel auf einer Landkarte seine Position einzeichnen lassen. Sie ergänzen Ihren Standort und kommen so in ein erstes Gespräch. Vielleicht fragen Sie statt nach dem Standort lieber nach dem Lieblingsurlaubsort und entdecken eine Gemeinsamkeit? Oder Sie finden schöne Bilder, die eine Assoziation zu Ihrem Coaching-Thema haben und lassen die Klientin ein Bild auswählen und beschreiben. Eine andere Idee, um erste Gemeinsamkeiten zu finden, wäre eine kleine Tabelle,

*Eisbrecher*

© managerSeminare

in die Sie beide Lieblingsfarben, Lieblingsspeisen, Lieblingsblumen etc. eintragen. Ziel ist es, dabei auf der menschlichen und emotionalen Ebene zunächst eine gemeinsame Basis zu schaffen und der Klientin ein Gefühl der Sicherheit zu vermitteln. Wenn Sie nahbar und zumindest ein kleines bisschen einschätzbar sind, fällt es Ihrer Klientin leichter, sich zu öffnen. Vorsicht allerdings mit Fragen nach Familienstand, Wohnsituationen, Religionen oder Ähnlichem.

Seien Sie achtsam. Denn selbst wenn sich Ihre Klientin bewusst für ein Online-Coaching entschieden hat, heißt das noch nicht, dass sie sich im virtuellen Raum auch schon sicher und zu Hause fühlt. Schaffen Sie Möglichkeiten, sich mit der Technik anzufreunden und sich zu akklimatisieren.

*Platz für Zwischenmenschliches*

Und: In der medialen Kommunikation neigen wir dazu, sehr schnell sachlich zu werden bzw. ins Thema einzusteigen. Schaffen Sie bewusst Raum für Small Talk und Zwischenmenschliches. So fördern Sie die Nähe zu Ihrer Coachee.

## 5.3

# Die Phasen 3-6: Vom Thema zum Ziel, mit Ressourcen zur Lösungsidee

An dieser Stelle habe ich mir erlaubt, einige Phasen zusammenzufassen, da sich dieses Buch an ausgebildete Coachs und Personen richtet, denen der Coaching-Prozess an sich geläufig ist. Aus meiner Sicht werden die Prozessschritte grundsätzlich durchlaufen, egal welches Format Sie wählen. Da ich mich hier nicht mit Coaching grundsätzlich beschäftige, werden hier auch nur die Punkte dieser Phasen detaillierter beschrieben, die sich vom Präsenzcoaching unterscheiden.

### Phase 3: Thema klären, beschreiben lassen

In der Situationsanalyse beschreibt Ihr Klient die Ausgangslage. Er stellt sein Anliegen vor und betrachtet Zusammenhänge. Muster und wiederkehrende Verhaltensweisen sollen aufgedeckt werden. Hier gibt es grundsätzlich im Prozess bzw. den Zielen der Phase keine Unterschiede zwischen den Format-Typen. Sehr wohl natürlich darin, in welchem Tool Sie arbeiten. Hier gelten die gleichen Gedanken, wie im Kapitel 4 dargestellt.

*Situationsanalyse*

### Phase 4: Ziel definieren

Erlauben Sie mir hier einen Blick auf die Neurowissenschaft. Unsere Aufgabe als Coach ist es, den Coachee in seiner Veränderung so zu begleiten, dass Aussicht auf Erfolg besteht. Alles beginnt mit einem klaren Ziel. Das Ziel Ihrer Arbeit fungiert als Leuchtturm im Prozess. Es leuchtet Ihnen den

*Das Coaching-Ziel als Leuchtturm im Prozess*

*SMARTe Ziele* Weg und sollte für Ihren Klienten anziehend und selbst erreichbar sein (SMARTe Zielformulierung). Erfahrungen und Erkenntnisse auf dem Weg zu diesem Ziel wollen nachhaltig in den Alltag integriert werden. Didaktisch ist es sinnvoll, bereits an dieser Stelle alle Möglichkeiten für Nachhaltigkeit einzubringen. Deshalb ist es sinnvoll, bereits während Zielklärungsprozessen den Fokus auf die Wahrnehmung zu legen und Emotionen zu erzeugen – mit Fragen wie z.B.:

- „Wie fühlt es sich an, wenn Sie Ihr Ziel erreicht haben?"
- „Was sehen Sie an Ihrem Ziel? Welche Farben? Welche Personen? Welche Ergebnisse?"
- „Was riechen Sie, was hören Sie, was nehmen Sie wahr?"
- „Spannend wird es nun, diese Techniken auf Online-Formate zu übertragen. Welche Ideen haben Sie dazu?"
- „..."

*Mediale Unterstützung* Sofern Sie Präsentationstechnik zur Verfügung haben, könnten Sie etwa passende Bilder einblenden, Soundfiles (wenn Ihre Kunden zum Beispiel Vogelgezwitscher hört) oder Farben. Alles das geht natürlich auch per Mail, hat aber wegen der Zeitverzögerung nicht denselben Effekt. Im 3-D-Raum mit Avatar könnten Sie sich auch ganz konkret in die Situation begeben. Beispielsweise, wenn Ihre Klientin Angst davor hat, einen Vortrag zu halten, könnten Sie sie in einen Vorlesungssaal projizieren und einen tosenden Applaus nach erfolgreichem Vortrag einblenden. Vielleicht noch einen wunderschönen Blumenstrauß auf der Mediawall projizieren. Vielleicht erscheint Ihnen das jetzt überzogen oder unrealistisch? Virtuell wird in den nächsten Jahren noch viel mehr möglich sein. Davon bin ich überzeugt. Mir geht es eher darum, dass Sie kreativ werden, Möglichkeiten durchdenken und Dinge ausprobieren.

### Phase 5: Ressourcen aktivieren

In diesem Abschnitt möchte ich Ihnen nicht die Basiswerkzeuge eines Coachings näherbringen. Mir geht es vielmehr um die Übertragbarkeit dieser Phasen in den virtuellen Raum bzw. das Medium. Deshalb verweise ich an dieser Stelle auf die bisher schon erwähnten Möglichkeiten, zum Beispiel die in der Phase „Ziele definieren" dargestellten.

*Für die Ressourcenaktivierung und Lösungsfindung können Sie auf vertraute Coaching-Methoden zurückgreifen*

## Phase 6: Lösungsideen generieren, Alternativen bewerten und auswählen

Gleiches gilt für die Aktivitäten in der sechsten Phase.

## 5.4

# Phase 7: Transfer und Evaluation der Sitzung

*Wiederholungs-schleifen*

Am Ende jeder Coaching-Sitzung stehen konkrete Vereinbarungen zu den nächsten Schritten in Richtung Etappen- oder Gesamtziel. Das ist nicht neu und Basis jeder vernünftigen Coaching-Ausbildung. Mit Blick auf die Erkenntnisse der Neurowissenschaft braucht nachhaltige Veränderung jedoch systematische Wiederholungsschleifen. Denn das Gehirn braucht Zeit und Unterstützung, um die neuen Erkenntnisse sinnvoll in die bestehenden Strukturen einzuweben. Synapsen brauchen Training, sonst bilden sie sich zurück. Denken Sie an einen Pfad durch den Wald, der überwuchert wird, wenn wir ihn nicht regelmäßig gehen.

Sie brauchen also Möglichkeiten, das Gehirn Ihres Klienten möglichst oft zu triggern und bei der Vertiefung zu unterstützen. Das bedeutet nicht, dass Sie jeden Tag anrufen oder E-Mails schicken müssen. Der Klient kann sich durchaus Erinnerungsfunktionen in seiner eigenen „Welt" schaffen. Ihr Job ist es, ihn dazu anzuhalten. Das war es auch schon im Face-to-Face. Die digitale Zusammenarbeit ermöglicht Ihnen jedoch kürzere Frequenzen und viele weitere Möglichkeiten, um den Transfer zu begleiten.

*Wirtschaftlichkeit im Blick behalten*

Wichtig ist dabei, dass Sie Ihre eigene Wirtschaftlichkeit nicht aus dem Blick verlieren. Begleiten Sie viele einzelne Personen, müssen Sie nach Wegen von automatisierten Impulsen suchen. Vielleicht mit cleveren Systemen (wie Clever-Memo oder integrierten Funktionen in CAI®). Arbeiten Sie mit weniger Kunden in eher intensiveren Einzelcoachings, kann eine individuelle Begleitung durchaus hilfreich sein. Den erforderlichen manuellen Aufwand sollten Sie allerdings in Ihren Paketpreisen berücksichtigen. Auch hier empfiehlt es sich, gewisse Standards anzulegen, die Sie nach Bedarf anpassen.

> Welche Ideen haben Sie spontan, Ihre Coachees im Transfer in die Praxis noch zu unterstützen? Gibt es Praxisübungen, die Sie in Ihrer bisherigen Berufserfahrung genutzt haben? Was könnte noch hilfreich sein?
> ▶ ...

Ehrliches und zeitnahes Feedback zum letzten Kontaktpunkt (egal, in welchem Medium) hilft Ihnen, den Prozess kontinuierlich zu hinterfragen und ggf. anzupassen. Deshalb empfehle ich Ihnen, möglichst jede Interaktion zu evaluieren. Folgende Fragen können Sie dabei unterstützen:

*Evaluieren Sie möglichst jede Interaktion*

Wenn ich an unsere letzte Sitzung (Konversation) zurückdenke, ...

▶ hat mir das gefehlt: ...
▶ hat mich am meisten folgende Frage beschäftigt: ...
▶ ist mir das klar geworden: ...
▶ empfinde ich die Zeit als gut investiert, weil: ...
▶ fällt mir diese Situation/diese Frage/dieser Gedanke spontan ein: ...
▶ wünsche ich mir für unsere nächste Begegnung: ...

## 5.5

# Phase 8: Abschluss des Coaching-Prozesses und Evaluation von Zielerreichung und Formatauswahl

*Holen Sie sich Feedback zum Einsatz der virtuellen Medien ein*

Ihr Vertrag endet naturgemäß, wenn der Coaching-Prozess abgeschlossen ist. Neben der Rechnungsstellung ist die Evaluation hier der bedeutendste Teil Ihrer Aktivitäten. An dieser Stelle sollten Sie sich neben Ihrer Prozesskompetenz und grundsätzlichen Arbeit als Coach Feedback zum Einsatz der virtuellen Medien holen. Was hat für Ihren Coachee funktioniert, was hätte er sich (anders) gewünscht? Wie hat er die Nähe bzw. Distanz empfunden? Was war für Sie das Besondere an der gemeinsamen virtuellen Arbeit? Was war an den Zwischenimpulsen hilfreich? Wie haben Sie die Taktung der Impulse empfunden? Falls Sie mehrere Formate eingesetzt hatten (z.B. Präsenz, Telefon, Virtuelles Klassenzimmer), können Sie hier die jeweiligen Unterschiede/Vor- und Nachteile bewerten lassen. Diese und ähnliche Fragen sind wichtige Indikatoren für die Weiterentwicklung Ihres Online-Coaching-Business und natürlich abhängig vom Medium, das Sie eingesetzt haben.

# 6. Wie starten Sie Ihr Online-Business?

# 6. Wie starten Sie Ihren Online-Coaching-Prozess?

In diesem Kapitel erhalten Sie unterschiedliche Anregungen zur Planung und zum Start Ihres eigenen Online-Coaching-Business bzw. zur Erweiterung Ihrer bisherigen Aktivitäten. Dazu stelle ich Ihnen mehrere Varianten oder Herangehensweisen vor. Ich lade Sie ein, die Vorschläge auszuprobieren, die Sie spontan ansprechen. Entscheiden Sie selbst, welches der richtige Weg für Sie ist. Außerdem finden Sie Gedanken zu unterschiedlichsten Facetten rund um das Online-Coaching.

## Mit Missverständnissen aufräumen

*Grenzen Sie Ihr Tätigkeitsfeld ab*

Um schlecht greifbare Themengebiete ranken sich häufig Missverständnisse. Zu Beginn Ihrer Arbeit als „Online-Coach" sollten Sie sich deshalb klar positionieren. Oder, falls Sie bereits tätig sind und nicht die gewünschte Anerkennung für Ihre Arbeit bekommen, an Ihrer Positionierung feilen. Es dürfen durchaus auch klare Aussagen zu Ihren Tätigkeiten auf eine Internetseite gestellt werden. Gerade die Abgrenzung zur Online-Therapie und zur Präsenz ist notwendig.

- ▶ Grundsätzlich gilt: Coaching ist ein Ansatz für geistig gesunde Menschen. Auch im Online-Geschäft sollten bzw. müssen Sie hier klar sein.
- ▶ Online-Coaching ist keine „Billigausgabe" eines Business-Coachings von Angesicht zu Angesicht. Meine Qualifikation als Coach und meine Professionalität hat mit dem

verwendeten Medium nichts zu tun. Was entfällt, sind Reisekosten und -zeiten. Hinzu kommt, dass der Coachee oft von kürzeren, dafür häufigeren Sitzungszeiten profitiert. Das führt ggf. zu einer besseren Rentabilität seines finanziellen Einsatzes. Der Wert Ihrer Arbeit wird jedoch gleich bleiben.
- Grundsätzliche Anonymität gibt es beim Online-Coaching nicht, im Gegensatz zur Online-Therapie (hier werden oft anonyme Nicknames verwendet, da diese Angebote üblicherweise kostenlos sind. Dies hat unter anderem mit den gesetzlichen Auflagen für Psychotherapeuten zu tun.). Sie pflegen genauso eine persönliche Geschäftsbeziehung wie im Offline-Geschäft.
- Ständige Erreichbarkeit ist mit Online-Business nicht gemeint. Betreiben Sie Erwartungsmanagement und klären Sie Ihre Kunden darüber auf, welche Reaktionszeiten Sie haben, wann Sie erreichbar sind und womit sie konkret rechnen können. Schaffen Sie von vornherein klare Verhältnisse und minimieren Sie den Nährboden für Missverständnisse. Falls Sie Krisenintervention mit garantierter Erreichbarkeit anbieten, dann informieren Sie hier besonders klar und deutlich, was inklusive ist und was nicht.

*Sie sind nicht ständig erreichbar*

- Online-Coaching ist kein „einfaches" Business, wie es auf so manchen Websites propagiert wird. Angeblich braucht es keine großen Investitionen und mit Skype, Telefon und einer Website als Visitenkarte kann man schon loslegen. Das sind meiner Ansicht nach fahrlässige Aussagen. Basis ist immer eine fundierte Coaching-Ausbildung, ergänzt um Wissen über Wirkmechanismen und Feinheiten der jeweiligen Tools.
- Online-Coaching ist nicht nur was für technikaffine Menschen. Der Kunde benötigt in der Regel keine aufwendige Technik. Ein gewöhnlicher PC, ein Headset und vielleicht eine Kamera – ach ja, eine Internetverbindung. Und selbst hier muss es keine Glasfaser und Highspeed sein.

## 6.1 Vorüberlegungen – Formulieren Sie Ihre Fragen

Sind Sie bereit, die ersten Schritte oder weitere Schritte in Richtung virtuelles Coaching zu gehen? Dann nehmen Sie sich bitte ein paar Minuten Zeit, einen Stift und ein Blatt Papier zur Hand und denken Sie darüber nach:

> Welche Fragen müssen Sie sich unbedingt stellen, um sich das Thema weiter zu erschließen? Schreiben Sie alle Fragen auf, die Ihnen spontan in den Kopf schießen:
> ▶ …

Im nächsten Schritt clustern Sie Ihre Fragen nach Themenbereichen. Immer, wenn Sie beim weiteren Studium dieses Kapitels auf Antworten stoßen, vermerken Sie sich diese bei der jeweiligen Frage. Falls am Ende des Buches noch Fragen offen sind, lassen Sie diese noch ein paar Tage nachwirken. Wie Sie als professioneller Coach wissen, arbeitet unser faszinierendes Gehirn auch unbewusst an diesen Fragen weiter und präsentiert im Zeitversatz erstaunliche Lösungen. Sollten nach einigen Tagen immer noch Fragen offen sein, machen Sie sich Gedanken über welche Wege (z.B. Demoversion eines Tools) oder über welche Menschen (z.B. Kollegen, die schon erfolgreich als Online-Coach arbeiten, Ausbildungsmöglichkeiten) Sie die Fragen beantwortet bekommen.

Vorüberlegungen

Vielleicht sind Sie momentan mit der Vielzahl der Möglichkeiten etwas „überfordert"? Unser Gehirn mag zu wenig Auswahl genauso wenig, wie zu viel. Das haben Neurowissenschaftler untersucht und Gehirnaktivitäten während Auswahlprozessen mittels Magnetresonanztomografie (MRT) gemessenen. Übertragen auf das Meer der Möglichkeiten bedeutet das für Sie, dass es durchaus attraktiv für Ihre Kunden ist, wenn Sie unterschiedliche Alternativen anbieten. Allerdings darf kein Bauchladen entstehen, denn wenn die „Qual der Wahl" für Ihre Kunden zu groß wird, werden sie sich nicht für Ihr Angebot entscheiden. Was bedeutet das? Werden Sie sich klar, was Sie möchten und gehen Sie dann die Schritte in diese Richtung. Klar, strukturiert, nachvollziehbar.

*Bieten Sie Ihren Kunden unterschiedliche Alternativen an*

## 6.2 Finden Sie heraus, welches Format zu Ihren Kompetenzen passt

Eine kreative Übung kann Sie beim Sortieren Ihrer Gedanken unterstützen (Übungsblatt als Vorlage im Download-Bereich). Es geht darum herauszufinden, welche Kernkompetenzen (= Kernprägnanz) Sie als Coach auszeichnen und was diese in Bezug auf virtuelles Arbeiten bedeuten. Ziel ist es, Ihre Einzigartigkeit im Kern zu erkennen. Denn kein anderer hat genau diese Kernkompetenzen. Sie haben sich entwickelt aus Erfahrungen, Ausbildungen, Fertigkeiten, Verhaltensweisen, Wissen, Rahmenbedingungen, Werten, Zielen und Visionen.

Auch die Kompetenzen im Randbereich (= Randschärfe) werden betrachtet. Das sind all die Fähigkeiten, Kenntnisse, Eigenschaften und Verhaltensweisen, die Sie weniger gut können. Das zeigt mit Blick auf die virtuelle Arbeitsweise Ihre Entwicklungspotenziale auf.

*Welche Kernkompetenzen zeichnen Sie aus?*

Besorgen Sie sich dazu ein Blatt Papier (oder Flipchart) oder die Vorlage aus dem Download-Bereich und gerne bunte Stifte. Schaffen Sie sich einen ungestörten Raum und konzentrieren Sie sich zunächst auf all Ihre Kernkompetenzen. Notieren oder skizzieren Sie alles, was Sie als Coach besonders und einzigartig macht, in einem inneren Kreis. Wichtig: Reden Sie Ihre Kompetenzen nicht klein. Sie müssen diese Gedanken mit niemandem teilen. Seien oder werden Sie sich Ihres Wertes bewusst. Lassen Sie sich Zeit dafür.

Wenn Sie das Gefühl haben, alle wesentlichen Punkte erfasst zu haben, wenden Sie sich dem äußeren Kreis zu. Dort notieren Sie alle Randkompetenzen, über die Sie verfügen. Vielleicht sind einige dabei, die nur in Vergessenheit geraten sind. Mit etwas Übung oder einer gezielten Weiterqualifikation könnten diese vielleicht sogar zurück in den inneren Ring der Kernkompetenzen entwickelt werden. Nehmen Sie auch hier Ihr Wirken als Coach in der Fokus.

*Welche Kompetenzen liegen im Randbereich?*

Nun nutzen Sie die freie Fläche außerhalb der Kreise für die Dinge, die Ihnen nicht liegen. Die Sie nicht können oder die Sie einfach nur nie ausprobiert oder gelernt haben. Hier könnten noch ungeahnte Potenziale versteckt sein. Bitte nehmen Sie sich für die gesamte Übung ausreichend Zeit.

*Was liegt Ihnen nicht?*

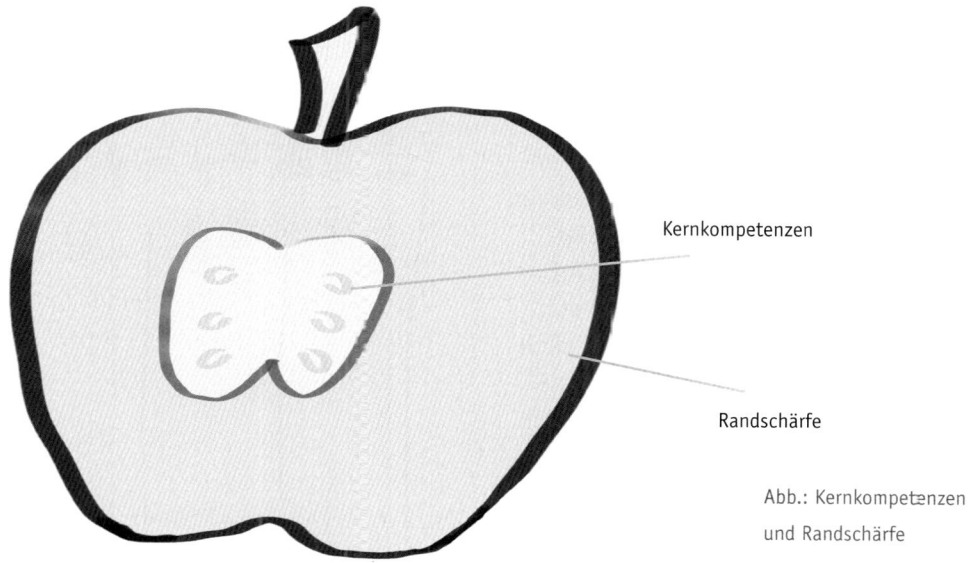

Abb.: Kernkompetenzen und Randschärfe

Falls Sie mit einem oder mehreren Partnern in Ihrem Coaching-Business arbeiten, wäre das eine gute Gruppenübung, um Ihr gemeinsames Business mit Blick auf Aufgabenverteilung bei einem Eintritt in den Online-Markt zu organisieren. Vielleicht ergänzen sich Ihre Kernkompetenzen optimal? Stellen Sie sich vor, wenn einer Ihrer Kollegen sehr technikaffin ist und Sie im Gegenzug sehr gewandt im Verfassen schriftlicher Kommunikation. Das gemeinsame Wirken und Lernen voneinander brächte Sie alle einen großen Schritt weiter.

*Welche Formate passen am besten?*

> Betrachten Sie nochmals Ihr Bild von den Kernkompetenzen und Randschärfen. Welche Medien/Online-Formate passen anhand der Übung zu Ihnen und Ihren Kompetenzen? Welche können Sie sich spontan vorstellen?
> ▶ …

Arbeiten Sie lieber strukturiert mit Tabellen, hilft Ihnen vielleicht diese Aufgabe weiter: Nehmen Sie ein Blatt und bereiten Sie drei Spalten vor (Vorlage im Download-Bereich). In die erste Spalte schreiben Sie alles, was Sie an Kernkompetenzen benötigen. Bewerten Sie auf einer Skala von 1 (muss ich mich aufraffen) bis 5 (erledige ich mit links) in der zweiten Spalte, wie leicht Ihnen diese Tätigkeit fällt. In der dritten Spalte bewerten Sie anhand einer Skala

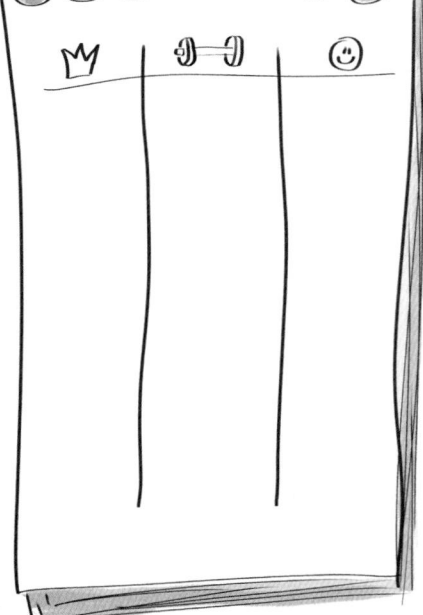

Abb.: Der Tabellenaufbau

von 1 (neutral) bis 5 (macht mir viel Spaß), wie viel Spaß Ihnen diese Aufgabe macht.

Es kann sein, dass Sie Kompetenzen entwickelt haben, die Ihnen leicht von der Hand gehen, aber Ihnen nicht unbedingt Spaß bereiten. Nehmen wir an, das Briefeschreiben fällt Ihnen leicht. Sie haben eine hohe schriftliche Kompetenz. Aber wirklich Spaß macht Ihnen das Schreiben von Briefen nicht. Dann sollten Sie sich gut überlegen, ob Sie Ihr Geschäftsfeld um Coaching via E-Mail erweitern möchten. Denn Ihre Tätigkeit sollte Ihnen auch Spaß machen – vor allem, wenn Sie in neue Gebiete vordringen.

*Achten Sie auf Ihre eigene Zufriedenheit*

## 6.3
# Was unterscheidet Ihre Arbeit in Präsenz von Ihrer geplanten virtuellen Arbeit?

Setzen Sie sich nun gezielt mit den Unterschieden zwischen Präsenzcoaching und virtuellem Coaching auseinander (Vorlage im Download-Bereich). Verschaffen Sie sich einen strukturierten Überblick. Am besten differenziert nach den Formaten, die Sie ansprechen:

Wo liegen die Unterschiede in Bezug auf …?

|  | Face-to-Face | Online-Variante 1 | Online-Variante 2 | Anmerkung |
|---|---|---|---|---|
| Einstiegshürden für den Kunden | | | | |
| Information über das Angebot | | | | |
| Vorbereitung auf das Coaching | | | | |
| Kommunikation | | | | |
| Interventionen | | | | |
| Visualisierung des Prozesses | | | | |
| Dokumentation | | | | |
| Transfer und Nachhaltung | | | | |

**Wie unterscheidet sich Ihre Präsenzarbeit von der geplanten virtuellen?**

Bedenken Sie bei all Ihren Überlegungen, dass ein Coaching-Prozess immer einmalig und individuell ist. Es gibt kein Schema F, auch wenn Sie sich Standards zurechtlegen. Zentrales Element jedes Coachings ist der Dialog zwischen Klienten und Coach – egal, mit welchem Medium.

## 6.4

# Entweder – oder? Nein! Mixen und ergänzen Sie Zusatzservices für echten Mehrwert

*Blended – der Mix macht's*

Blended Counselling ist ein Anglizismus, der die Verknüpfung von unterschiedlichen medialen Formaten beschreibt. Das bedeutet nicht zwangsläufig, dass ein Face-to-Face-Format mit einem Online-Format gemischt werden muss. Es können genauso gut zwei oder mehrere Online-Formate sinnvoll verknüpft werden. Beispielsweise kann es sinnvoll sein, nach einem virtuellen Treffen im 3-D-Raum eine Einzelreflexion per Mail abzufragen. Die gestellten Fragen soll der Klient dann in einem bestimmten Zeitraum bearbeiten und dem Coach zurückschicken. Ich persönlich nutze gerne Messenger-Systeme oder kurze Mails für Erfolgsmeldungen. Beispiel: Ich unterstütze eine Führungskraft dabei, ein schwieriges Mitarbeitergespräch vorzubereiten. Am Tag des Gesprächstermins setze ich mir eine Erinnerung in den Kalender und schicke dann kurz vor Feierabend zwei Reflexionsfragen zur spontanen Beantwortung: Was ist Ihnen besonders gut gelungen? Was möchten Sie beim nächsten Gespräch anders machen?

Der Vorteil: Ich bin viel näher am Geschehen meines Klienten. Der Klient erfährt, dass er keine bloße Nummer ist, sondern dass mich auch sein Fortschritt interessiert. Und zwar nicht erst in zwei Wochen beim nächsten Treffen, wenn seine Eindrücke schon längst verflogen sind. Nein. Sofort nach seinem Gespräch, wenn er selbst auch noch gedanklich im Gespräch ist. Ich schaffe Vertrauen und Nachhaltigkeit.

Die Kehrseite der Medaille ist, dass ich als Coach mir bewusst meine Grenzen setzen muss. Schließlich möchte ich nicht der ständige Begleiter sein, der auf Knopfdruck erreichbar ist. Ein gesundes Maß halten und Feingefühl sind gefragt. Es empfiehlt sich meiner Meinung nach nicht, bei jedem Thema umgehend nachzufragen. Vielmehr sollte der Coachee angeleitet werden, eigenständig zu reflektieren und seine Erkenntnisse für den nächsten Termin bereitzuhaben.

Unterstützend bieten viele Coachs eine gewisse Erreichbarkeit in den Phasen zwischen den Coaching-Terminen an. Das bietet sich im Online-Bereich zusätzlich an. Überlegen Sie sich gut, welche Art (z.B. E-Mail) von Kontaktpunkten Sie abdecken können. Grundsätzlich sollten Sie keine Rund-um-die-Uhr-Erreichbarkeit gewähren. Auch Sie benötigen Erholungspausen. Vereinbaren Sie konkrete Reaktionszeiten und ziehen Sie Grenzen bezüglich der Häufigkeit der Zwischenkontakte. Bedenken Sie auch, ob Sie für diesen Service zusätzliche Vergütungsbausteine in Ihrem Angebot einführen.

*Zusatzservices für Ihren Klienten*

Kleine Geschenke erhalten die Freundschaft. Dieses Sprichwort gilt auch in geschäftlichen Beziehungen. Kreative Ideen sind gefragt. Manchmal kann es hilfreich sein, ein gezieltes Zitat, eine Metapher, Geschichte, Meditation etc. außerhalb der Coaching-Termine passend zum Kundenthema oder -ziel zuzusenden. Im Online-Geschäft kann es darüber hinaus eine nette Abwechslung und beziehungsfördernd sein, wenn Ihr Kunde ein haptisches „Geschenk" bekommt. Zum Beispiel in Form eines Tagebuchs für seine Reflexion. Oder bedruckte Post-its mit Achtsamkeitsübungen oder Reflexionsfragen, die er sich an den Spiegel, die Kühlschranktür oder den PC-Bildschirm kleben kann. Postkarten mit passenden Motto-Sprüchen sind eine andere Art der kleinen Aufmerksamkeit. Oder eine schöne Urkunde, wenn er ein Etappenziel erreicht hat, auf das er besonders stolz sein soll. Ich schicke dem Kunden beispielsweise gerne das Stärkenrad und ein paar Reflexionsfragen dazu nach Hause (wenn wir mit dem 8S® Stärkeprofil arbeiten). Das verleiht Ihrer Beziehung vielleicht eine persönliche Note.

*Kleine „Geschenke" für die Beziehungspflege*

## 6.5

# Wer sind Ihre Klienten?

*Wer sind Ihre „Wunschkunden"?*

Doch wer sind eigentlich Ihre Klienten? Welche Wunschkunden möchten Sie mit dem Online-Geschäftsfeld anziehen und bedienen? Kunden sind bereit, Zeit und Geld in Coaching zu investieren, wenn die Wahrscheinlichkeit gegeben ist, dass sie ihre Ziele erreichen und sie das Angebot anspricht. Der Wert Ihres Geschäftsmodells orientiert sich am Nutzenversprechen für Ihren Kunden. Was hat er von der Zusammenarbeit mit Ihnen? Wobei unterstützen Sie ihn, was er allein nicht schaffen würde? Was ist das Besondere, das Hilfreiche in Ihrem virtuellen Angebot, das Sie von Ihren Kollegen abhebt? Nehmen Sie sich ein paar Minuten Zeit und denken Sie über folgende Fragen nach:

- Welche Personengruppen spreche ich an (Männer, Frauen, Generationen, Berufsgruppen, Großunternehmen, Privatpersonen, Mittelstand)?
- Was hindert meinen Kunden daran, sein volles Potenzial zu entfalten? Welche typischen Ängste/Themen/Probleme beschäftigen ihn? Was motiviert ihn?
- Bei welchen Themengebieten suchen meine Wunschkunden Unterstützung?
- Warum braucht er/sie gerade mich? Wie kann ich ihm/ihr konkret helfen?
- Welche Medienaffinität vermute ich bei meinen Wunschkunden?

- Wie kommunizieren, wie informieren sich meine Zielkunden?
- Welche neuen Kundengruppen möchte ich erschließen?
- Oder biete ich eine Ergänzung des Portfolios für meine Bestandskunden an und suche nicht aktiv nach neuen Kundengruppen?
- Welche mediengestützten Formate haben welche Kundengruppen vielleicht schon bei mir angefragt?
- Welche Gruppe von Entscheidern hat welche Fragen (z.B. Personalentwickler, Führungskräfte, Berufseinsteiger)?

## 6.6 Wie soll Ihr Angebot aussehen?

*Was möchten Sie anbieten?*

Im nächsten Schritt machen Sie sich Gedanken über Ihr konkretes Online-Angebot – wie soll es aussehen:

- Welche Medien nutze ich heute schon in meiner Arbeit?
- Welche Medien möchte ich zukünftig zusätzlich oder anders nutzen?
- Wird es Pakete (z.B. Kontingente für Telefoncoaching) geben?
- Gibt es individuelle Angebote?
- Wie flexibel möchte bzw. kann ich auf Kundenanfragen reagieren? Wie kurzfristig gibt es Termine in welchem Medium?
- Wie fügt sich dieses neue Angebot in mein bestehendes Portfolio ein? Wann habe ich Zeitfenster für die virtuelle Arbeit?
- Gibt es eine Art „Pilotprojekt" für Unternehmenskunden? Was kann ich einem Personalentwickler als Test anbieten, um einen Fuß in die Tür zu bekommen?
- Möchte ich ein integriertes Angebot nutzen?
- Was macht mein Online-Angebot besonders?
- Was ist der Unterschied zu den anderen Online-Angeboten auf dem Markt?
- Wo finde ich spezielle Angebote auf Basis meiner persönlichen Kompetenzen?

Vielleicht hilft Ihnen die Beschäftigung mit konkreten Interventionen, um die Anforderungen an Ihr Geschäftsmodell und die Auswahl der Technik zu unterstützen:

*Welche Interventionen können Sie virtuell umsetzen?*

- Welche Methoden/Interventionen kann ich mir im virtuellen Raum vorstellen?
- Was sind meine Lieblingsmethoden, die häufig zum Einsatz kommen?
- Sind diese auf die von mir gewählte Variante des virtuellen Coachings übertragbar bzw. auf welche Medien kann ich die Methode übertragen und wie?
- Welche anderen Methoden kenne ich, die gut nutzbar sind?
- Welche „neuen" Interventionen könnten hilfreich sein?
- Wo bekomme ich neue Ideen?

## 6.7 Was brauchen Sie (noch) dazu?

*Welche gewünschten Fähigkeiten sollten Sie noch schulen?*

Nehmen Sie sich an dieser Stelle nochmals Ihre Kompetenzen aus den vorigen Übungen vor. Was brauchen Sie selbst noch an Kompetenzaufbau – zu Ihrer Sicherheit oder um Ihr Zielbild zu erreichen? Welche Fähigkeiten sollten Sie schulen, um Ihre Wunschkunden zu erreichen bzw. diesen einen Mehrwert zu bieten?

Konkrete Fragen dazu:

- ▶ Brauche ich Schulungen? Welche? (Linkliste im Download-Bereich)
- ▶ Welche Demoversionen möchte ich mir anschauen?
- ▶ Welche Anwendungsvideos gibt es im Internet?
- ▶ Über welchen Weg erhalte ich einen guten Einblick in Funktionsweisen und Grenzen der unterschiedlichen Formate?
- ▶ Wie schaffe ich mir Übungsmöglichkeiten im geschützten Raum?
- ▶ Habe ich Stammkunden, die sich gerne auf ein Experiment einlassen würden?
- ▶ Wo kann ich mir bei Bedarf Hilfe/Unterstützung holen? Gibt es z.B. Interessengruppen/Verbände/erfahrene Kollegen, die ich ansprechen kann?
- ▶ Welche Medien/Formate sind für welche Anliegen geeignet? Was glaube ich, kann ich gut wo anbieten?

- ▶ Welche Wahrnehmungskanäle sind bei mir besonders ausgeprägt?
  - Worin bin ich richtig gut? Visuell, auditiv, somatisch?
  - Kann ich den wegfallenden Wahrnehmungskanal in meiner Arbeit guten Gewissens kompensieren (je nach Alternative)?
  - Wo sind meine persönlichen Grenzen? Welche Wahrnehmungskanäle brauche ich unbedingt, um gute Arbeit leisten zu können?
- ▶ Wie schaffe ich es, trotz der räumlichen Distanz die erforderliche persönliche Nähe herzustellen? Wie viel Nähe braucht ein erfolgreicher Prozess überhaupt? Was ist meine Erfahrung und wie kann ich die hier nutzen?
- ▶ Welche Unterstützung brauche ich in Bezug auf Rechtsicherheit?

## 6.8

# Weiterbildungsangebote auf dem Markt – Worauf achten?

*Auswahlkriterien*

Es kann sinnvoll sein, sich gezielt als virtueller Trainer/Coach fortzubilden. Gerade wenn Sie dieses Geschäftsfeld intensiver erobern möchten, halte ich persönlich eine Weiterbildung für unumgänglich. Ebenso wie bei klassischen Coaching-Ausbildungen gibt es auch hier inzwischen wenig Übersicht. Folgende Auswahlkriterien sollten Sie bei der Suche nach einer Qualifikationsmaßnahme beachten:

- ▶ Der Dozent sollte sowohl selbst eine fachlich fundierte (Coaching-)Ausbildung haben, denn nur als Experte auf seinem Gebiet kann er Fachkenntnisse sicher weitergeben, als auch eine entsprechend nachgewiesene Expertise in verschiedenen Bereichen der Online-Bildung.
- ▶ Die Lerninhalte müssen so beschrieben sein, dass ich die Lernziele aller Einheiten erkennen und mit meinem Lernbedarf abgleichen kann.
- ▶ Optimal ist die Ausbildung aufgestellt, wenn ich direkt an meinen persönlichen Themen arbeiten kann. Bietet der Kurs ganz konkrete Hilfestellungen für den eigenen Berufsalltag, die im Nachgang sofort umgesetzt werden können?
- ▶ Welche Technik wird verwendet? Habe ich die Chance, verschiedene Formate oder Plattformen kennenzulernen?

- ▶ Eine Übersicht/Auswahl von Trainingsangeboten finden Sie im Download-Bereich in der Linkliste.

## 6.9 Das empfehlen Experten für das erfolgreiche Online-Coaching-Business

Nun sollten noch einmal die Profis zu Wort kommen. Denn sie haben bereits einen guten Teil der Reise zurückgelegt und können ihre Erfahrung nun mit Ihnen teilen.

### Ursula Diettrich

Basis für Online-Coaching ist aus meiner Sicht immer eine fundierte Coaching-Ausbildung – unabhängig von den Medien. Wie sehen Sie das?

„Ganz genauso. Ich merke das live gerade bei den Mitgliedern unserer Peer-Gruppe. Einer der Teilnehmer durchläuft parallel seine Coaching-Ausbildung. Zwar bringt er viel Führungserfahrung mit, aber die emotionalen Parts im Coaching sind für ihn noch herausfordernd. Man wächst in jeder Ausbildung selbst. Und das ist gut so, denn Selbstreflexion ist einfach wichtig. Genauso wie kollegiale Intervisionen. Ich halte es für gefährlich, einsam im Büro Online-Coachings ohne den regelmäßigen Spiegel durchzuführen."

### Dr. Martin Emrich

Wie haben Sie sich vorbereitet? Gab es Schulungen?

„Das war hauptsächlich Learning by Doing. Es hat sich im Laufe der Zeit so aus meiner Erfahrung beim Durchführen von Webinaren mit bis zum Teil 100 Leuten ergeben. Man muss dann ja immer das ganze Geschehen im Blick haben. Wo gehen Daumen hoch oder runter oder wann gehe ich auf die Fragen *im Chat ein? Das würde ich übrigens jedem Coach raten, im Kontext eines Webinars zu üben. Wenn man das da gut hinbekommt, dann geht es auch mit einem Gegenüber viel leichter. Die eigene Hemmschwelle, mediengestützte Tools zu nutzen, wird geringer. Und das habe ich mir tatsächlich selbst erschlossen. Ich habe nie eine Schulung gemacht. Aber das Glück, Freunde zu haben, die sehr gut in diesen Bereichen unterwegs sind und von denen ich sehr viel gelernt und mitgenommen habe."*

Sie bieten selbst Coaching-Ausbildungen an. In welcher Form fließt Online-Coaching dort ein?
*„Im Modul 5 behandeln wir Telefoncoaching relativ breit. Außerdem bekommen alle Teilnehmer meine Publikation über Coaching via XING, LinkedIn, SMS, WhatsApp, YouTube und Co. Und diese Themen werden dann natürlich ausführlich diskutiert. Vor allem natürlich die Bedenken, die sofort auftauchen. Sowohl Klient als auch Coach sollten sich aus meiner Sicht auf den Social-Media-Kanälen (XING, LinkedIn, Facebook) über den anderen informieren. Um auch herauszufinden, ob Ziele und Verhalten mit seinem Auftreten und Wirken in den Medien zusammenpassen. Ich verschaffe mir so grundsätzlich Infos über den Klienten und mache das sehr akribisch. Ich hatte zum Beispiel einen Klienten, der über XING seine komplette Akquise gefahren hat. Und der Auftritt, die eigene Darstellung waren eine Katastrophe. Da ist die Zeit für die Recherche wirklich gut investiert. Und das hilft mir, um schnellen Rapport aufbauen, oder schon erste Hypothesen für die gemeinsame Arbeit zu bilden."*

### Dr. Melanie Hasenbein

Sie haben zunächst selbst online gecoacht – und dann?
*„Genau. Ich habe zunächst damit angefangen, mich mit diesem Thema zu beschäftigen, um dann die ersten Coachings online bzw. als Blended-Formate durchzuführen. Meistens arbeite ich auch heute mit einer Mischung, ausschließliches Online-Coaching ist eher die seltenere Form in meiner Praxis.*

*Nach der erfolgreichen Integration des Online-Coachings in mein eigenes Unternehmen stellte sich zwangsläufig die Frage, was wir Coachs an 'neuen' Kompetenzen brauchen, um online wirksam coachen zu können. Ausgangspunkt war also zunächst die eigene Praxiserfahrung, ergänzt durch Erkenntnisse aus dem Forschungsprojekt. Gemeinsam mit Kollegen, wie z.B. Peter Behrendt, setze ich mich intensiv damit auseinander, wie man Coachs für das Online-Geschäft qualifizieren und eben in diesen ‚neuen' Kompetenzen weiterbilden könnte. So sind dann Online-Coaching-Ausbildungen unter anderem für die Cooning GmbH entstanden. Bei der Akademie für Führungskräfte begleite ich eine allgemeine Coaching-Ausbildung, und auch dort ist Online-Coaching Bestandteil von vier Modulen. Durch diese konkreten Weiterbildungsprojekte setze ich mich immer wieder mit diesem Thema auseinander und kann Praxis und Forschung optimal verknüpfen. Denn das ist mir persönlich ein großes Anliegen: alle Angebote bedarfsgerecht und praxisnah aufzubauen."*

Wenn Sie an Ihre Ausbildung denken, was ist für Sie das, was ein Online-Coach unbedingt mitbringen muss?
„Zunächst einmal keine Angst. Bedenken darf man natürlich haben, aber nicht zu viel Angst, sich mit dem Neuen auseinanderzusetzen. Eine gewisse Offenheit, erst mal auch ausprobieren zu wollen. Ich finde das ist eine ganz wichtige Grundvoraussetzung. Alles andere kann man meiner Meinung nach lernen. Wichtig ist der sichere Umgang mit Medien, also sich eine gewisse Medienkompetenz aufzubauen. Die muss ich nicht von Anfang an haben, ich kann mich mit den Tools auseinandersetzen. Etwas ausprobieren. Herausfinden, wo es Vor- und Nachteile gibt usw. Natürlich spielt die Kommunikation eine zentrale Rolle. Ich muss noch mal anders aktiv zuhören, viel präsenter sein, immer wieder spiegeln. Dann sind die Sprache und eine textbasierte Kompetenz wichtig. Ich muss zum Beispiel darauf achten, mit meinem Sprachtempo ganz beim Coachee zu sein. Denn Sprache spielt eine wichtige Rolle.
Zu bedenken ist aber auch, wie wir generell im Netz kommunizieren – quasi eine Art Netiquette und einen angebrachten

*Einsatz von Smileys und Co. Auch hier sollte sich jeder Online-Coach damit auseinandersetzen, worauf jeweils zu achten ist. Oder was an welcher Stelle gut eingesetzt werden kann und was vielleicht besser nicht. Wie gehen wir mit Abkürzungen um? Versteht mich mein Coachee oder produzieren Abkürzungen eher Missverständnisse. All diese Facetten brauchen Bewusstsein und es geht darum, die richtige Dosierung zu finden. Jeder Coach sollte sich mit einer gewissen Bandbreite an Tools auseinandersetzen, sie kennenlernen und sich up to date halten. Auf dem Markt passiert gerade unfassbar viel. Und genau wie immer im Coaching kommt es am Ende darauf an, als Coach authentisch zu sein. Das bedeutet, dass ich mir gut überlegen muss, ob es mir selbst Spaß macht, zum Beispiel mit Avataren zu arbeiten. Ob ich von der Wirkung und der Sinnhaftigkeit dieser Tools überzeugt bin. Oder ob ich lieber eine einfachere Form nutze.*

*Wichtig ist, das immer wieder zu reflektieren. Online-Coaching braucht eigentlich noch mehr Aufmerksamkeit als Präsenz. Dazu gehört auch, dass ich mich als Coach vorbereite und mich frühzeitig ins Medium einwähle usw. Und dann heißt es üben, üben, üben. Deshalb ist es mir in den Ausbildungen wichtig, dass die angehenden Online-Coachs eigene Fälle einbringen, daran üben und die Supervision oder kollegiale Beratung für ihre Weiterentwicklung nutzen. Mit Übung und Supervision kommt dann die Sicherheit und dann der Aha-Effekt – nicht wenige stellen dabei fest, dass Online ‚gar nicht so schlimm ist' oder vielleicht sogar Spaß macht."*

### Anja Röck

Wie haben Sie sich auf das Online-Coaching vorbereitet?
„Ich habe eine Teletutoren-Ausbildung gemacht, dann eine Live-Online-Trainer-Ausbildung. Und ich nutzte verschiedene andere Schulungen, sowohl synchron als auch asynchron. Und in dem Zuge fand ich dann eben auch immer mehr heraus, was mir gefällt und was nicht. Wo meine Grenzen und wo auch Knackpunkte sind. Wo ich mich verloren fühlte, habe ich darü-

ber nachgedacht, wie man andere an dieser Stelle auffangen kann. Ich habe mich sehr viel reflektiert und dann versucht, meine Erkenntnisse in meine Angebote wieder einzubringen. Die spannende Frage ist aber nicht nur, worauf kann ich mich einlassen, sondern auch, wo und wie kann sich mein Gegenüber auf die Online-Zusammenarbeit einlassen. Wie kann ich ihn dabei unterstützen, indem ich bestimmte Techniken einsetze? Und ich habe bisher noch nie erlebt, dass es nicht funktioniert hat. Diese Erfahrungen sind inzwischen alle in meine eigenen Qualifizierungsangebote eingeflossen. So kann ich andere auf ihrem Weg ins Online-Coaching praxisorientiert begleiten."

## 6.10

# Die Sache mit den Finanzen – Zahlungsmodalitäten und Preiskalkulation

*Weniger ist mehr*

Ich hoffe, Sie haben inzwischen eine Idee oder schon ziemlich konkrete Vorstellungen von Ihrem Weg in das Online-Coaching-Business. Bedenken Sie dabei: Weniger ist mehr. Sofern Sie Ihre Idee konkretisiert und die technischen Voraussetzungen geschaffen haben, geht es um die Gestaltung des konkreten Angebots. Und zwangsläufig um den Preis. Grundsätzlich sollte Ihre Leistung gleich viel wert sein – egal, ob in Face-to-Face oder online. Ihre Kompetenz, Ihre Erfahrung, Ihr Einsatz ist die/der gleiche – nur das Medium ein anderes (Ausnahme: Selbstcoaching-Programme, die Sie einmalig entwickeln und die automatisiert ablaufen).

*Preisgestaltung*

Wie erfolgt Ihre Preisgestaltung? Das hängt auch davon ab, welche neuen Kosten Ihnen durch das gewählte Modell entstehen. Stellen Sie sich beispielsweise folgende Fragen:

- Welche zusätzlichen Kosten für Technik habe ich (z.B. Lizenzgebühren, Anschaffungen, einmalige Kosten, fortlaufende Kosten)?
- Wie viel Zeit plane ich für Vor- und Nachbereitung? Was kostet diese Zeit?
- Sind Einführungen, Technik-Checks, Systemtests erforderlich? Was berechne ich dafür?
- Wie viel Unterstützung ist im Honorar inklusive?
- Verlange ich für die Nutzung eines virtuellen Raumes ausgewiesene „Lizenzgebühren"?

- Was kostet mein Zeiteinsatz den Kunden in welchem Medium?
- Brauche ich neue Zahlungsmodalitäten für mein neues Geschäftsfeld?
- Brauche ich Unterstützung bei Rechnungsstellung und Bezahlung wegen hoher Kundenzahlen?
- Sind Online-Bezahlsysteme sinnvoll bzw. eine Option? Oder funktionieren meine bisherigen Rechnungs- und Bezahlwege?
- Zahlt der Kunde den Gesamtbetrag vorab oder am Ende?
- Ermögliche ich Teilzahlungen?

## 6.11

# Sichtbarkeit und Marketing

Ihre ganze Vorbereitung und Professionalität helfen Ihnen wenig, wenn Sie damit nicht sichtbar sind. Das kann Sie vor eine weitere Herausforderung stellen. Denn natürlich sollten Sie als Online-Coach auch in Online-Medien auffindbar sein. Dazu eignen sich zum Beispiel Social-Media-Kanäle und evtl. auch gezielte Werbemaßnahmen. Doch lassen Sie uns auch hier systematisch vorgehen.

### 1. Ihre persönliche Webpräsenz

*Homepage, SEO, Expertendatenbanken*

Findet man Ihr Angebot mit all seinen Vorteilen auf Ihrer Homepage? Nehmen Sie sich die Zeit, hier gute Basisarbeit zu leisten. Hier sind wir weniger im Empfehlungsgeschäft unterwegs. Ihre potenziellen Kunden achten auf Ihre virtuelle Visitenkarte im Netz. Dabei ist es auch hilfreich, Ihren eigenen Namen regelmäßig in diversen Suchmaschinen nachzuschlagen. Gefällt Ihnen, was Sie finden? Werden Sie gut gefunden? Falls nicht, gilt es nachzubessern. Hier hilft Ihnen Suchmaschinenoptimierung. Bauen Sie prägnante Schlüsselworte in all Ihren Profilen und Inhaltsseiten ein. Falls Sie dafür Unterstützung benötigen, wenden Sie sich am besten an Ihren Webmaster oder SEO-Experten. Durchforsten und ergänzen Sie alle Ihre Online-Profile (denken Sie z.B. auch an Expertendatenbanken bei kommerziellen Anbietern und bei Verbänden).

## 2. Content-Marketing

Versuchen Sie, sich über Expertise bekannt zu machen. Das geht am einfachsten über einen Blog, der hochwertige Artikel und somit den Lesern Mehrwert bietet. Aber auch Gruppenbeiträge in Social Networks bringen Ihnen Aufmerksamkeit. Genauso Veröffentlichungen auf weiteren Online-Kanälen. Entwickeln Sie für sich einen Redaktionsplan, der Sie dabei unterstützt, regelmäßig zu Ihrem Thema inhaltsstarke Posts zu veröffentlichen.

*Blog, Social-Media-Aktivitäten*

## 3. Netzwerke nutzen

Informieren Sie Ihre Bestandskunden mit den Ihnen zur Verfügung stehenden Kommunikationswegen. Schreiben Sie Mails, rufen Sie an, ... Nutzen Sie all Ihre Netzwerke, z.B. auch die Verbandskontakte.

## 4. Anzeigen

Sämtliche Suchmaschinen oder Social Networks bieten Anzeigenformate an. Hier gehen die Meinungen auseinander, was wirklich funktioniert. Mein Tipp: Testen Sie mit kleinem Budget verschiedene Möglichkeiten und finden Sie selbst heraus, ob sich eine Anzeigenschaltung für Sie rechnet. Beobachten Sie während der Kampagne Zugriffszahlen auf Ihre Homepage und echte Anfragen.

## 5. Landingpage

Wenn Sie Anzeigenmarketing testen, empfiehlt sich der Aufbau einer eigenen Landingpage. Das ist eine eigens für ein konkretes Angebot eingerichtete Website, die mit ihren Botschaften genau auf die gewünschte Zielgruppe ausgerichtet ist. Sämtliche Ablenkungen von diesem Angebot werden eliminiert. Zentral ist ein Response-Element, das den Besucher zur Interaktion animiert. Das kann ein Anfrageformular sein, eine Terminanfrage für ein Beratungsgespräch, die Anforderung von Informationsmaterial o.Ä.

## Qualitätskriterien

Wie es für Coaching im Allgemeinen keine generell verankerten Qualitätsstandards gibt (die großen Coaching-Verbände arbeiten an ihren Qualitätsstandards und geben eine ganz gute Orientierung), so gibt es analog auch keine institutionalisierten für Online-Coaching. Nichtsdestotrotz spielt Qualität im Coaching-Prozess eine wichtige Rolle. Ehrlicherweise sprechen wir hier ausschließlich um Selbstverpflichtungen von uns als Coachs. Die folgenden Qualitätsmerkmale für Online-Coaching entstammen meiner persönlichen Erfahrung und meiner Ansichten – ohne Anspruch auf Vollständigkeit oder Allgemeingültigkeit. Vieles davon wurde jedoch in unterschiedlichen Studien ähnlich definiert.

*Qualitätsmerkmale*

Das Angebot sollte sich an den persönlichen Zielgruppen und deren Bedürfnisse und Möglichkeiten orientieren. Damit ist gemeint, dass die Information zum Angebot (z.B. auf der Website) in Sprache und Komplexität an die Zielgruppe angepasst sein sollte. Die eingesetzten Tools sollten niedrigschwelligen Zugang ermöglichen, sodass der Kunde ohne großen technischen Aufwand am Prozess teilnehmen kann. Achten Sie auf nutzerfreundliche Anwendungen. Der Schwerpunkt Ihrer Interaktionen mit dem Kunden sollte nach wie vor auf der inhaltlichen Arbeit liegen und nicht auf technischen Erläuterungen.

*Datenschutz* Das Angebot mit den entsprechenden Rahmen- und Nutzungsbedingungen muss transparent und nachvollziehbar sein. Dazu gehören auch Hinweise zum Datenschutz (Pflicht!) und zur IT-Sicherheit (siehe auch Seite 276 ff.).

Als Coach (eine entsprechende Qualifikation setze ich voraus) sollten wir idealerweise eine Zusatzqualifikation für Online-Coaching/Online-Beratung aufweisen können und auch ausreichend Erfahrung mitbringen. Die Evaluation, auf die Sie bestimmt in Ihrer bisherigen Arbeit Wert legen, können Sie einfach um den Aspekt des verwendeten Mediums ergänzen.

So bekommen Sie umgehend Rückmeldung, welche Kommunikationswege für Ihre Klienten „funktionieren".

In der Regel achten Coachees jedoch auf folgende Merkmale:

*Darauf achten Ihre Kunden*

1. Habe ich die volle Aufmerksamkeit meines Coachs? Ist er/sie als Persönlichkeit präsent und bei mir?
2. Werde ich individuell betreut? Werde ich mit meinem Anliegen gesehen und maßgeschneidert „versorgt"?
3. Ist mein Coach sicher beim Einsatz seiner/ihrer Methoden? Schöpft er/sie aus einer Vielzahl möglicher Interventionen das, was mir in meiner Situation hilft?
4. Funktioniert die technische Umsetzung? Bringen mir unsere Settings Mehrwert, ohne dass die Technik uns ablenkt oder das konzentrierte Arbeiten stört?

Vielleicht wundern Sie sich jetzt, dass die technischen Komponenten erst zum Schluss aufgeführt sind? Das ist kein Zufall. Meine Erfahrung zeigt mir, dass die Technik eine Grundvoraussetzung ist. Sie muss einfach funktionieren. Das „echte" Qualitätsmerkmal ist und bleibt aber auch im Online-Setting der Coach als Mensch und Persönlichkeit.

## Komplexitätsfalle

Um einmal Carlos Ghson, den CEO Renault-Nissan, zu zitieren: *„Einfachheit verlangt nach japanischer Auffassung sehr viel Arbeit. Kompliziert sein ist einfach."* Unsere Welt wird mit den zunehmenden Möglichkeiten immer komplexer. Betrachten Sie dazu einfach mal Ihr eigenes Business. Wie sah Ihr Geschäftsmodell vor 15 Jahren aus? Wie viele Varianten haben Sie angeboten? Mit wie vielen Marketingaktivitäten haben Sie sich neben dem Coaching beschäftigt? Wo waren Ihre Kunden? Oder blicken Sie auch gerne mal in Ihr privates Umfeld. Wie viele Aktivitäten gab es in der Freizeit? Welche Optionen für Urlaube? Für Ernährung? Für Bildung? Ihnen fallen bestimmt noch viel mehr Dinge ein, die heute wesentlich komplexer sind als früher. Betrachten Sie sich nur mal

*Machen Sie wenige Angebote klar transparent*

die Anzahl von Produkten in Supermärkten. Es ist oft nicht leicht, den richtigen Anbieter zu finden. Egal, ob fürs Smartphone, für das Auto, für technische Geräte im Haushalt usw. Genauso ergeht es unseren Kunden im Sektor Weiterbildung. Es gibt so viele verschiedene und nicht vergleichbare Angebote rund ums Coaching. Glauben Sie, Ihr Zielkunde hat Lust, sich mit aufwendigen Vergleichen zu beschäftigen? Sind Sie der Meinung, dass es ihm gefällt, wenn er erst einmal eine halbe Stunde auf Ihrer Homepage surfen muss, um Ihr Angebot zu verstehen? Oder Ihre Verträge, wenn er so weit gekommen ist? Denn vermutlich wird er Ihre Webpräsenz ziemlich schnell verlassen (innerhalb weniger Minuten!), wenn ihm die Beschäftigung damit zu komplex erscheint. Die Gefahr besteht darin, dass Sie zu viele Varianten anbieten und sich damit verzetteln. Fangen Sie lieber klein an und bauen Sie dann Ihr Online-Geschäft aus. Aber bleiben Sie klar und gut nachvollziehbar. Damit punkten Sie bei Ihren Kunden mehr als mit einem allumfassenden Angebot.

# 7. Wissenswertes

# 7. Wissenswertes

Bevor Sie loslegen, empfehle ich Ihnen, sich mit ein paar Grundlagen auseinanderzusetzen. Wir starten bei der Didaktik an sich, denn diese bildet nun mal die Basis allen Lernens und somit unserer Arbeit als Coach. Unterscheidet sich die Didaktik im Online-Bereich überhaupt von Didaktik der Präsenz? Die Antwort finden Sie gleich im Anschluss. Bitte achten Sie auch im Online-Kontext auf den rechtlichen Rahmen. Das Thema Datenschutz und IT-Sicherheit steht mit hoher Priorität auf Ihren „Reiseunterlagen" aufs Meer der digitalen Coaching-Möglichkeiten. Auch Bildmaterial ist beispielsweise schnell aus dem Internet kopiert und in eigene Folien eingebaut. Sie können sich hier richtig Ärger einhandeln, denn Unwissenheit schützt vor Strafe nicht. Dabei gibt es genügend Wege, um zum Beispiel ganz legal an gutes Bildmaterial zu kommen. Dazu finden Sie in diesem Kapitel ab Seite 280 mehr. Abschließend noch ein paar Gedanken zu Ihrem eigenen Arbeitsplatz und Ihren internen Prozessen und unterschiedlichste Praxiserfahrungen von Experten.

## 7.1

# Mediendidaktik und Lernprozess

**Mediendidaktik**

Didaktik beschreibt die „Wissenschaft" des Lehrens und Lernens und ist Kernstück der Pädagogik. Didaktik ist mehr als die Auswahl einer geeigneten Methode. Sechs zentrale Fragen gehören zur Didaktik (Schlutz, 2006):

*Sechs Fragen zur Didaktik*

Abb.: Die sechs Fragen zur Didaktik nach Schlutz (2006)

Zusammengefasst geht es darum, zu verstehen, wie „Lernen" funktioniert, wie es gefördert werden kann, wie die Kommunikation gestaltet werden sollte und wie Qualität gesichert werden kann (kontinuierliche Reflexion). Zugegeben, Didaktik spielt eine zentrale Rolle bei Lernkonzepten. Sie fragen sich vielleicht gerade, was das mit dem Online-Coaching zu tun hat? Wissen über die Funktionsweise von Lernprozessen ist aus meiner Sicht hilfreich, um erfolgreiches Coaching anzubieten. Denn: Lernen verändert sich. Wir kommen immer mehr weg vom „Vorratslernen", hin zum On-demand-Lernen. Und genau dort setzt Coaching auch an. Ihre Klientin möchte anderes/neues Verhalten lernen.

*On-demand-Lernen*

Die Lernprozesse sind die gleichen wie beim Aneignen von Wissen. Nur – und das ist meines Erachtens ein wichtiger Unterschied – ist es in der Regel deutlich schwieriger, Verhalten zu verändern, als sich reines Wissen anzueignen. Medien sind in der zukünftigen Arbeitswelt eine wichtige Brücke zu Ihrer Klientin. Stellen Sie sich vor, Sie begleiten eine Führungskraft dabei, ein räumlich verteiltes Team aufzubauen und gut zu führen. Die Fragestellungen der Führung aus der Distanz lassen sich perfekt in ein Online-Setting des Coachings übertragen. Denn genau die Faktoren, die Führung erschweren (fehlende Wahrnehmungskanäle, persönlicher Kontakt von Angesicht zu Angesicht, schnelle Abstimmungen an der Kaffeemaschine, Entwicklung eines Zusammengehörigkeitsgefühls, Motivationsprobleme usw.), sind auch Herausforderungen im virtuellen Coaching. Es ist aus meiner Sicht deshalb viel authentischer, wenn das Coaching in diesem Fall online stattfindet. Genau hier werden Themen wie Mediendidaktik und das Wissen über Lernprozesse im Gehirn relevant.

Ein Beispiel: Fallarbeit wird in Trainings gerne verwendet, um Reflexions- und Handlungskompetenz herzustellen. Mit Fallarbeit ermöglichen Sie Ihrer Klientin, ein realistisches Bild typischer Führungssituationen situativ und aus unterschiedlichsten Perspektiven von außen zu betrachten. Die digitalen Medien eröffnen Ihnen für diesen Prozess neue Möglichkeiten, indem Sie beispielsweise ein Video einer typischen Führungssituation, passend zum Thema Ihres Coachings, einsetzen. Eine Idee wäre es, das Video Ihrer Klientin per Mail zu empfehlen und Ihr einige Reflexionsfragen an die Hand zu geben. In Ihrer nächsten synchronen Sitzung nutzen Sie genau diese geistige Vorarbeit für die Ableitung eigener Handlungsoptionen zum Thema. Natürlich ist es auch möglich, das Video gemeinsam zu betrachten, z.B. im virtuellen Klassenzimmer, in Ihrer Skype-Sitzung, im virtuellen 3-D-Arbeitsraum an der Mediawall. Oder Sie nutzen diese Möglichkeit als Bereicherung in Ihren E-Mail-Coachings. Natürlich können Sie auch eigene Videos aufnehmen. Oder andere Anleitungen per Video begleitend einsetzen.

*Videoeinsatz*

Um Ihr Online-Coaching gezielt zu bereichern bzw. zu designen, hilft es deshalb durchaus, sich mit den didaktischen Ansätzen aus dem Lernkontext zu beschäftigen. Im Speziellen mit der Mediendidaktik. Mediendidaktik ist ein Teilgebiet der Didaktik und beschäftigt sich mit der Funktion von Medien, ihren Einsatzbedingungen und deren Bewertung, Auswahl, Erstellung, Gestaltung und Wirkung (Evaluation) von Medien. Und Medien sind in diesem Kontext nicht beschränkt auf technologische Mittel, Medien sind im Kontext der Didaktik zunächst alle Materialien (also auch Bücher, Arbeitsblätter etc.).

*Mediendidaktik*

In diesem Buch stellen wir jedoch die digitalen Medien in den Vordergrund. Hilfreich ist an dieser Stelle die gestaltungsorientierte Mediendidaktik nach Heimann, die Michael Kerres (Professor für Mediendidaktik und Wissensmanagement an der Universität Duisburg-Essen) aufgreift. Sein Analyseschema bietet hierfür Ansatzpunkte (Folgeseite):

# 7. Wissenswertes

| Projektziele | Was wird mit dem Medieneinsatz erhofft? |
|---|---|
| Zielgruppe | An wen richtet sich das Lernangebot? |
| Lerninhalte und -ziele | Welche Inhalte sollen mit welchem Ziel vermittelt werden? |
| Didaktische Struktur/ Methode | Wie soll das Angebot didaktisch aufbereitet werden? |
| Lernorganisation | Wie soll das Angebot organisatorisch realisiert werden? |

*Klassische Mediendidaktik wird auf den virtuellen Medieneinsatz übertragen*

Übertragen auf das virtuelle Coaching könnten Sie diese Struktur wie folgt für Ihre Zwecke anpassen – entweder für ein individuelles Online-Coaching oder generell für Ihr Angebot (je nach Größe des Auftrags).

Hier ist das Beispiel der Führungskraft aufgegriffen, die dabei begleitet werden soll, ihre Führung über Entfernungen hinweg professionell zu organisieren. Zur Erinnerung – es geht um den Medieneinsatz:

| Projektziele | • Führungsverhalten professionalisieren<br>• Empathie und Einfühlungsvermögen steigern<br>• Reflexions- und Lösungskompetenz erhöhen |
|---|---|
| Zielgruppe | Meine Klientin (neue Führungskraft mit einem im Homeoffice arbeitenden Team, bestehend aus 6 Experten) |
| Lerninhalte und -ziele | • Realitätsnahe Einblicke in typische Führungssituationen schaffen, aus der Distanz und aus verschiedenen Perspektiven<br>• Erlebbarkeit typischer Lösungssituationen herstellen<br>• Konkrete Führungssituationen bewerten und Lösungsstrategien entwickeln |
| Didaktische Struktur/ Methode | Fallarbeiten:<br>• 2 x Input per Video, dann Analyse<br>• 1 x Input schriftlich<br>• 1 Aufstellung (bestehender Konfliktfall) mit Symbolen im VC oder auf Fläche im 3-D-Raum<br>• Klassische 1:1-Coaching-Gespräche<br>• 5 Impulse per Mail |
| Lernorganisation | • Prozessbegleitung über einen Zeitraum von 8 Monaten<br>• Synchrone 1:1-Termine im virtuellen Klassenzimmer alle 3 Wochen à 90 Minuten<br>• Option: davon 1-2 Meetings im 3-D-Raum<br>• Begleitende Impulse per Mail (max. 1 Mail alle 2 Wochen)<br>• Notfall-Hotline am Telefon (max. 30 Minuten alle 2 Wochen) |

Meine Überlegungen, für diese eine Klientin anhand dieser Struktur zunächst grob zu planen, unterstützt mich persönlich dabei, einen Fahrplan zu entwickeln, mir den Aufwand und die Rahmenbedingungen zu verdeutlichen und letztendlich daraus ein fundiertes Angebot zu erstellen. Was zunächst nach viel Zusatzaufwand aussieht, wird mit jedem Kunden schneller ablaufen, da auch Sie sich in einem Lernprozess befinden. Vielleicht unterstützt Sie dieses Vorgehen auch dabei, kreative und neue Herangehensweisen für sich zu entwickeln. Denn das wiederum macht Sie und Ihr Angebot aus und damit einzigartig.

*Ein Fahrplan wird entwickelt*

## Lernprozesse und Anhaltspunkte daraus für die Wirksamkeit von Coaching

Im eingangs erwähnten Buch (Seite 77 f.) beschäftigen sich Gerhard Roth und Alica Ryba intensiv mit dem menschlichen Gehirn und seinen Funktionen, mit Persönlichkeitsmodellen, mit Lernen und Gedächtnis, mit Motivationen, Therapieansätzen und vielem mehr. Spannend sind all diese Facetten mit Blick auf die Wirksamkeit von psychotherapeutischen Verfahren und daraus abgeleitet von Coaching an sich.

Grundlegend für unser Leben sind Lernprozesse – und die laufen im Gehirn ab. Unser Gehirn ist tagtäglich unendlich vielen Reizen ausgesetzt, die es filtern und verarbeiten muss. Die wichtigste Aufgabe dabei: vergessen! Dabei sorgt es dafür, dass wir uns nur an das erinnern, was für uns wirklich relevant, also von Bedeutung ist. Das heißt übertragen auf den Coaching-Erfolg: Von Beginn an braucht das Gehirn unseres Coachees die Information, warum das, was er im Coaching-Prozess lernt (neues Verhalten an den Tag zu legen heißt, ein verändertes Verhalten zu lernen), für ihn Bedeutung und Relevanz hat. Spannend ist die Frage, welche Vorteile sich durch das veränderte Verhalten für unseren Coachee ergeben werden. Die Lern- und Gedächtnisforschung hat dazu zwei Hauptkriterien identifiziert: Proviant und Ausrüstung.

*Relevanz: Welche Vorteile ergeben sich für den Coachee durch das veränderte Verhalten?*

*Achten Sie auf gute Energieversorgung*

Starten wir mit dem Proviant. Unser Gehirn macht zwar nur etwa zwei Prozent des Körpergewichtes aus, aber wenn es aktiv am Lernprozess beteiligt ist (= Coaching-Sitzung), verbraucht es ungefähr 25 Prozent des Sauerstoffs und über 50 Prozent des Blutzuckers, der in unserem Körper vorhanden ist. In meinen Face-to-Face-Terminen steht meinem Coachee deshalb immer Wasser oder Tee und Obst, Nüsse und manchmal sogar Schokolade zur Verfügung. Auch kurze Pausen mit Durchlüften stehen auf meinem Ablaufplan. Diese Dinge sind auch im virtuellen Kontext wichtig. Es erscheint Ihnen vielleicht banal, jedoch empfehle ich Ihnen, gezielte Pausen zu machen und Ihren Coachee kurz lüften zu lassen und ihn anzuhalten, zumindest ein Wasser am Schreibtisch stehen zu haben. Nur weil Sie beide nicht am gleichen Ort sitzen, heißt das nicht, dass Sie nicht auch hier einwirken können. Denn wenn Sie effizient mit dem Gehirn Ihres Coachees arbeiten wollen, sind Sie auf gute Energieversorgung angewiesen – im Übrigen auch bei sich selbst.

Optimale Voraussetzungen schaffen Sie, wenn Sie Ihren Coachee (und sich selbst) animieren, in einer fünf- bis zehnminütigen Pause ein paar Schritte zu laufen. Dies trägt zur Leistungsverbesserung im Gehirn bei. Gerade in der virtuellen Arbeit ist dies sehr wichtig, da Ihr Coachee in der Regel einen Sitzarbeitsplatz haben wird. Aber: Halten Sie Ihren Coachee an, die Pause nicht für das Schreiben von Mails oder Ähnlichem zu nutzen – sonst wird das Gehirn sofort mit neuen Informationen überflutet. Um das Gehirn Ihres Coachees davon zu überzeugen, dass das, was er an neuem Verhalten lernen soll, für ihn Relevanz hat, benötigen Sie die richtige Ausrüstung. Starten wir mit der Ausleuchtung. Das Gehirn wird von der Bedeutung dann überzeugt, wenn wir unsere volle Aufmerksamkeit auf genau das Thema der Coaching-Sequenz richten. Klingt einfach, ist es aber nicht, denn Ablenkungen sind an der Tagesordnung. Das verleitet unser Gehirn, denn es kann passiv Informationen aufnehmen und muss nicht aktiv neues Wissen konstruieren (= Lernen).

Wie in den Tipps (Seite 128) bereits aufgeführt, sollten Sie demnach großen Wert darauf legen, dass Ihr Coachee während Ihrer Arbeit sämtliche Störquellen eliminiert. Das ist auch ein Zeichen des Respekts gegenüber Ihrer Arbeit. Während dies in einer persönlichen Begegnung relativ leicht fällt, ist die Verlockung am eigenen Schreibtisch deutlich größer, nebenher aufs Smartphone zu schauen und eine WhatsApp zu beantworten. Mal ehrlich – wir alle waren schon versucht, nebenbei noch schnell etwas zu erledigen, oder? Und wenn Sie das Gefühl haben (je nach verwendetem Tool ist es einfacher oder schwieriger, unauffällig das Smartphone zu benutzen), dass die Aufmerksamkeit verloren geht, thematisieren Sie dies umgehend. Aber bitte wertschätzend! Beispielsweise mit der Frage: *„Ich habe das Gefühl, die Konzentration nimmt ab. Sollen wir eine kleine Verschnaufpause einlegen?"* Oder: *„Bitte helfen Sie mir kurz weiter, da ich Ihre Reaktion gerade nicht einschätzen kann. Sind Sie gerade in Gedanken, oder lenkt etwas anderes Ihren Geist ab?"* Finden Sie die Worte, die zu Ihnen passen. Es ist hilfreich, sich für diesen Fall vorab die geeignete Reaktion zu überlegen.

*Beseitigen Sie Störquellen*

Wiederholungen: Stellen Sie sich vor, Sie stehen vor einer Wiese mit ziemlich viel Gestrüpp. Wenn Sie versuchen, sich einen Weg hindurch zu bahnen, müssen Sie einiges an Energie aufwenden, um auf die andere Seite zu gelangen. Der Rückweg und auch die nächsten Versuche werden schneller, da Sie einen ersten Trampelpfad hinterlassen. Je häufiger Sie diesen Trampelpfad benutzen, desto breiter wird er werden. Gehen Sie hingegen nicht mehr dort entlang, wird er über kurz oder lang wieder von der Natur zurückerobert und überwuchert. Nach einigen Tagen wird nichts mehr an diesen Weg erinnern.

*Sorgen Sie für Wiederholungen*

Etwas Ähnliches geht im Gehirn während der Lernprozesse vor. Verbindungen (Synapsen) zwischen Nervenzellen werden entweder neu geschaffen oder schneller und effizienter verbunden. Der „Weg" wird breiter. Das führt uns ein wichtiges Lernprinzip vor Augen, denn ausschließlich durch häufige

Wiederholungen werden die Synapsen stabil und effizient miteinander verbunden. Und erst dann war Lernen erfolgreich. Das bedeutet, ohne kontinuierliches Wiederholen (Dranbleiben), kann sich das neue, gewünschte Verhalten Ihres Klienten nicht durchsetzen. Er/sie wird in alte Muster zurückfallen – der neue Weg wird „überwuchert". Durch die häufigeren Interaktionsmöglichkeiten im Online-Coaching kann dieses Phänomen zum Vorteil von Lernprozessen gezielt genutzt werden.

*Aktivieren Sie durch Emotionen das körpereigene Belohnungssystem*

Ein weiterer wichtiger Baustein, der Ihren Coachee dabei unterstützen kann, die Ziele zu erreichen, ist die Aktivierung von Emotionen. Eine positive Einstellung aktiviert das körpereigene Belohnungssystem und die Ausschüttung von Dopamin. Das wiederum sorgt nachweislich für eine bessere Umsetzung. Wie schaffen wir im virtuellen Kontext Emotionen? Spannenderweise reichen oft schon ein Lächeln und ein gutes Gefühl mit Blick auf das Ziel. Als Coach können Sie Emotionen fördern, indem Sie die Wahrnehmungskanäle ansprechen – ein Klassiker im Coaching ist dabei die sog.

*Die Wunderfrage*

Wunderfrage nach Steve de Shazer, die darauf ausgerichtet ist, das künftige Ziel schon heute möglichst mit allen Sinnen erlebbar zu machen. Diese Technik können Sie meiner Meinung nach bei allen Varianten des Online-Coachings einsetzen – zugegeben, mit unterschiedlicher Intensität des Erlebens. Auch hier heißt es, kreativ zu sein. Besonders spannend finde ich in dem Zusammenhang, dass unser Gehirn sehr offen für „Gedankenexperimente" ist und die Gefühle, die dabei entstehen, gut speichern kann. Es klingt verrückt, aber Studien belegen es: Wenn wir an uns selbst glauben, ist unser Gehirn zu größeren Leistungen fähig. Vielleicht beschäftigt Sie aktuell die Frage, ob Sie das mit dem Online-Coaching überhaupt können? Bitte stehen Sie auf, und sagen Sie mit voller Überzeugung zu sich selbst (vielleicht vor dem Spiegel): *„Ja! Natürlich kann ich das!"* – Und Sie werden sehen, das hilft schon ein bisschen. Denken Sie an die Wiederholungen.

## Methodencheck

Trauen Sie sich, kreativ zu sein. Welche Ihrer Interventionen können – mit Modifikationen – auch online zum Einsatz kommen? Oder auch bestimmte Teile Ihrer Interventionen? Manchmal muss man sich Brücken bauen oder auch in den Austausch mit anderen Coachs gehen. Doch mit etwas Mut werden Sie feststellen, dass online viel mehr Methoden „funktionieren", als man das häufig meint. Vielleicht haben Sie die Muße, Ihre üblichen Interventionen und Ansätze einmal strukturiert durchzuarbeiten und auf Online-Varianten zu durchdenken. Inzwischen gibt es auch schon einige Methodensammlungen, die dazu Input liefern. Und je mehr Sie ausprobieren, desto offensichtlicher werden Ihnen Anpassungen und daraus resultierende Einsatzmöglichkeiten bei Altbewährtem erscheinen.

*Viele vertraute Methoden funktionieren auch online*

## 7.2

# Rechtlicher Rahmen

**Vertragliches**

Sichten Sie Ihre bisherigen Coaching-Verträge. Der Großteil der Vereinbarungen, die für Ihr Präsenzgeschäft gelten, ist vermutlich genauso gültig im Online-Geschäft. Für den neuen Geschäftszweig sind jedoch Ergänzungen erforderlich. Bedenken Sie, dass je nach Medium unterschiedliche Zeiten und Kosten anfallen. Sollten Sie im Prozess feststellen, dass ein Medienwechsel erforderlich wird, muss diese veränderte Kostensituation vertraglich abrechenbar sein. Stellen Sie sich vor, Sie entscheiden gemeinsam mit dem Kunden, das nächste Treffen Face-to-Face durchzuführen. Plötzlich entstehen Reisekosten, Reisezeiten, Raummieten etc. Ihr Vertrag braucht für diesen Fall eine gewisse Flexibilität – in Absprache mit dem Kunden. Regeln Sie hier die Erreichbarkeiten und Reaktionszeiten. Und beachten Sie ggf. Erweiterungen in Richtung Datenschutz. Vor allem, wenn Sie mit Drittanbietern, z.B. einer Coaching-Plattform, zusammenarbeiten.

*Medienwechsel, Erreichbarkeiten, Datenschutz*

*Fernabsatzgesetz*

Hinzu kommt, dass Vertragsabschlüsse per E-Mail oder Online-Buchungssystemen dem Fernabsatzgesetz unterliegen. Dies gilt im Besonderen, wenn der Vertrag mit privaten Personen geschlossen wird. Hier greift automatisch der Verbraucherschutz. Es gibt Ausnahmen bei der Anwendbarkeit der Fernabsatzregeln. Diese erstrecken sich zum Beispiel auf Fernunterrichtsverträge. Coaching-Beziehungen werden im Gesetzestext nicht explizit erwähnt. Dennoch empfehle ich, die umfassenden Informationspflichten einzuhalten, um die Gefahr einer Abmahnung zu minimieren. Dazu gehören neben den konkreten Vertragspartnerdaten zum Beispiel die Vertragssprache oder die verfügbaren Zahlungsmittel. Ebenso sollten Sie einen privaten Kunden ordnungsgemäß über sein Widerrufsrecht informieren. Es empfiehlt sich, alle Informationsanforderungen in den Allgemeinen Geschäftsbedingungen zu hinterlegen und darauf zu verweisen. Arbeiten Sie mit Unternehmenskunden zusammen, gilt das Fernabsatzgesetz nicht. Grundsätzlich empfehle ich Ihnen aber, Ihr Angebot transparent zu gestalten. Das ist ein Indiz für einen professionellen Anbieter.

Es gibt für Online-Coaching noch keine Standardverträge bei den einschlägigen Coaching-Verbänden. Im Internet findet man Anbieter, die für Online-Geschäfte Musterverträge bzw. AGBs anbieten. Grundsätzlich empfiehlt es sich, bei Unsicherheit eine qualifizierte rechtliche Beratung aufzusuchen. So stellen Sie sicher, dass Ihr Vertrag für Ihr Business rechtssicher abgefasst ist.

*Coaching-Musterverträge finden Sie auf https://www.managerseminare.de/Trainerkoffer*

## Sicherheit und Datenschutz

In Ihrem bisherigen Coaching-Business setzen Sie sich bestimmt intensiv mit Datenschutzvorgaben auseinander. Seit Mai 2018 wurden diese deutlich verschärft und haben viele Coachs und Trainer einiges an Nerven und Mühen gekostet. Vielleicht entstehen, wenn Sie über ein Online-Business nachdenken, ähnliche Schreckensszenarien in Ihrem Kopf? Denn klar ist: Bewegt man sich in Online-Medien, kommt man um das Thema IT-Sicherheit nicht herum. Es besteht allgemein das Vorurteil, dass Cyber Security komplex sei und das Risiko hoch. Vielleicht scheuen auch deshalb noch einige Coachs vor den internetbasierten Medien zurück.

Wenn Sie Angst vor einer Erkältung haben, sollten Sie sich genau überlegen, wie Sie sich in der Öffentlichkeit verhalten. Es gibt einige Präventivmaßnahmen, die schon einen ganz guten Schutz vor Ansteckung bieten. Sie können jedoch das Ausmaß des Risikos nie komplett Richtung null verschieben.

*IT-Sicherheit – Basis-Maßnahmen*

Ähnlich verhält es sich mit der IT-Sicherheit. Es gibt eine ganze Reihe einfacher Basis-Maßnahmen zur Prävention. Die größte Schwachstelle in der Cybersicherheit ist und bleibt der Mensch bzw. sein Verhalten – und hier setzen viele einfache Präventionsmaßnahmen an.

Welchen Hauptbedrohungen sehen wir uns als Coachs im Online-Business ausgesetzt?

- *Schadsoftware, Schadprogramme oder Malware:* Das sind Computerprogramme, die dazu entwickelt wurden, dass sie eigenständig unerwünschte und oft schädigende Funktionen ausführen. Sogenannte Viren infizieren ein System oder ein ganzes Netzwerk – ähnlich wie bei einer Erkältung im menschlichen Körper. Das kann zum Beispiel Programme lahmlegen oder Daten löschen und so jede Menge Schaden anrichten.

- *Identitätsdiebstahl*: Jemand nutzt die Identität einer natürlichen Person und meldet sich damit zum Bespiel bei einem Online-Shop an und bestellt in ihrem Namen Waren. Betreuen Sie einen wichtigen Informationsträger oder eine höhere Führungskraft im Coaching via E-Mail, könnte ein Konkurrent versuchen, über Ihre vertrauliche Coaching-Beziehung an firmeninternes Wissen Ihres Kunden heranzukommen.

- *Phishing*: Über gefälschte Mails oder Websites wird versucht, an persönliche Daten eines Internet-Nutzers zu kommen. Klassisches Beispiel sind Aufforderungen, Bank- oder Zugangsdaten zu überprüfen und einzugeben. Nutzen Sie zum Beispiel ein Coaching-Tool, das die komplette Prozessdokumentation enthält, könnte es für einen Dritten durchaus interessant sein, an Ihre Zugangsdaten zu kommen.

▶ *CEO-Fraud*: Sie erhalten eine Mail von Ihrem vermeintlichen Geschäftspartner oder Ihrer Führungskraft mit der Aufforderung, Informationen zuzustellen oder Überweisung von Geldbeträgen zu veranlassen. Im Coaching könnte ein Dritter versuchen, mit einer gefakten Mail Ihres Klienten eine Zusammenfassung seiner Coaching-Sitzungen zu bekommen. Nach dem Motto: „Liebe Frau Dundler, vielen Dank für die Zusammenfassung unserer letzten Sitzung. Ich hatte einige Probleme mit meinem Rechenzentrum. Dabei sind alle unsere Aufzeichnungen verloren gegangen. Bitte schicken Sie mir deshalb Ihre Kopien zu. Herzlichen Dank für Ihre Unterstützung! Viele Grüße, Franz Muster." Natürlich sind wir hilfsbereit und stellen unserem Kunden alles noch einmal zur Verfügung, oder? Einfach auf „Antworten" und „Einfügen" klicken, und schon ist es erledigt ...

Bitte lassen Sie sich durch diese bespielhaften Bedrohungen aus dem Netz nicht entmutigen. Treffen Sie ein paar wichtige Sicherheitsvorkehrungen und achten Sie auf Ihr Handeln – ähnlich einer Grippeprävention – oder, wenn Sie an die Metapher dieses Buches denken: Lernen Sie Schwimmen, bevor Sie sich aufs Meer hinauswagen. Entscheidend ist sicher auch, welche wichtigen Persönlichkeiten sich unter Ihren Kunden befinden und welche Inhalte Sie in den Coaching-Sitzungen tatsächlich behandeln. Ich vermute, das sind in den wenigsten Fällen wirkliche Firmen- oder Staatsgeheimnisse.

## So können Sie sich schützen – die Basics

Nutzen Sie die Erinnerungsfunktion Ihres digitalen Kalenders und halten Sie Ihre Programme durch regelmäßige Updates aktuell. Sorgen Sie dafür, dass Ihre Technik immer aktuell ist und wenig Angriffsfläche bietet.

*Regelmäßige Programm-Updates*

Verwenden Sie beim Kunden oder bei Vorträgen möglichst keine USB-Sticks, sondern verschicken Sie Ihre Unterlagen lieber vorab oder im Nachgang per E-Mail. So gehen Sie nicht das Risiko ein, dass Sie sich unerwünschte Viren in Ihr Netzwerk einschleppen.

*Vorsicht vor Anhängen*

Vermeiden Sie impulsive Klicks auf Anhänge in Mails. Wenn Sie mit der Maus über den Link fahren, ohne darauf zu klicken, wird Ihnen angezeigt, an welche Adresse Sie dieser Link führt. Bitte vergewissern Sie beim geringsten Zweifel kurz telefonisch oder persönlich beim Absender und klicken Sie erst dann.

*Passwörter*

Wählen Sie sinnvolle Passwörter. Gut geeignet sind Sätze, die Sie sich gut merken können. Beispiel: *IS19emBüOC*. Ganz einfach zu merken, wenn es ausgeschrieben wird: *„Im September 19 erschien mein Buch über Online-Coaching."*

Wenn einer Ihrer Kunden in einer unerwarteten Mail nach Daten fragt, vergewissern Sie sich, dass die Mail auch wirklich von ihm verfasst wurde. Sie können auch einen unauffälligen „Code" mit Ihrem Klienten vereinbaren, der Sie erkennen lässt, dass es sich um eine „echte" Mail handelt. Beispiel: Ein zusätzliches unauffälliges Wort in der Signatur, welches nur Sie beide kennen und im üblichen geschäftlichen Schriftverkehr nicht vorhanden ist. Hier ist Kreativität gefragt.

Ebenso bieten Verschlüsselungssysteme bei E-Mails einen zusätzlichen Schutz.

Wenn Sie sich unsicher sind, beauftragen Sie einen Profi. Meine Kompetenz und meine Interessen liegen definitiv nicht auf IT. Deshalb habe ich mich entschieden, einen IT-Dienstleister zu engagieren, der sich um meine Hard- und Software kümmert. Er führt sämtliche Updates durch, sorgt für Virenschutzprogramme, scannt ungewöhnliche Aktivitäten und ist greifbar, wenn ein Problem auftritt. Zu beachten: Ebenso wie mit dem Steuerberater muss auch mit dem IT-Dienstleister ein Vertrag zur Auftragsdatenverarbeitung abgeschlossen werden.

Achten Sie auf zuverlässige Datensicherung. Ich persönlich nutze keine Cloud, sondern einen eigenen NAS (Network Attached Storage), also einen einfach zu verwaltenden Dateiserver, der alle 24 Stunden mit einer zusätzlichen externen Festplatte gespiegelt wird. Dort liegen meine Kundendaten sicher und mit einem Passwort geschützt in meinen eigenen vier Wänden.

*Datensicherung*

Wenn Sie integrierte Coaching-Software nutzen, dann informieren Sie sich über die jeweiligen Nutzungsbedingungen und Datenschutzbestimmungen. Sie müssen hier auch Ihrem Kunden gegenüber auskunftsfähig sein und sollten selbst ein gutes Gefühl bei Ihrem Anbieter haben. Lassen Sie sich das Sicherheitskonzept der Software erläutern.

Und wichtig: Es geht nicht allein um die Einhaltung von Gesetzen und Vorschriften. Vielmehr auch um den Schutz Ihrer Klienten und deren Persönlichkeitsrechte. All das, was für Coaching allgemeinhin gilt.

*Schützen Sie Ihre Klienten*

Achten Sie im Besonderen auf folgende drei Bausteine bei der Entscheidung für oder gegen Software:

*Entscheidungskriterien für eine Software*

1. *Privatsphäre*: In der heutigen Zeit verbreiten sich Informationen rasant. Im Internet gibt es keine (kaum) Privatsphäre. Es ist erschreckend, was Menschen in Sozialen Medien teilen. In Ihrem professionellen Business sind Sie für die Privatsphäre rund um Ihre Coaching-Beziehung verantwortlich. Gehen Sie achtsam mit Daten Ihrer Kunden um!

2. *Sicherheit*: Nutzen Sie sichere Kommunikationswege oder sichern Sie Informationen durch zusätzliche Maßnahmen.

3. *Speicherung*: Gehen Sie vorsichtig mit Cloud-Lösungen und fremden Servern um. Vergewissern Sie sich persönlich, welche Maßnahmen eventuelle Drittanbieter ergrei-

fen und lassen Sie sich ausführlich Auskunft erteilen. Das ist Ihr Recht und Ihre Pflicht Ihren Kunden gegenüber.

**Aus dem Praxisgespräch mit Dr. Martin Emrich**

Wie ist das mit dem Thema Datenschutz und Sicherheit per WhatsApp?
*„Die Frage ist, welche Daten werden geteilt. Es ist nicht so, dass meine Klienten mir Nachrichten schreiben im Sinne von ‚ich werde heute Mitarbeiter XY entlassen‘, und Facebook freut sich dann über die Daten. Nein, es ist ganz anders. WhatsApp ist ein begleitendes Tool. Wir arbeiten Face-to-Face alle vier Wochen. Und der Coachee bekommt dann von mir in genau diesen persönlichen Gesprächen die Aufgabe gestellt, mir jeden Freitag – und zwar außerhalb der Arbeitsumgebung – eine Zahl zu schicken. Nicht mehr und nicht weniger. Damit kann niemand außer uns beiden etwas anfangen. Die Frage, die dahintersteckt, lautet dann zum Beispiel: ‚Wie zufrieden waren Sie in der vergangenen Woche mit Ihrem Führungsstil auf einer Skala von 1 bis 10?‘ Das ist im Endeffekt wie der Knoten im Taschentuch. Er sitzt vielleicht in der S-Bahn und reflektiert seine Woche. Und nach vier Wochen kann ich den Polygonzug mit ihm im nächsten Präsenzmeeting betrachten und daran weiterarbeiten. Für mich ist auch entscheidend, dass er das tatsächlich außerhalb des Systems reflektiert. Also nicht an seinem Schreibtisch, während er noch mittendrin steckt. Und da ist ein Medium wie WhatsApp einfach genial. Das heißt nicht, Datenschutz hat keine Relevanz, aber die Selbstaufmerksamkeit ist um ein Vielfaches erhöht."*

**Material- und Bildrechte**

*Copyright*

Bei allen Materialen, die Sie in Ihrer Arbeit verwenden, sollten Sie zuverlässig auf Urheber- und Nutzungsrechte achten. Grundsätzlich gilt: Alles, was nicht explizit anders gekennzeichnet ist, steht unter Copyright! In Deutschland herrschen strenge Urheberrechte. Sie sind und bleiben immer Urheber – auch über den Tod hinaus. Das bedeutet, jeder, der Ihre Werke ohne Ihre Zustimmung verwendet, verstößt gegen das deutsche Urheberrecht. Einige Anwälte haben sich darauf spezialisiert, Urheberrechtsverstöße im Internet aufzudecken und Anklagen zu erheben, was zu empfindlichen Bußgeldern führen kann. Und dies komplett ohne Zustimmung und Wissen des Urhebers. Selbst, wenn dieser kein Problem mit der Nutzung hat, werden Sie juristisch belangt. Die Konsequenz: Sobald Sie fremdes Material für eigene Veröffentlichungen verwenden möchten, empfiehlt es sich, Nutzungsrechte schriftlich anfragen und darauf hinzuweisen, wie es veröffentlicht werden soll und was das bedeutet. Hat Sie der Urheber autorisiert, befinden Sie sich juristisch auf sicherem Boden.

*Nutzungsrechte anfragen*

Die Nutzung von kollektivem Wissen zu vereinfachen, ist das Ziel der OER-Bewegung, die unter anderem vom Bundesministerium für Bildung und Forschung unterstützt und finanziell gefördert wird. Open Educational Ressources (OER) sind Bildungsmaterialien jeglicher Art, die unter einer offenen Lizenz zugänglich sind. Ziel ist es, allen Menschen Zugang zu Bildung zu ermöglichen. Dabei geht es nicht nur um schulische Bildungsmaterialien. Auch in der Erwachsenenbildung halten OER Einzug.

Offene Lizenzen, auch Creative Commons (CC) genannt, schaffen eine einfache und standardisierte Möglichkeit, urheberrechtliche Erlaubnisse auf die eigenen Werke zu vergeben. Das bedeutet, der Urheber entscheidet gezielt, ob und wie sein Werk von anderen genutzt werden darf. Er ermöglicht je nach Lizenz Vervielfältigung, Verbreitung, Veränderung oder Integration in neue Gesamtwerke. Und das, ohne dass Sie vorher bei ihm nachfragen müssen. Ausführliche Informationen über CC-Lizenzen finden Sie auf der Homepage (*https://creativecommons.org/licenses/?lang=de*) von Creative Commons. Achtung: Das deutsche Urheberrecht ist etwas schärfer als in anderen Ländern. Deshalb muss der Urheber immer genannt werden, selbst, wenn er sein Werk komplett frei zur Verfügung stellt. Ich persönliche nutze in meiner Arbeit viel Bildmaterial, das auf der Plattform pixabay zur Verfügung gestellt wird. Die Ur-

*Creative Commons*

heber verwenden dort die Universelle Lizenz CC 0. Das bedeutet, dass sie auf sämtliche Rechte verzichten und theoretisch auch kein Name genannt werden muss. In USA wäre das zulässig. Nicht so in Deutschland. Im nationalen Recht darf nicht auf die Nennung des Urhebers verzichtet werden. Deshalb erwähne ich den Urheber trotz CC 0-Lizenzierung grundsätzlich, sobald ich Bilder oder anderes Material nutze.

*Musik* Möchten Sie Musik in einem Ihrer Settings abspielen, sind auch hier Lizenzrechte zu beachten. Am besten informieren Sie sich direkt bei der Gesellschaft für musikalische Aufführungs- und mechanische Vervielfältigungsrechte, kurz GEMA (*www.gema.de*). Alternativ finden Sie lizenzfreie Musik im Internet (siehe Linkliste).

**Dokumentation**

Vermutlich haben Sie Ihre Dokumentation schon gut organisiert. Vielleicht führen Sie auch noch ganz konventionell Mappen für Ihre einzelnen Klienten, in denen Sie auch Ihre eigenen Notizen verwalten. Spätestens jetzt im Zuge einer Erweiterung Ihres Business im Online-Bereich macht es Sinn, *Digitalisierte* auch über eine digitalisierte Dokumentation nachzudenken. *Dokumentation* Es gibt Beratungssoftware, die den kompletten Workflow mit abdeckt (von Auftragsklärung bis Rechnungsstellung). Falls Sie diese Variante nutzen, ist auch die Dokumentation integriert. Sie können sich auch eigene virtuelle Klientenmappen anlegen. Beispielsweise ganz simpel in einer entsprechenden Laufwerksstruktur. Hier ist es hilfreich, sich genaue Gedanken zu einer vernünftigen Struktur zu machen. Dies könnte so aussehen:

▶ Auftrag (inkl. Auftragsklärung, Angebot, schriftliche Beauftragung, besondere Vereinbarungen, Rechnungen etc.)
▶ Notizen (eigene Hypothesen, mögliche Interventionen, Notizen aus oder nach den Sitzungen/Interaktionen)
▶ Dokumentation
▶ Abschlussvereinbarung

Darüber hinaus finden Sie auf dem Markt je nach Branche passende Softwareunterstützung. Oder Sie nutzen ein Dokumentationssystem für den Coaching-Prozess und halten Ihre restlichen Unterlagen in einem separaten Laufwerk vor. Hier gibt es keine allgemeingültige Empfehlung.

Sollten Sie Video- oder sprachgestützte Coaching-Formate nutzen, besteht die Möglichkeit, die Sitzungen aufzuzeichnen. Denken Sie daran, stets das Einverständnis Ihres Klienten einzuholen. Am besten schriftlich und halten Sie auch fest, zu welchem Zweck das Material verwendet werden darf. Überlegen Sie sich jedoch bitte gut, welche Aufnahmen Sinn machen. Ich rate dringend davon ab, die Problembesprechung zu archivieren. Verwenden Sie Aufnahmen ausschließlich bei der Lösungssuche oder Ressourcenaktivierung. Wiederholtes Anhören/Ansehen der Problemanalyse führt Ihren Kunden immer wieder in diesen Zustand zurück und macht bereits erzielte Fortschritte zunichte.

*Gesprächsaufzeichnung*

Egal, wie Sie sich entscheiden – bitte achten Sie genau auf Löschfristen und Sicherungsvorgaben der Datenschutz-Grundverordnung.

*Löschfristen*

Und auch hier gilt, bereiten Sie sich auf Online-Begleitung vor: *„Blended Counseling bietet neue Wege und Chancen für KlientInnen und für Beratende. Der Einsatz ist jedoch voraussetzungsreich. Die Fachkräfte müssen neben ihrer Beratungsausbildung auch in Online-Beratung geschult sein."* (Weiß & Engelhardt, 2012)

## 7.3

# Selbstorganisation

### Arbeitsplatzgestaltung

*Privatsphäre*

Wie im Face-to-Face-Setting, ist auch im Online-Coaching ein geschützter Raum Voraussetzung. Weisen Sie auch Ihren Kunden darauf hin, dass er/sie sich einen passenden Rahmen sucht. Mitten in einem Großraumbüro funktioniert auch kein Online-Coaching. Selbst wenn Sie „nur" via E-Mail arbeiten, ist ein ungestörter Raum wichtig. Zum einen, damit Sie sich voll und ganz auf die Botschaften zwischen den Zeilen fokussieren können. Zum anderen muss sichergestellt sein, dass kein unbefugter Dritter einen Blick auf Ihren Bildschirm und Ihre Aktivitäten werfen kann. Die Bahn oder ein Café sind hierfür ungeeignet.

*Ergonomie und Lichtverhältnisse*

Achten Sie bei der Einrichtung Ihres Online-Arbeitsplatzes auf Ergonomie und Lichtverhältnisse. Je nachdem, wie sich Ihr Business entwickelt, kann es sein, dass Sie mehr Stunden als bisher am Computer verbringen. Wenn Sie die Möglichkeit haben, schaffen Sie sich einen Steh-/Sitzschreibtisch an. So können Sie problemlos die Position wechseln. Gerade in Live-Online-Situationen nutze ich bevorzug den Stehschreibtisch, da dies auch Einfluss auf meine Wirkung hat, wie zuvor beschrieben (Seite 128 ff.).

*Technik*

Beim Einsatz von Videotechnik lohnt es sich, eine vernünftige Kamera und ein bequemes Headset anzuschaffen. Ich setze hier inzwischen auf Funk. Denken Sie auch an den Raum hinter Ihrem Rücken. Die Kamera zeigt Ihr Gesicht üblicherweise nicht raumfüllend. Achten Sie auf Ordnung und möglichst wenig Ablenkung. Die Gestaltung Ihrer „Rückwand" wirkt auf Ihre Seriosität.

Bei sämtlichen Online-Interventionen, die synchron stattfinden, empfiehlt es sich, den Rechner am LAN anzuschließen. WLAN bereitet, auch wenn man direkt neben dem Router arbeitet, häufig Probleme. Schließen Sie diese am besten von vornherein aus.

Für mich hat es sich bewährt, mit zwei Bildschirmen zu arbeiten. So habe ich auf dem einen Bildschirm meine Plattform (z.B. ein virtuelles Klassenzimmer) mit der Webcam geöffnet, am zweiten Rechner kann ich Notizen für mich machen, spontan ein passendes Bild oder weiterführende Unterlagen heraussuchen, die ich hochladen kann. Hilfreich kann es an manchen Stellen auch sein, die eigenen Notizen am Ende nochmals zu teilen, um die eigene Wahrnehmung zu überprüfen. Im Face-to-Face benutzen Sie hier vielleicht einen Block oder Moderationskarten.

*Zwei Bildschirme einsetzen*

Außerdem gibt es verschiedene technische Unterstützungen, wie z.B. elektronische Flipcharts oder Whiteboards, die das Bild auf den PC übertragen. Das bedeutet, Sie können bequem am Flipchart visualisieren und auf Ihrem Whiteboard im virtuellen Klassenzimmer erscheint dieses Bild für Ihren Coachee. Genauso funktioniert das auch mit einem Tablet, wenn dies per Kabel oder Bluetooth an den Rechner angeschlossen wird. Über die Funktion „Bildschirmfreigabe" kann der Coachee die Oberfläche des Tablets ebenfalls im virtuellen Klassenzimmer sehen. Nutzen Sie auf Ihrem Tablet ein Zeichenprogramm und einen Stift (z.B. Adobe draw), können Sie mit etwas Übung schöne „Freihand-Skizzen" anfertigen.

Eine weitere Idee: Vielleicht möchten Sie kleine Erklärvideos zu bestimmten Situationen einspielen? Manchmal helfen Filme, Geschichten, Metaphern, um im Prozess Einsichten zu erzeugen. Auch Musik kann an manchen Stellen hilfreich sein.

Machen Sie sich mit den Möglichkeiten Ihrer eingesetzten Formate vertraut. Testen Sie Dinge, spielen Sie herum. Seien Sie kreativ. Manchmal kann es auch hilfreich sein, an kostenlosen Webinaren teilzunehmen, um herauszufinden, wie manche Dinge auf Sie wirken.

**Automatisierung bzw. Dienstleistung**

Je nachdem, mit welchen Themen Sie am Markt auftreten und wer Ihre Zielgruppe ist, lohnt es sich, über zumindest teilweise Automatisierung bzw. Auslagerung Ihrer Prozesse nachzudenken. Möchten Sie freie Zeitfenster festlegen, zu denen Kunden online einen Termin buchen können? Dafür gibt es Dienste wie etwa PraxPlan (*www.praxplan.de/Branchen/Coaching*), die speziell für Coachs eine Software zur Kundenverwaltung anbieten. Oder auch Cituro (*www.cituro.com/coaching-software*), mit Funktionen wie Online-Terminplanung oder Kundenverwaltung. Vielleicht hat Ihre Website sogar vorbereitete Add-ons oder eigene Apps im Angebot. So sparen Sie sich jeglichen Aufwand für Terminabstimmungen – natürlich müssen Sie freie Zeitfenster einpflegen. Alternativ könnten Sie z.B. die telefonische Kaltakquise auslagern. Ein Beispiel für diese Art Dienstleistung speziell für Coachs sind die sog. „Freiraumschaffer" (*www.ihre-freiraumschaffer.de/*).

*Software für Kundenverwaltung*

Sollten Sie ein eher kleinteiliges Coaching-Business betreiben, nutzen Sie vielleicht bereits automatisierte Rechnungssysteme wie die Freeware open3A (*www.open3a.de/*) oder FastBill (*https://praxistipps.chip.de/die-3-besten-rechnungsprogramme_38012*), die zusätzlich den Export zum Steuerberater anbieten. Bei der Auswahl sollten Sie sich entsprechend umfassend informieren und mit den Funktionalitäten, technischen Voraussetzungen und Ihrem Bedarf auseinandersetzen. Eine gute Adresse für eine Beratung ist hier vermutlich auch Ihr Steuerberater.

Neben der Terminbuchung könnten Sie Ihren Online-Kunden auch Pakete oder Einzelstunden mit direkter Bezahlmöglichkeit auf Ihrer Homepage oder einem Drittanbieter (auch in Ticketsystemen möglich) zur Verfügung stellen. Ein Beispiel dafür ist die Plattform Coachimo (www.coachimo.de), auf der Sie sich als Coach mit Ihrem Spezialgebiet registrieren können. Die Dienstleistung geht von Neukundenakquise über Angebotserstellung bis hin zur Rechnungsstellung.

Jeder Coach muss die passende Lösung für sein Business finden. Jeder zusätzliche Online-Dienst bringt weitere Anforderungen bezüglich Datensicherheit und Datenschutz mit sich. Es gibt keine allgemeingültige Empfehlung. Dennoch sollten Sie sich auch über diese Dinge Gedanken machen. Ihrem bisherigen Business liegen schließlich auch strategische Überlegungen zugrunde. Wenn Sie über Geschäftsfelderweiterung nachdenken, und genau so sehe ich das Online-Coaching, ist es somit zwangsläufig erforderlich, sich genau diese und weitere Gedanken zu machen.

### Für sich selbst sorgen

Als erfahrener Coach wissen Sie, wie wichtig es ist, mit der eigenen Energie gut hauszuhalten. Ihnen ist bewusst, dass Sie achtsam und mit voller Aufmerksamkeit in ein Coaching-Gespräch gehen sollten. Beim Arbeiten mit Medien verlieren wir Menschen uns leicht. Ist es Ihnen schon einmal passiert, dass Sie am Computer recherchierten und plötzlich erstaunt auf die Uhr gesehen haben? Stunden sind vergangen, und Ihnen kam es wie wenige Minuten vor? Ihr Körper erinnert Sie vielleicht in dem Moment, weil Ihre Schultern verspannt oder Ihre Augen müde sind. Der Wegfall von Reisezeiten oder die mühelose Aneinanderreihung von Terminen kann Sie dazu verleiten, sich zu viel innerhalb kurzer Zeit zuzumuten. Gönnen Sie sich deshalb bewusste Pausen. Terminieren Sie keine Coaching-Einheiten wie am Fließband. Ihr persönliches Energiemanagement braucht ebenfalls Beachtung. Achtsamkeit, Abgrenzung und Selbstfürsorge zeichnen einen professionellen Coach aus.

*Selbstfürsorge: Achten Sie auf Ihr persönliches Energiemanagement*

## 7.4

# Aus der Praxis der Experten

**Peter Behrendt**

Wie lange beschäftigen Sie sich schon mit Online-Coaching?
*"Seitdem ich als Coach arbeite, gab es immer wieder Momente, zu denen persönliche Treffen nicht möglich waren. Dann gab es Verabredungen via Skype. Aber eher punktuell, wenn es keinen Sinn machte, für ein kurzes Gespräch eine weite Wegstrecke auf sich zu nehmen, und nicht strategisch gesteuert. Mit Online-Coaching beschäftige ich mich gezielt jetzt ungefähr zwei Jahre. Es gab dazu vor zwei oder drei Jahren das erste Mal einen Kongress, der Online-Coaching zum Thema hatte. Dort bin ich mit ein paar Softwareanbietern ins Gespräch gekommen. Es hat mich eigentlich schon immer die Frage gereizt, wie man Software so gestalten kann, dass möglichst viel von dem, was Coaching wirksam macht, erhalten bleibt. Oder sogar neue Vorteile dazukommen, die das Online wertiger machen. Was mich auch schon länger beschäftigt, ist die Online-Führung virtueller Teams. Dazu haben wir auch schon vor Jahren ein Trainingskonzept mit Frau Dr. Hasenbein entwickelt, das wir jährlich bei einem Kunden durchführen. Da gibt es so viele Parallelen zum Online-Coaching. Denn die Frage lautet dort, wie kann ich weiterhin wirksam führen, wenn ich eben nicht ständig vor Ort bin. So wirklich in die Umsetzung zum Thema Online-Coaching bin ich erst gekommen, als ich vor gut einem Jahr Jens Kraiss und seine Idee von Cooning kennengelernt habe."*

Sie arbeiten im Online-Coaching, das Sie durchführen, nicht mit Plattformen, die Coaching-Prozesse steuern?
*"Nein, denn genau das kann aus meiner Sicht ein Nachteil sein. Aus unseren Forschungen wissen wir, dass eine wesentliche Stärke*

von Coaching als Weiterbildungsformat im Vergleich zu anderen Formaten eben ist, dass es die Möglichkeiten bietet, auf den Coachee sehr individuell einzugehen. Ihn genau da zu unterstützen, wo er es braucht. Das ist auch einer der zentralen Erfolgsfaktoren von gutem Coaching. Deshalb begrüße ich auch die Entscheidung von Jens Kraiss, bei Cooning den Coaching-Prozess selbst nicht vorzugeben oder abzubilden und dem Coach die Freiheit zu lassen, diesen eben individuell zu gestalten."

Glauben Sie, dass es Themen gibt, die online komplett scheitern könnten? Weil die Nähe fehlt?
„Ich beziehe das nicht auf Themen, sondern auf Konstellationen. Aus der Therapieforschung wissen wir, dass das Format viel mit der Persönlichkeit des Coachees zu tun hat. Der eine traut sich nicht, sich offline zu öffnen, der andere schreckt vor Medien zurück. Das Gleiche gilt natürlich auch für den Coach. Es gibt auf dem Markt hervorragende Präsenzcoachs, die online nicht ihre Wirksamkeit entfalten könnten. Die sollte man auch weiter buchen und ihre Stärken nutzen. Und umgekehrt gibt es gute Online-Coachs, die im persönlichen Zusammenarbeiten nicht ihre Stärken haben. Ein weiterer Gedanke dazu: E-Learning hatte einen unheimlichen Hype. Aber der fiel deutlich geringer aus, als vorhergesagt war. Es gibt einen großen E-Learning-Markt, und das ist auch gut so und berechtigt. Er wird sich auch noch weiterentwickeln. Und dennoch wird es mindestens die nächsten 15 Jahre auch noch einen Präsenzmarkt geben, davon bin ich überzeugt. Und wenn wir die gesellschaftliche und politische Entwicklung und die Arbeitskulturen betrachten, die wir gerade und in Zukunft sehen, gibt es neben den vielen Vorteilen der Digitalisierung durchaus auch Risiken. Viele Manager sind nur noch im Flugzeug und im Hotel zu Hause – wie Nomaden. Alles wird schnelllebiger und persönliche Beziehungen gehen verloren. Deshalb glaube ich, dass wir an bestimmten Stellen wieder gezielt tiefere Beziehungen entwickeln werden. Intensiver Dialog und Zeit für Reflexion. Zeit, sich mit mir selbst zu beschäftigen. Eine Person zu haben, wo eine Vertrauensbasis vorhanden ist, die mich bei meinen ganz persönlichen Themen begleitet. Deshalb wird das persönliche Offline-Coaching weiterhin Berechtigung haben. Das heißt aber nicht, dass es den Online-

*Markt nicht geben wird. Dieser wird auch wachsen und das ist gut so. Coach und Coachee sollten aufgeschlossen sein, und es wird Dinge geben, die ausschließlich Online machbar sind. Oder auch Blended-Formate. Das hilft aus meiner Erfahrung immer. Wenn ich mein Gegenüber persönlich gut kenne, fühlt sich virtuelles Arbeiten genauso an, wie Face-to-Face. Aber wenn die erste Begegnung virtuell stattfinden, habe ich das bisher noch nicht in selbem Maße erlebt."*

**Ursula Diettrich**

Welche Themen bieten Sie im Coaching generell an?
*„Im Präsenzcoaching berufliche Entwicklung und Verbesserung der beruflichen Situation – in allen Facetten. Es dreht sich dann oft um sehr persönliche Themen. Genauso auch im Online-Coaching, wobei ich interessanterweise festgestellt habe, dass gerade persönliche Themen in Online-Coachings noch deutlicher und intensiver werden. Zusätzlich arbeite ich seit Kurzem in einem Projekt namens ‚COMEBACK Online' für Berufsrückkehrerinnen zwischen 25 und 55 Jahren. Ziel ist es, diese Frauen nach einer Erwerbspause wieder in die adäquaten beruflichen Tätigkeiten zu integrieren (Träger: KIZ SINNOVA gGmbH in Offenbach am Main, unterstützt von der Agentur für Arbeit). Das findet ebenfalls online statt. Als Medium wird GoToMeeting™ eingesetzt. Und dann bespiele ich derzeit noch ein drittes Feld: Als Online-Coach begleite ich die Partner von Expatriates, also Fachkräften bei international tätigen Unternehmen, die von diesen i.d.R. für ein bis fünf Jahre an eine ausländische Zweigstelle entsandt werden. Es wird davon ausgegangen, dass diese Entsendung nur dann wirklich gut funktioniert, wenn auch die Familien damit gut zurechtkommen. Ziel ist es, die Partner ihrerseits bei der (beruflichen) Integration zu unterstützen. Dabei geht es dann jedoch ganz oft um sehr persönliche Themen, die dann schnell intensiv werden. Die Distanz ist dann oft so groß, dass Face-to-Face-Coaching einfach wegen der Reisezeiten nicht machbar ist. Für die Zusammenarbeit hier nutze ich Skype."*

Was hat Sie dazu bewegt, sich ins Online-Geschäft zu begeben?
„Meine ehemalige Kollegin, Dr. Katja Bett, die mir den Anstoß zu meiner Ausbildung als Live-Online-Trainerin gegeben und mich mit Lore Ress zusammengebracht hat. So ergab sich dann auch die Arbeit als E-Moderatorin. Über diese Wege war ich in die Gründung des bvob (Berufsverband für Online-Bildung) involviert, bevor ich dann aus familiären Gründen etwas kürzertreten musste. Aber bei Veranstaltungen wie der LEARNTEC war ich, wenn möglich, präsent. Zunächst also einfach die Menschen in meinem Umfeld. Dann hat mich die Technik immer mehr begeistert, und das ist auch das, was mich heute immer noch fasziniert."

Gibt es bei Ihnen konkrete Vorkehrungen oder vertragliche Klauseln, wenn doch ein persönliches Treffen notwendig wird? Denn das war ja im Online-Angebot vermutlich nicht eingepreist.
„Eine vertragliche Absicherung habe ich nicht. Aber selbstverständlich habe ich Räume in petto, die ich nutzen kann. Grundsätzlich klopfe ich vorher möglichst genau ab, ob Online-Arbeit für diesen Klienten wirklich das Richtige ist. Ich bin nicht so euphorisch, dass es online um jeden Preis sein muss. Es ist wichtig, das auch zu thematisieren. Manchmal kann es aber auch sein, dass ein persönliches Treffen aufgrund der Entfernung (z.B. Hamburg – München) einfach nicht machbar ist. Was auch mitunter schwierig sein kann, sind sprachliche Barrieren. Bei den Expats habe ich die Erfahrung gemacht, dass selbst, wenn wir beide gut englisch sprechen, die unterschiedlichen Backgrounds die Kommunikation im virtuellen Raum schwierig machen. Da ist die persönliche Nähe des Face-to-Face dann schon schön – und ehrlich gesagt, diese Menschen möchten gerne auch einmal raus aus ihrer Zurückgezogenheit in der neuen Heimat."

Was war Ihre größte Hürde auf dem Weg ins Online-Geschäft?
„Das sind definitiv menschlich herausfordernde Situationen gewesen. Beispielsweise kam eine dieser Frauen, deren Mann in Deutschland arbeitete, aus Spanien in die tiefste Pampa bei Saarbrücken – weil sie unbedingt in einem Haus leben wollte. Sie

*landete äußerst heftig auf dem Boden der Realität, denn ihr Mann arbeitete lang und die Nachbarschaft ließ abends die Rollos herunter – und das war's: Isolation und Einsamkeit. Da habe ich spontan beschlossen, dass es ‚echte' Nähe braucht. Ich bin hingefahren und habe mit ihr Kaffee getrunken. Rein aus technischer Sicht war es mein erstes Live-Online-Training in Adobe Connect. Gleich nach der Ausbildung saß ich mit einer Gruppe von Menschen zusammen und musste ein Training halten. Da habe ich mein Lehrgeld bezahlt. Wichtig ist, das Eigene zu finden."*

Und im Gegenzug: Ihr größter Erfolg im Online-Coaching – Ihr persönliches Highlight?
*„Das sind tatsächlich die Sitzungen in der CAI® World. Im Anschluss bin ich immer positiv überrascht, was mit dem richtigen Tool alles möglich ist. Welche wirklich großen Einsichten und Veränderungsschritte sich einstellen und die damit einhergehende Dankbarkeit der Klienten. Dagegen ist das Gruppen-Coaching mit GoToMeeting™ zum Teil herausfordernd. Denn es sind im Gruppen-Coaching grundsätzlich nur sechs Kameras verfügbar. Das heißt, dass ich regelmäßig eine Teilnehmerin bitten muss, die Kamera kurz auszuschalten, damit eine der anderen die Kamera nutzen kann. Fraglich, ob dieses Tool hier das Richtige ist."*

### Dr. Martin Emrich

Was war für Sie der Anlass, ins Online-Business einzusteigen?
*„Es war eine Mischung aus Bequemlichkeit, also nicht aus dem Haus wollen, und Kosten. Es erspart dem Kunden Kosten für meine Reisezeiten. Und mir Zeit, die ich nicht wirklich bezahlt bekomme und die ich besser nutzen könnte. Und natürlich die Distanz. In Stuttgart mache ich alles in Präsenz, aber weiter weg bietet es sich an, online zu arbeiten. Und so hat alles dann begonnen. Mit der Zeit gewann ich immer mehr Spaß am Online-Coaching und der überwiegt heute tatsächlich. Denn ich habe von Mal zu Mal gemerkt, dass ich sogar ein Plus gegenüber dem Face-to-Face habe. Bei WebEx und Zoom kann ich zusätzlich schreiben. Mir fehlen zwar das Kinästhetische und die Wahrnehmung von Gerüchen und so was, aber ich habe dennoch gesprochenes Wort und die Ver-*

schriftlichung der Gedanken. Ich habe mit Webinaren gestartet, nicht mit Coaching. Vom Typ her bin etwas verspielt und probiere gerne etwas aus. Und so habe ich meine Erkenntnisse und Ideen dann immer mehr im Coaching genutzt. Ich finde, das Mitnotieren über die Tastatur ist im Online-Zusammenarbeiten deutlich bequemer als im Face-to-Face über Papier und Stift. Und ich liebe die Emoticons, die ich in diesen Räumen nutzen kann. Ein Smiley oder ein Daumen-hoch geben mir sofort ein Instant-Feedback in der Situation. Zum Beispiel, wenn ich die Wunderfrage stelle und mein Coachee so richtig schön im Wunder in Trance ist. Ich sehe das absolut als Mehrwert und finde es großartig. Aber ganz ehrlich, das kam erst mit der Erfahrung und dem Ausprobieren dazu. Die Richness wurde mir erst später bewusst."

Was war Ihr größtes Erfolgserlebnis im Online-Coaching?
„Ich habe bei BMW in München ein Coaching gestartet und mich dann sehr spontan für ein Sabbatical entschieden. Ich war zu der Zeit komplett überarbeitet und brauchte eine Auszeit. Es gab dann einfach nur die beiden Alternativen, das Coaching solange zu pausieren, oder eben per Skype von Gran Canaria aus zu machen. Die Entscheidung traf der Coachee. Und dann saß ich tatsächlich auf der Insel, mit meinem Notebook in der Hand, mit Badehose bekleidet und den Füßen im Pool in der Sonne – man sieht ja nur den Oberkörper. Totales Klischee. Und es hat super funktioniert. Was habe ich dabei gelernt? Walk your Talk. Das gab mir noch mehr Berechtigung, als Coach zu arbeiten. Denn ganz nebenbei sendete ich hilfreiche Botschaften, nämlich dass es in Ordnung ist, für sich selbst zu sorgen. Also wenn das der Coach darf, dann darf ich das als Mitarbeiter auch. Ich war plötzlich das Rolemodel."

## Alexandra Hagemann

Wie lange arbeiten Sie schon als Coach bzw. davon als Online-Coach?
„Im Jahr 2007 hat mir die Blended-Learning-Hochschule für angewandtes Management (www.fham.de) einen Lehrauftrag angeboten. Das war mein praktischer Start in die Online-Arbeit – als Lehrbeauftragte für Kommunikation und Präsentation."

Welche Themen sind Ihr Schwerpunkt als Coach?
*„Meine Themen sind Kompetenz sichtbar machen, also selbstsicheres Präsentieren, Kommunizieren und Führen. Und das spielt auch in der digitalen Welt heute eine entscheidende Rolle."*

Welche Formate nutzen Sie dabei im Online-Coaching?
*„Hin und wieder Skype, hauptsächlich aber das virtuelle Klassenzimmer von Adobe Connect."*

Was hat Sie dazu bewegt, überhaupt in „dieses" Online-Geschäft zu gehen?
*„Tatsächlich bin ich damals ungeplant in dieses Business hineingerutscht. E-Learning bzw. Mobile Learning war ein Schwerpunkt in meinem Nebenfach Medienpädagogik. Noch während meines Studiums produzierten wir einen Podcast, in dem wir die Austragungsorte der Fußball-WM in Deutschland für Fans vorgestellt haben. Außerdem konzipierte ich in meiner Abschlussarbeit eine komplette Weiterbildungs-CD zum Thema ‚Kann man über das Hören lernen?' Die CD wurde daraufhin unter dem Titel ‚Wirkung? – Überzeugen mit Körpersprache & Stimme' von Iris Haag beim GABAL Verlag publiziert. Und das wiederum fand die Blended-Learning-Hochschule so interessant, dass sie mich – wie oben beschrieben – direkt als Lehrbeauftragte eingestellt hat. Mir hat der Zufall hier tatsächlich in die Hände gespielt."*

Wie haben Sie sich dann auf das Online-Arbeiten vorbereitet, das ja sehr spontan in Ihr Leben getreten ist? Gab es Schulungen oder andere Formen der Weiterbildung?
*„Ja. Zum Start gönnte ich mir zunächst eine Art Train-the-Trainer-Fortbildung. Und die Hochschule hat mich anfangs auch super unterstützt. Ich musste ja zunächst lernen, mit dem Raum umzugehen und dann noch meine Themen und Inhalte ‚mediengerecht' umgestalten. Also auch viel Learning by Doing – schauen, was Kollegen nutzen und wie sie es umsetzen. Rein interessehalber war ich dann selbst Teilnehmer von möglichst vielen verschiedenen Online-Formaten und -Themen, um zu sehen, wie andere was umsetzen. Was sicherlich sehr geschickt war. Einfach, um unterschiedlichste Impulse zu bekommen. So konnte ich später auch wieder anderen*

Kollegen weiterhelfen – gemeinsam und in der Diskussion entstehen oft ganz geniale Gedanken. Neben Adobe Connect testete ich noch andere Formate, wie z.B. Webinar to go oder auch andere Video-Chat-Systeme (z.B. Zoom und Skype)."

Kennen Sie komplette integrierte Coaching-Plattformen, die zum Beispiel auch Prozessunterstützung bieten und Coaching-Material vorhalten?
„Nein."

Würden Sie gerne solche Plattformen nutzen und kennenlernen? Hätten Sie da Bedarf?
„Ich muss gestehen, hier bin ich stark nutzenorientiert unterwegs. Es kommt immer auf den Aufwand für die Einarbeitung sowie die Kosten, z.B. die Lizenzgebühren und die technische Umsetzung bzw. Nutzbarkeit für meine Themen, an. Oft fehlt mir einfach die Zeit, mich mit solchen umfangreichen Systemen auseinanderzusetzen. Und bisher komme ich mit meinen Wegen gut klar. Meine Coachings sind sehr individuell und am Gegenüber orientiert. Ich bin mir nicht sicher, dass mir integrierte Plattformen hier einen echten Mehrwert bieten würden. Für Trainings nutze ich mit ‚blink.it' eine individuelle E-Learning-Plattform. Natürlich kann ich aber auch für Coachings dort Reflexionsaufgaben einstellen und zeit- und ortsunabhängig bearbeiten lassen."

Ganz ehrlich: Was war Ihre größte Hürde beim Start in das Online-Geschäft?
„Also tatsächlich eine virtuelle Sitzung mit 15 bis 20 Leuten – und das in komplettem Neuland. All meine Erfahrung, mein komplettes Repertoire war auf Präsenz ausgelegt. Auf meine Wirkung, auf meine Reaktionen in der Situation. Und nun musste ich mich auf die Technik verlassen. Und darauf, dass ich die richtigen Medien finde, dass ich Übungen gut organisiert bekomme und ich die Verwaltung von Gruppen in Arbeitsräume und zurück hinbekomme. Im Alltag bin ich ein super Improvisationstalent. Aber mir war nicht klar, wie sich das online verhält. Das war natürlich eher ein Training bzw. ein virtueller Klassenraum. Auf jeden Fall hatte ich zu Beginn schon Sorge, dass ich mich blamiere."

Was war Ihr größtes Erfolgserlebnis im Zusammenhang mit Online-Coaching?
*„Spannenderweise habe ich Kunden, die das Online-Coaching im Anschluss an ein Training getestet haben. Und dabei war eine Kundin, die danach so begeistert war, dass sie mich für einen größeren Personenkreis für mehrere Tage vor Ort gebucht hat. Das heißt, ich war online quasi mit wenig Aufwand für die Kunden im Test und nach erfolgreichem Bestehen entstand ein lukrativer Folgeauftrag in Präsenz. Somit hat mir das Coaching via virtuellem Klassenraum die Türe zu weiteren Aufträgen geöffnet. Für mich ist Online-Coaching ganz klar eine Ergänzung zu meinem bestehenden Geschäft, kein Ersatz. Dazu bin ich zu gerne mit echten Menschen im Gespräch und mir meiner persönlichen Qualitätsansprüche im Beruf als Coach bewusst und verpflichtet."*

### Dr. Melanie Hasenbein

Wie lange beschäftigen Sie sich schon mit Online-Coaching?
*„Mit virtuellen Themen, wie zum Beispiel Online-Trainings und E-Learning, beschäftige ich mich schon seit 2003. 2012 rückte dann Online-Coaching in meinen Fokus und ich startete 2013 ein praxisorientiertes Forschungsprojekt, gemeinsam mit Prof. Dr. Harald Geißler und Dr. Robert Wegener."*

Wie sehen Sie das mit der E-Didaktik? Gib es die im Online-Coaching? Ist sie wichtig?
*„Also ich bin ja, obwohl ich mich stark mit der Wissenschaft beschäftige, sehr praxisorientiert. Bei mir gilt deshalb in der Regel Lernen durch Ausprobieren. Das halte ich persönlich für das Wichtigste bei allen Online-Formaten. Und das darf in der Testphase auch mal nicht so optimal funktionieren, und es muss nicht immer alles perfekt laufen und visualisiert sein. Man kann eine Aufstellung auch pragmatisch auf dem Whiteboard skizzieren oder das Innere Team in einfachen Strichmännchen aufmalen. Der Fokus liegt auf dem Ausprobieren. E-Didaktik zu berücksichtigen, heißt für mich vor allem immer wieder, die Meta-Ebene zu suchen und intensiv zu reflektieren. Sicherlich braucht es auch Rahmenbedingungen, weil nicht jede Intervention immer online funktionieren*

wird. Da heißt es, Erfahrungen sammeln, was gut funktioniert und was eben nicht. Was kommt gut an und wo merke ich, dass ich an Grenzen stoße? Manche Dinge wären dann Face-to-Face leichter zu machen. Ich habe aber online zum Beispiel auch schon somatische Marker aufgezeichnet und damit gearbeitet. Deshalb plädiere ich für das Ausprobieren, um daraus dann zu lernen. Ich glaube, dass wir als Coachs jetzt tatsächlich ein bisschen mutig sein müssen, da auch die Erfahrungen zu sammeln und die Herausforderungen zu suchen."

Sind Sie der Meinung, dass Online-Coaching in Zukunft die Face-to-Face-Arbeit ablösen wird?
„Komplett ablösen glaube ich nicht, aber der Anteil von Online-Formaten wird wachsen. Und mit zunehmender Erfahrung wird Online-Coaching auch selbstverständlicher werden. Es wird eine gängige Alternative sein, es wird mehr Studien geben und es wird in der Praxis Einzug halten. Das Telefon als Medium ist ja bereits akzeptiert und üblich. Video-Konferenzen werden auch ‚normaler' werden. Der Online-Markt wird wachsen, aber Face-to-Face wird auch noch seine Berechtigung haben. Ähnlich, wie es sich auf dem Trainingsmarkt zeigt."

## Anke Ulmer

Wie lange arbeiten Sie schon als Coach und davon als Online-Coach?
„Als professioneller Coach arbeite ich seit 2008, online seit 2014."

Welche Themen sind Ihre Schwerpunkte?
„Coaching im beruflichen Umfeld, also alles, was mit Karriere, Karriereentscheidungen, Führungsfragen, interkulturellen Dimensionen zu tun hat. Ich arbeite sowohl mit Einzelpersonen als auch mit Teams."

In welchen Formaten arbeiten Sie?
„Natürlich arbeite ich auch weiterhin im herkömmlichen Präsenzformat, beim Kunden oder bei mir. Für Online-Coaching gehe ich immer in die CAI® World und nutze dort die verschiedenen Formate

und Tools. In der Anfangszeit habe ich auch Erfahrungen mit 3-D-Welten und Avataren gemacht, bei TriCAT Spaces und ebenso mit der englischsprachigen Plattform ProReal."

Was hat Sie persönlich dazu bewegt, Ihren Fuß ins Online-Geschäft zu setzen?
„Das hatte zwei Gründe: Zum einen die Vereinbarkeit von Familie und Beruf. Für diese Balance zwischen privater Lebensplanung und meiner Arbeit als Coach, Beraterin und Trainerin erweiterte sich damit für mich der Horizont der praktischen Möglichkeiten enorm. Zum anderen aber war es der Reiz des Neuen. Online-Coaching bot die Chance, in einem einigermaßen gesettelten Markt irgendwo vorne mit dabei sein zu können. Zudem war mein Denken immer schon eher zukunftsorientiert, auf Wandel gerichtet, auf Chancen, Möglichkeiten, auf neue Ziele. Die Beschäftigung mit diesen virtuellen Welten fand ich also verheißungsvoll spannend, und mich hat einfach die Frage beschäftigt, wo es damit hingehen würde, wie Arbeit in Zukunft aussehen könnte."

Wie haben Sie sich darauf vorbereitet, wie begann Ihre virtuelle Reise?
„Im Jahr 2012 besuchte ich das erste Mal den Coaching-Kongress des DBVC (Deutscher Bundesverband Coaching e.V.) und hörte den Vortrag von Dr. Elke Berninger-Schäfer. Sie entwickelte ihre Visionen zur Zukunft von Coaching und sprach von Online-Coaching und Umsetzungsmöglichkeiten, die sie bereits in Angriff genommen hatte. Das hat mich begeistert. Gleichzeitig habe ich erkannt, dass ich aus meinem ersten Beruf als studierte Übersetzerin und Konsekutivdolmetscherin etwas Nützliches mitbrachte, das sogenannte ,multimediale Multitasking' als eine der nicht unwesentlichen Kompetenzen. Denn bei der Online-Arbeit mit der CAI® World hören wir als Coach sehr konzentriert zu und dokumentieren einerseits selbst gleichzeitig und ermuntern andererseits den/die Klient*in zur Dokumentation an methodisch sinnvoller Stelle, bieten außerdem jeweils stimmige interaktive Tools zur Auswahl an, moderieren das Handling der Plattform usw. Da hält man schon einige Bälle gleichzeitig in der Luft, aber Jonglieren ist Übungssache und es lässt sich erlernen. Bald wurde ich dann Dozentin

und Lehrcoach in der Weiterbildung zum Online-Coach in der CAI® World. Ich war ja fast von Anfang an dabei."

## Anja Röck

Welche Themen bieten Sie im Coaching an?
„Business-Kontext mit allem, was dazu gehört. Private Themen generell nicht, nur wenn sie wesentlich in den Business-Kontext hineinspielen. Im Business-Bereich kann es alles sein, von ‚Wie präsentiere ich mich als Führungskraft oder Trainer?' über ‚Wie gestalte ich meine Website?'. Oder: ‚Wie finde ich den optimalen Einstieg in meine Aufgabe als Führungskraft?'. Oder auch: ‚Wie agiere ich in schwierigen Teamsituationen?', also alles was dazugehört. Sehr oft kommen Menschen zu mir, die ein Online-Thema haben und ihre ersten Schritte gehen müssen. Daraus ergeben sich dann eben häufig noch weitere Themen im Gespräch, an denen wir dann arbeiten.

Beispielsweise begleitete ich für ein bayerisches Unternehmen Nachwuchsführungskräfte mit Online-Coaching, um die Inhalte aus der vorherigen Schulung mit ihnen nachzubereiten, zu strukturieren, zu sortieren und loszulegen. Das fand in 3-D statt, also mit der Plattform von TriCat GmbH. Außerdem biete ich eine ganze Reihe von Qualifizierungsmaßnahmen für Online-Trainer (2-D + 3-D) an. Ein Online-Trainer braucht aus meiner Sicht ergänzend Coaching-Techniken für seine Arbeit. Gerade, wenn es darum geht, emotionale Nähe in einem Online-Trainings-Setting zu schaffen. Denn das geht meines Erachtens nur über coachende Methoden, indem ich bei jedem Teilnehmer gewisse Punkte antriggere. Über die übliche Frage im Präsenzsetting ‚Wie geht es Ihnen heute?' mit Blick in die Runde kommen wir hier nicht weiter und nicht an die Menschen ran. Also brauche ich Techniken, die die Teilnehmer wirklich in Aktion bringen, denn ich will ja mehr als oberflächliches ‚Gut' oder ‚Geht so' herauskitzeln. Ich kann das auch nicht aus der Präsenz nachbilden, indem wir in einem Gruppencoaching 20 Webcams aktiv schalten. Und genau da helfen Coaching-Techniken weiter, die ich für den Einsatz in virtuellen Räumen selbst weiterentwickelt habe. Die sind übrigens in einem meiner Bücher *zusammengefasst. Es beschreibt 50 Methoden, die für Training und Coaching in 2-D und 3-D geeignet sind. Viele davon aktivieren das Unterbewusstsein. Außerdem wird dargestellt, was jeweils in 2-D oder 3-D funktioniert oder zu beachten ist. Ebenso mit konkreten Ansätzen für den Praxiseinstieg und die Situationen oder wie damit weitergearbeitet werden kann. Ein Beispiel dazu: Auf die Frage ‚Welche Farbe passt heute zu ihnen und warum?' kommen sehr persönliche Antworten, die mir viel über die Verfassung des Teilnehmers und das Un(ter)bewusste verraten. Während einer antwortet ‚Blau, weil ich heute total entspannt bin' oder ‚Blau, weil ich schrecklich erschöpft bin von dieser Woche', bekomme ich viel mehr Informationen, die noch dazu relativ schnell abrufbar sind."*

Was war für Sie der Anlass, in das Online-Geschäft zu starten?
*„Dass ich Mutter bin. Meine Tochter war zum damaligen Zeitpunkt noch sehr klein. Für mich war es die Möglichkeit, trotz räumlicher Anbindung mich und mein Können nach außen zu tragen und mich selbst weiterzubilden. Ich nahm damals an einem zu der Zeit noch asynchronen Online-Kurs teil und entdeckte die Möglichkeiten, die sich mit der Online-Arbeit bieten. Gerade auch für Wiedereinsteigerinnen. Das war dann auch ein Schwerpunkt, mit dem ich gestartet habe. Weil ich einfach selbst in dieser Situation steckte."*

Wenn Sie Ihren Alltag betrachten, wie viel Prozent machen Sie noch in Präsenz?
*„Im Moment gerade wieder mehr, aufgrund meiner Lehrtätigkeit an der Hochschule. Aber eigentlich bin ich tatsächlich zu 80-90 Prozent online unterwegs. Ich habe zum Beispiel aktuell einen Auftrag aus Österreich. Das würde in Präsenz gar nicht funktionieren."*

Was war auf dem Weg ins Online-Business Ihre größte Hürde?
*„Also, ich war von Anfang an tatsächlich ein Fan davon. Von dem her habe ich mit Todesverachtung viele Sachen einfach ausprobiert, und es hat dann funktioniert. Irgendwann fand ich dann*

*auch heraus, warum manche Dinge manchmal klappen und manchmal nicht. Das waren wichtige Lernfaktoren. Die größte Hürde? Ja, also am Anfang durfte im Haus niemand telefonieren, während ich online war. Weil damals sonst meine Soundqualität dadurch in die Knie gegangen ist. Von der Übertragung des Bildes durch die Webcam reden wir noch gar nicht. Und dann kam irgendwann ein Angebot von dem Telekommunikationsanbieter für eine ‚dickere' Leitung. Seither dürfen auch alle wieder telefonieren.*

*Es ist auch immer wieder die Herausforderung, mit der Technik auf dem Laufenden zu bleiben. Glücklicherweise habe ich einen Mann, der sich bestens auskennt, mit allem Drum und Dran. Was ist die optimale Einstellung, welche Updates sind zu machen und so weiter. Auch bei Hardware. Er findet immer die richtigen Sachen, die ich brauche. Mit den Anwendungen selbst kennt er sich eher weniger aus, aber wenn ich etwas benötige, erläutere ich ihm meinen Bedarf und wir generieren die passende Lösung. Man braucht auf jeden Fall jemanden, der sich wirklich wie bei einer Support-Hotline auskennt. Bei den Teilnehmern ist es auch so: Je nachdem, wie fit der Support des Weiterbildungsanbieters in Bezug auf Technik ist, funktioniert es. Zu Zeiten der Tele-Tutoren hatten wir beispielsweise eine Schulung geplant. Die sollte im 2-D-virtuellen Raum stattfinden, mit Headset. Wir stellten kurz vor der Durchführung fest, dass die PCs der Teilnehmer keine Soundkarten hatten. Also, ich glaube nicht, dass das heute noch passieren würde. Aber damals mussten wir es schaffen, irgendwie eine Telefonkonferenz dazuzuschalten. Der Nachteil an der Telefonkonferenz war damals, dass du ja als E-Trainer immer den Hörer mit der Schulter festklemmst, weil du ja beide Hände brauchst. Und irgendwann hast du ein steifes Genick. Daraufhin habe ich mir damals dann ein Telefon angeschafft, das einen Anschluss für ein Headset hatte – Hybrid gab es da noch nicht.*

*Heute sind es andere Themen, aber grundsätzlich ist es oft die Technik in ihrer unterschiedlichen Ausprägung. Die Verlässlichkeit der Technik ist in der Zwischenzeit besser, die war am Anfang auch noch grauenhaft, aber wenn schwere Gewitter über uns* hinwegziehen, dann ist das heute durchaus ein Thema. Wobei die Teilnehmer einer Präsenzveranstaltung dann auch Probleme mit den öffentlichen Verkehrsmitteln oder auf der Autobahn haben. Man merkt auch Auswirkungen von Cyber Monday oder Cyber Friday – da ist es ratsam, keine Online-Coachings abzuhalten. Sonst hatte ich persönlich keine Hürden, ich habe einfach immer alles ausprobiert."

Was war Ihr größtes Erfolgserlebnis im Online-Coaching?
„Ich bin immer sehr begeistert, wenn Menschen, die bei mir in der Weiterbildung waren, im Anschluss so agieren, dass sie andere begeistern. Ein Beispiel, das jedoch nur anteilig mein Erfolgserlebnis ist, das ich aber großartig finde: Ich habe das Projekt von ‚Perspektive Wiedereinstieg' begleiten dürfen, welches über das Bundesfamilienministerium und die Förderstelle in Berlin lief. Wir haben E-Trainer ausgebildet für Angebote für Wiedereinsteiger. Alle saßen an verschiedenen Standorten. Dennoch haben die neuen Trainer es geschafft, eine tolle Qualifikationsreihe zu entwickeln, bei der ich sie mit Ausbildung zum einen und Coaching zum anderen unterstützen durfte. Hinterher bekamen sie sogar einen Preis. Also, sowas finde ich großartig. Oder wenn ich auf besondere Menschen stoße. Einer dieser besonderen Menschen ist ein Trainer, der körperlich stark behindert ist. Trifft man ihn in Präsenz, steht sein Rollstuhl im Vordergrund – eben seine Behinderung. Online holt er seine Teilnehmer komplett ab, und ich bin total von seiner Arbeit und Wirkung begeistert. Online stehen eben nicht seine Handicaps im Vordergrund. So bietet Online geniale Möglichkeiten für Menschen, die sie sonst vielleicht nicht hätten. Weil es für ihn zum Beispiel sehr schwierig ist, von A nach B zu kommen. Es ist aufwendig und anstrengend. Online ist das kein Thema. Er hat die gleichen Chancen wie jeder andere. Das gilt natürlich umgekehrt für unsere Klienten auch. Selbst wenn sie in ‚Hintertupfingen' wohnen. Oder wenn sie aus familiären Gründen nicht reisen können. Online hat jeder die Möglichkeit, am Geschehen dranzubleiben. Und da bleibt bisher meines Erachtens noch viel zu viel ungenutzt."

# 8. Hilfsmittel, Checklisten, Reflexionsübungen

## 8. Hilfsmittel, Checklisten, Reflexionsübungen

Nachdem Sie sich nun mit vielen Facetten des Online-Coachings auseinandergesetzt haben, suchen Sie vielleicht nach ganz konkreten Hilfsmitteln für Ihre Arbeit. Diese finden Sie in diesem Kapitel. Zunächst geht es um Ihr ganz persönliches Mindset, denn das ist die Ausgangsbasis für Ihren Erfolg. Im Anschluss finden Sie weitere Tipps und Tricks, die Ihnen den Weg erleichtern sollen. Am Ende des Kapitels habe ich Ihnen die wichtigsten Tipps aller befragten Experten zum Nachlesen zusammengefasst.

## 8.1

# Selbsttest: Wie gut passt Online-Coaching in mein Business?

Bitte nehmen Sie sich ein paar Minuten Zeit für die Beantwortung der folgenden Fragen:

*Selbsttest*

|  | Ja |
|---|---|
| ▶ Meine Kunden fragen mich, ob ich auch Online-Coaching anbiete. | ▶ ... |
| ▶ Nachhaltigkeit ist mir im Coaching ein großes Anliegen. | ▶ ... |
| ▶ Ich habe Kunden, die in ihrem Arbeitsalltag keine bzw. kaum Präsenztreffen einrichten können (keine größeren Zeitfenster verfügbar, viele Dienstreisen etc.). | ▶ ... |
| ▶ Folgeaufträge wurden schon einmal aufgrund zeitlicher Verfügbarkeit des Kunden (längere Präsenzsitzungen nicht möglich) abgelehnt. | ▶ ... |
| ▶ Ich habe Anfragen, bei denen ich aufgrund der Entfernung kein wirtschaftlich attraktives Angebot machen kann. | ▶ ... |
| ▶ Ich habe manchmal keine Lust, Aufträge anzunehmen, die längere Reisezeiten für mich mit sich bringen. | ▶ ... |

Wie oft haben Sie „Ja" angekreuzt? Die Auflösung finden Sie auf der Folgeseite.

## Auswertung

**0-2 Mal:** Momentan scheint Online-Coaching keine hohe Priorität in Ihrem Geschäftsmodell zu haben. Sie sollten sich jedoch bei Gelegenheit dennoch Gedanken über Ihre zukünftige strategische Ausrichtung machen.

**3-4 Mal:** Besuchen Sie eine Informationsveranstaltung, z.B. von einem Ausbildungsanbieter, oder testen Sie einige Plattformen (Internetrecherche) und verschaffen Sie sich ein Bild über den Markt und seine Möglichkeiten. Vielleicht befragen Sie Ihre Bestandskunden nach deren Meinung zum Thema Online-Coaching. Unterhalten Sie sich mit erfahrenen Online-Coachs und überlegen Sie, was ein erster kleiner Schritt für Sie sein könnte.

**5-6 Mal:** Beschäftigen Sie sich unbedingt mit dem Markt und den Möglichkeiten. Informieren Sie sich über Ausbildungsformate, sofern Sie noch kein Online-Coach sind. Beobachten Sie Ihre Präsenzarbeit und überlegen Sie, wo und wie Sie Online-Erfahrungen sammeln können. Schreiben Sie gerne? Oder brauchen Sie die Video-Interaktion? Testen Sie auf jeden Fall kostenlos verschiedene Plattformen und überlegen Sie, welche Kundensegmente Sie wie online erreichen könnten. Vielleicht hat einer Ihrer Bestandskunden Lust auf ein Pilotprojekt mit Ihnen? Denken Sie kreativ!

## 8.2

# Mein Mindset für ein erfolgreiches Online-Coaching-Business

Wo liegen die größten Unterschiede für Sie als Coach zwischen Präsenz und virtuell? Was brauchen Sie für ein Mindset, um erfolgreich zu sein? Machen Sie sich zu den folgenden Punkten mit Fokus auf Ihr Online-Business Gedanken. Nutzen Sie dazu am besten das MindMap aus dem Download-Bereich:

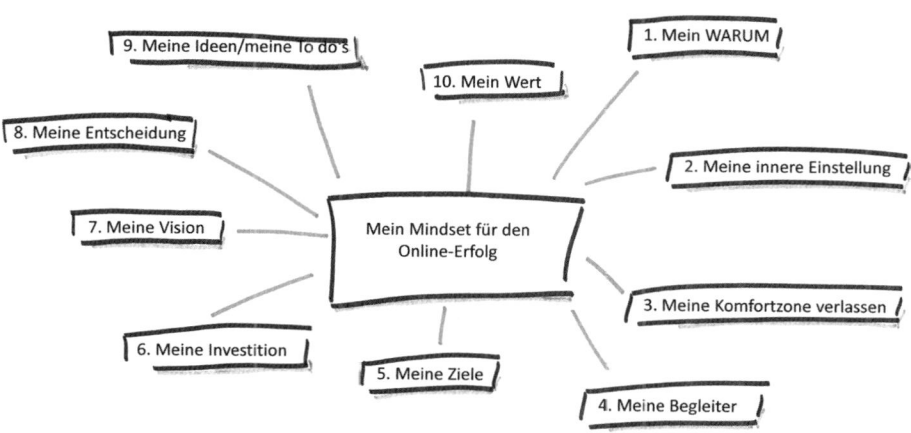

Abb.: MindMap Mindset

## 8. Hilfsmittel, Checklisten, Reflexionsübungen

*Die Kriterien*

- *Das Warum*: Warum begeben Sie sich auf den Weg? Was ist Ihre Vision? Ihr Motivator? Was treibt Sie an, ein Online-Coach zu werden?
- *Der Glaube an sich selbst*: Ihre innere Einstellung entscheidet über Ihren Erfolg. Wenn Sie an sich glauben und mit einer positiven Einstellung an Ihr Online-Coaching-Business herangehen, werden Sie Ihre Ziele erreichen. Achten Sie bewusst auf negative Gedanken und reduzieren Sie diese.
- *Der Mut*: Es kostet Überwindung, die eigene Komfortzone zu verlassen. Der erste Schritt kostet Mut.
- *Die Begleiter*: Das Umfeld ist mitentscheidend für den Erfolg. Suchen Sie sich positive, gleichgesinnte Menschen. Die richtigen Begleiter geben Ihnen Rückhalt, wertvolle Tipps und Inspiration.
- *Ihre Ziele*: Setzen Sie sich Ziele, die aus Ihrem Inneren kommen. Sie müssen von Ihrem Weg ins Online-Business überzeugt sein, damit Sie Ihre Ziele Stück für Stück erreichen.
- *Investieren Sie in sich*: Professionalität braucht Investition – in Ihre Persönlichkeit, in Ihr Know-how, in Ihr Business.
- *Ihre Vision*: Visualisieren Sie sich Ihr Warum und Ihre Ziele auf einem Visionboard. Das hilft Ihnen, die Verbindlichkeit zu erhöhen und dranzubleiben.
- *Selbstverantwortung*: Sind Sie bereit, die Verantwortung für das eigene Handeln oder auch das Unterlassen zu übernehmen? Stehen Sie für Ihre Entscheidung ein und tragen Sie die Konsequenzen.
- *Entscheiden*: Ohne eine bewusste Entscheidung für (oder gegen) Ihr Online-Business treten Sie pausenlos auf der Stelle. Entscheiden Sie sich!
- *Ideen in die Umsetzung bringen*: Ideen, Chancen, verschiedene Optionen umgeben uns täglich. Erkennen Sie die, die für Sie relevant und umsetzbar sind und starten Sie.
- *Ihr Wert*: Stehen Sie für Ihren Wert ein und spiegeln Sie ihn in Ihrer Preisgestaltung und Ihrer Vermarktung.

## 8.3 Das Geschäftsmodell

Vielleicht ist dies der geeignete Moment, um Ihr bisheriges Geschäftsmodell zu überdenken. Haben Sie bereits alles Relevante berücksichtigt, damit Ihr Unternehmen zukunftsfähig bleibt? Oder haben Sie erste Ideen, was Sie gerne anpassen, optimieren, verändern, neu denken möchten? Für ein erfolgreiches Unternehmen ist es überlebenswichtig, das eigene Geschäftsmodell klar definiert zu haben und es auch hin und wieder auf den Prüfstand zu stellen. Spätestens mit jeder neuen Produktidee.

Vielleicht kommt Ihnen das etwas übertrieben vor? Lassen Sie es mich so erklären. Wie würden Sie reagieren, wenn Sie zu einem Arzt gehen, und der würde Ihnen ohne eine Anamnese – aus Ihrer Sicht willkürlich – ein Medikament verschreiben? Noch dazu eines mit einer erschreckend hohen Anzahl an Nebenwirkungen? Oder noch deutlicher: Halten Sie es für ratsam, sich auf Basis von Diagnosen anhand eigener Internetrecherchen starke Medikamente selbst zu verordnen und einzunehmen? Vermutlich nicht. Bei der (Weiter-)Entwicklung unserer Geschäftsmodelle sind wir oft weniger vorsichtig. Ich schließe mich da nicht aus. Ich bin schließlich Trainer und Coach, weil ich gerne kreativ und mit Menschen arbeite. „Eine neue Idee? Super, gleich los!" Und dennoch empfehle ich Ihnen, eine fundierte Analyse vorzuschalten, bevor Sie sich ins Online-Business begeben. Versuchen Sie es mit der Helikopterperspektive und betrachten Sie sich das Meer der neuen Möglichkeiten mit seinen Stränden, unge-

*Schalten Sie eine fundierte Analyse vor, bevor Sie Ihr bestehendes Geschäftsmodell ändern*

*Business Model Canvas*

ahnten Tiefen und sanften Wogen aus der Distanz im Überblick.

Als Hilfsmittel kann der Business Model Canvas gute Dienste leisten, denn er visualisiert kompakt die relevanten Unternehmensbereiche und ermöglicht eine umfassende Sicht auf Ihr Geschäft, indem er Ursache-Wirkungs-Beziehungen mitbetrachtet. Je nach Ihrem Bedarf bestimmen Sie selbst die Flughöhe. Nehmen Sie sich Ihr gesamtes Unternehmen in Form einer Überblicksbetrachtung vor, begeben Sie sich auf die Ebene von Geschäftsfeldern (z.B. Coaching, Training, Beratung) oder tauchen Sie hinab zu konkreten Analysen (z.B. zum Teilbereich E-Mail-Coaching). Den Business Model Canvas können Sie sich unter einer offenen Lizenz im Internet herunterladen (Link plus Ausfüll-Vorlage im Download-Bereich).

Abb.: Business Model Canvas

## Ein paar Ausfüllhinweise dazu

*Ausfüllhinweise*

Zunächst ist es sinnvoll, in der Mitte zu starten.

*Value Propositions – Ihr Nutzenversprechen*: Jedes Unternehmen, egal, wie groß oder klein, hat die Aufgabe, Kundenprobleme zu lösen oder ein Kundenbedürfnis zu befriedigen. Welchen Nutzen hat Ihr Kunde, wenn er Ihr neues Produkt/Ihre neue Dienstleistung bucht? Was ist das Besondere? Der Vorteil, wenn er sich für Sie bzw. Ihr neues Coaching-Modell entscheidet? Was ist dann für ihn besser? Macht es Ihre Zusammenarbeit leichter? Sind Sie besser/schneller verfügbar?

*Customer Segments – Zielkunden*: An wen richtet sich Ihr Angebot ganz konkret? Wem bieten Sie besonderen Nutzen mit Ihrer Online-Coaching-Variante? Ist es eine Nische? Sind es Privatpersonen? Unternehmen? Wer ist Ihr Wunschkunde, für den Sie dieses Angebot aufbauen?

*Customer Relationships – Kundenbeziehungen*: Je nach Art Ihres Angebotes haben Ihre Kunden Erwartungen an Ihre Dienstleistung. Bieten Sie fixe Pakete an oder ist Ihr Angebot individuell gestaltbar? Arbeiten Sie synchron oder asynchron oder beides? Wie sieht Ihre Kundenbeziehung aus? Was ist wichtig? Wie passen diese Kundenbeziehungen in Ihr bisheriges Geschäftsmodell?

*Channels – Vertriebs- und Kommunikationskanäle*: Machen Sie sich Gedanken, wie Sie mit Ihrem Kunden interagieren. Wie wird er auf Ihr Angebot aufmerksam? Welche Vertriebswege haben Sie schon, die Sie hier nutzen können? Welche neuen Vertriebswege brauchen Sie, um Ihre Dienstleistung bekannt zu machen? Wie beraten Sie Ihre Kunden bis zum Vertragsabschluss?

*Key Resources – Schlüssel-Ressourcen*: Welche physischen, menschlichen und finanziellen Ressourcen benötigen Sie, um das Nutzen-Versprechen zu vermarkten? Welche Ausbildungen brauchen Sie? Welche Lizenzen? Welche Programmierungen auf Ihrer Homepage? Welche Hardware?

*Key Activities – Schlüsselaktivitäten*: Um das/die Nutzenversprechen zu verwirklichen, sind Aktivitäten nötig. Die Entwicklung neuer Materialien, die Einbindung neuer Technik, die Erweiterung der Homepage, die Durchführung von Pilotprojekten usw. Was hilft Ihnen, Ihr Online-Angebot an den Kunden zu bringen?

*Key Partners – Schlüsselpartner*: Je nach Geschäftsmodell könnte es sinnvoll sein, eine strategische Partnerschaft einzugehen. Wer sind solche Partner für Sie? Vielleicht Coachs, die schon Erfahrung mit Ihrem angestrebten Online-Coaching-Modell haben?

*Cost Structure – Kosten*: Wo umgesetzt wird, entstehen Kosten. Welche Schlüsselressourcen sind besonders kostenintensiv? Welche fixen und variablen Kosten entstehen Ihnen (z.B. Lizenzgebühren)? Welche Ausgaben entstehen Ihnen, ohne die Sie Ihr neues Geschäftsmodell nicht umsetzen können?

*Revenue Streams – Einnahmequellen*: Wofür sind Ihre Zielkunden bereit, Geld auszugeben? Wie bezahlen Ihre Kunden bevorzugt? Bieten Sie Premium-Produkte oder bieten Sie im günstigeren Preissegment an? Buchen Ihre Kunden in der Regel einmalig Ihr Coaching oder setzen Sie auf langfristige Kundenbeziehungen? Gibt es Paketmodelle?

## 8.4

# Tipps und Tricks für den erfolgreichen Start

Bitte unterschätzen Sie nicht den Startaufwand und planen Sie ausreichend Zeit in Ihrem Alltag ein. Durch die Nutzung von Online-Formaten sparen Sie bestimmt mittelfristig beispielsweise Reisezeiten ein, doch bis dahin kommt zunächst Mehraufwand auf Sie zu. Dieser beginnt mit Ihrer Präsenz im Netz, die erweitert werden muss. Mit der Auswahl des zukünftigen Angebots und der dafür erforderlichen Ausbildungen, Einrichtungen etc. Sie müssen Ihre Tagesplanung grundsätzlich neu organisieren, denn es sollte nicht so sein, dass Sie sämtliche E-Mails spätabends beantworten müssen, weil in Ihrem Tagesablauf dafür kein vernünftiges Zeitfenster vorgesehen war.

*Unterschätzen Sie nicht den Startaufwand*

Um sich ein gutes Bild zu verschaffen, worauf es ankommt und was Sie beachten müssen, gibt es verschiedene Möglichkeiten:

*Holen Sie sich Informationen ein*

▶ Tauschen Sie sich mit Kollegen aus, die diesen Weg schon gehen. Vielleicht finden Sie einen Mentor.
▶ Besuchen Sie Fachkongresse, um einen Eindruck von den Möglichkeiten zu bekommen.
▶ Nehmen Sie an geeigneten Webinaren teil, die Sie zu verschiedenen Themen „aufschlauen".
▶ Suchen Sie sich Interessengemeinschaften, die Ihre Themen aktuell diskutieren, z.B. passende Gruppen in den Social-Media-Netzwerken oder Berufsverbände für Coachs

oder für Online-Lernen allgemein (Beispiel: *www.bv-online-bildung.de*).
▶ Nutzen Sie selbst das Angebote eines Online-Coachs, der Sie dabei unterstützt, die einzelnen Bausteine Ihres Business aufzubauen. Ein Beispiel dafür ist das Angebot von Marit Alke, die sich seit vielen Jahren mit Online-Kursen und -Coaching auseinandersetzt (*www.marit-alke.de*).

*Checkpunkte vor dem Start*

Folgende Checks sollten Sie grundsätzlich vor dem Start Ihres Online-Coaching-Business durchgehen:

1. Klären Sie gründlich Ihre eigene Motivation und Ihre Startvoraussetzungen.
2. Beschäftigen Sie sich zuerst mit der Technik: Bedienung, technische Probleme lösen, Dos und Don'ts je Variante, Datenschutzfragen (wichtig auch bei kostenlosen Tools) etc.
3. Üben Sie mit Freunden, Kollegen, Ihnen wohlgesonnenen Kunden, bevor Sie sich auf den Markt begeben.
4. Vielleicht bieten Sie ein „virtuelles Erstberatungsgespräch" an, um den Kunden an die Technik und das damit verbundene Gefühl heranzuführen.
5. Vereinbaren Sie mit dem Kunden, was im Fall eines Technikstreiks zu tun ist. Zum Beispiel, wie Sie sich mit ihm alternativ in Verbindung setzen.
6. Betreiben Sie gutes Erwartungsmanagement: Was funktioniert, was nicht, wie schnell sind Sie erreichbar, wo liegen die Grenzen in Ihrem Angebot?
7. Schalten Sie bei videogestützten Systemen während der Arbeit gerne mal die Kamera aus. Das bewegte Bild kann auch ablenken und den Prozess stören.
8. Überlegen Sie sich einen Standard für die Dokumentation der Sitzungen (falls Sie kein Tool nutzen, das dies bereits vorgibt).
9. Seien Sie transparent, wie Sie arbeiten, welche Expertise Sie vorzuweisen haben.

10. Seien Sie präsent und verwenden Sie mit Angebot/Mail oder in der Plattform ein professionelles Foto von sich (z.B. mit Headset).
11. Leben Sie Ihre Intuition und Kreativität wie in der Präsenz – was dem Klienten hilft, ist zielführend und richtig, nicht das Einhalten starrer Formalien.
12. Nutzen Sie immer die Stärken des jeweiligen eingesetzten Mediums. Sollten Sie mehrere Möglichkeiten nutzen, könnten Sie auch im Prozess je nach Bedarf wechseln, mischen, ergänzen.
13. Verlassen Sie sich auf Ihre Intuition und vertrauen Sie auf Ihre Erfahrungen. Alles, was Ihnen in der Präsenz hilft, kann Ihnen auch im virtuellen Raum nützen. Auch im persönlichen Gegenüber passiert es Ihnen, dass Klienten skeptisch auf gewisse Methoden reagieren. Wie leiten Sie diese dort ein? Was davon können Sie auf den virtuellen Raum übertragen?
14. Denken Sie vom Ziel aus. Das Ziel bestimmt den Weg, nicht die Plattform oder die Intervention. Beide sind Mittel zum Zweck. Haben Sie stets ein Auge auf Effizienz und Effektivität und reflektieren Sie jede Sitzung im Nachgang. Waren Sie Ermöglicher für persönliche Entwicklung? Stand der Kunde im Mittelpunkt – und nicht die Technik?
15. Prüfen Sie gerade am Anfang Ihre eigenen Gedanken: Ist die virtuelle Arbeit in Ihrer Gedankenwelt der Arbeit von Angesicht zu Angesicht gleichwertig? Achten Sie auf eigene „alte" Denkmuster.
16. Beachten Sie bei Ihren Angeboten ggf. verschiedene Zeitzonen. Und vereinbaren Sie mit Ihrem Kunden Reaktionszeiten. Nur weil das Format „online" ist, bedeutet das nicht, dass Sie immer zur Verfügung stehen wie das Internet.
17. Sehen Sie dieses Buch als Sammlung von Anregungen und Impulsen. Es entstand auf Basis meiner Erfahrungen. Ihre eigenen können natürlich davon abweichen. Jede Meinung ist berechtigt.

## 8.5

# Schriftliche Brücken bauen

*Mit guter Schriftlichkeit erreichen Sie Ihre Coachees*

Die Linguistik bietet uns Möglichkeiten, auch in der schriftlichen Kommunikation Beziehungen aufzubauen. Hierzu ein paar Ideen:

▶ Zeigen Sie Empathie, indem Sie Begriffe und Aussagen des Klienten aufgreifen. Starten Sie mit etwas Small Talk. Fragen Sie nach, wie es ihm ergangen ist, aktuell geht oder was ihn gerade am meisten beschäftigt. Wichtig: Stellen Sie keine Fragen, deren Antworten Sie nicht bekommen möchten. Antworten zu ignorieren, zerstört jede zarte Brücke.

▶ Verstärken Sie Ihre Ausdrucksweise, indem Sie gezielt und sparsam verschiedene Färbungen in Ihre Texte einfließen lassen. Wenn Ihnen etwas wichtig ist, Sie etwas hervorheben möchten, haben Sie folgende Möglichkeiten: Wiederholungen, GROSSBUCHSTABEN, A b s t a n d, **Fettschrift**, *Kursivschrift*, Unterstreichungen, Farben, besondere Formatierungen, …)

▶ Setzen Sie das Augenmerk auf Ihren Klienten, indem Sie ihn gezielt in die Kommunikation einbeziehen. Dies gelingt zum Beispiel, indem Sie ihn mehrmals aktiv mit seinem Namen anschreiben. Fragen einbauen: *„Stimmen Sie zu?"* Oder: *„Sehe ich das richtig?"* Statements verwenden: *„Ich wiederhole …"* Oder: *„Die Fakten zeigen, dass …"*

▶ Suchen Sie nach Gemeinsamkeiten: Beziehen Sie sich gezielt auf Statements, zu denen Sie die gleichen Stand-

punkte haben. Aber erfinden Sie keine, wenn Sie nicht zustimmen.
▶ Zeigen Sie Verständnis: Zeigen Sie Ihrem Klienten, dass Sie ihn mit seinen Sorgen ernst nehmen und mitfühlen können. Es geht nicht darum, ihm Recht zu geben oder in evtl. verfahrenen Meinungen zu bestärken. Nutzen Sie eher Aussagen wie: *„Ich kann Ihre Enttäuschung nachvollziehen, ..."*
▶ Achten Sie auf positive Kommunikation und Zielorientierung.

## 8.6

# E-Mail-Etikette vereinbaren

*Netiquette als Selbstverpflichtung bzw. als formulierte Erwartungen an den Kunden*

Für die schriftliche Kommunikation empfehle ich Ihnen, eine E-Mail-Etikette oder Netiquette (Etikette im Netz) zu vereinbaren. Diese kann Bestandteil Ihres Beratungsvertrages sein. Sie regelt das Verhalten und die Erwartungen in der Kommunikation. Hier ein paar Beispiele, was Sie in dieser Etikette regeln könnten:

- ▶ Aussagekräftige Betreffzeile
- ▶ Kurzfassen und übersichtlich gestalten, Aufzählungen, Absätze
- ▶ Fokussieren: Wenige Themen in eine E-Mail
- ▶ Erhalt der E-Mail bestätigen
- ▶ Reaktionszeiten festlegen
- ▶ Vereinbaren Sie ein Symbol für Sondersituationen (z.B. E-Mail-Priorität)

Ergänzende Ideen als Selbstverpflichtung für Sie als professionellen Coach:

- ▶ Anrede am Anfang, „Danke" und „Freundliche Grüße" am Ende
- ▶ Stil und Höflichkeit beachten, positiv formulieren, kein Zynismus
- ▶ Rechtschreibkorrektur nutzen
- ▶ Fließtexte vermeiden, lieber gut strukturieren mit Aufzählungen, wenig Emoticons verwenden

## 8.7

# Übungen für die Stimme

### Lockerungsübungen für den Körper

Der Körper ist unser Resonanzraum und hat Einfluss, wie unsere Stimme klingt. Verspannungen stören diesen Resonanzkörper. Es empfiehlt sich, systematisch Lockerungsübungen für die obere Körperhälfte zu machen. Wiederholen Sie alle Übungen drei- bis fünfmal.

*Wiederholen Sie die folgenden Übungen 3- bis 5-mal*

- Beginnen Sie beim Kopf und lassen Sie ihn langsam von links nach rechts kreisen.
- Dann ziehen Sie die Schultern langsam nach oben in Richtung der Ohren. Nach zwei bis drei Sekunden lassen Sie die Schultern wieder locker und atmen Sie bewusst aus. Wiederholen Sie diese Übung fünfmal.
- Kreisen Sie Ihre Arme im Wechsel dreimal nach vorne und dreimal nach hinten. Dann beide Arme gleichzeitig nochmals in jede Richtung.
- Dehnen Sie Ihren Oberkörper seitlich, indem Sie einen Arm über den Kopf zur anderen Seite bringen. Auch hier beide Seiten mehrmals dehnen.
- Nehmen Sie beide Arme über den Kopf und lassen Sie sich mit dem kompletten Oberkörper nach vorne fallen. Dabei lassen Sie gleichzeitig die Luft aus Ihren Lungen mit einem tiefen Seufzer entgleiten. Pendeln Sie Ihren Oberkörper behutsam aus und richten Sie sich Wirbel für Wirbel wieder auf.

### Lockerung für Kiefer, Zunge und Lippen

Die Beweglichkeit von Kiefer und Zunge wirkt auf die Deutlichkeit unserer Aussprache. Es gibt hier verschiedene Möglichkeiten:

- Stellen Sie sich vor, in Ihrem Mund befinden sich viele kleine Luftblasen, die sich immer weiter ausdehnen und größer werden. Dadurch öffnet sich Ihr Kiefer ganz langsam immer ein Stückchen weiter. Lassen Sie die Luftblasen so weit anschwellen, bis Ihr Kiefer komplett locker nach unten hängt.
- Legen Sie sich zwei bis drei Sätze zurecht (zum Beispiel Ihre Einleitung im Coaching) und sprechen Sie sich diese laut vor. Dann nehmen Sie einen Flaschenkorken zwischen Ihre Zähne (haben Sie keinen zur Hand, verwenden Sie Ihren Daumen). Nun sprechen Sie, ohne die Zähne zu bewegen, die gleichen Sätze möglichst deutlich. Wenn Sie nun die gleichen Sätze ohne Korken (oder Daumen) sprechen, sollte sich Ihre Aussprache verändert haben und deutlicher sein. Der Daumen hat den Vorteil, dass Sie automatisch daran gehindert werden die Kiefer wieder zu verkrampfen und zu fest zuzubeißen.
- Schnalzen Sie öfter mit der Zunge. Das stärkt die Zungenmuskulatur und macht sie flexibler. Je flexibler die Zunge ist (beim Schnalzen lassen Sie die Zunge schnell nach unten fallen), desto besser ist Ihre Aussprache.
- Lassen Sie Ihre Lippen flattern wie ein Pferd (pppffffrrrr).
- Lockern Sie Ihre Kehlkopfmuskulatur, indem Sie mit der Zunge von vorne nach hinten über den Gaumen streichen.

### Kontrollierte Atmung

Die Atmung entscheidet über Stimmqualität und Durchhaltevermögen der Stimme. Bei „falscher" Atmung verkrampfen die Stimmbänder und längeres Sprechen wird anstrengend.

- Gähnen Sie. Das Zwerchfell wird aktiviert und weitet sich, wenn wir gähnen. Also gähnen Sie bitte herzhaft. Ganz

nebenbei weiten Sie beim Gähnen auch Ihren Mundraum, was wiederum für bessere Artikulation sorgt.
- Atmen Sie ohne Anstrengung in den Bauch. Atmen Sie dann gleichmäßig aus, indem Sie das Geräusch der Eisenbahn nachmachen „Sch-sch-sch-sch-sch ...", bis die Luft aufgebraucht ist.
- Schieben Sie Ihr Kinn nach unten und den Kopf nach hinten, sodass Sie gerade stehen und einen langen Hals haben. Versuchen Sie einige Sätze eher „nasal" zu sprechen.

## Stimm- und Wortübungen

Schulen Sie Ihre Artikulation mit gezielten Sprechübungen. Sprechen Sie zum Beispiel folgende Laute, Worte, Redensarten oder Zungenbrecher regelmäßig überdeutlich aus:

*Verbessern Sie Ihre Artikulation*

- Psst! Mmh!
- Nachricht, Kuchenblech, Lichtdocht
- Froschschenkel, Fichtenwald, Bosporus, Gebäck – Gepäck, Gemeckere
- Nachtisch – Nachttisch, auffliegen – aufliegen
- Im Trüben fischen, immergrün
- Leere Töpfe klappern und leere Köpfe plappern.
- Hunde, die bellen, beißen nicht.
- Wir Wiener Waschweiber würden weiße Wäsche waschen, wenn wir Wiener Waschweiber wüssten, wo weiches, warmes Wasser wär.
- Am Zehnten Zehnten zehn Uhr zogen zehn zahme Ziegen zehn Zentner Zucker zum Zoo.
- Auf den sieben Robbenklippen sitzen sieben Robbensippen, die sich in die Rippen stippen, bis sie von den Klippen kippen.
- Usw.

## Körperhaltung beim Sprechen

Die Stimme ist stärker, wenn unser Körper richtig steht oder sitzt. Deshalb:

- Stehen Sie hüftbreit mit leicht angewinkelten Knien.
- Spüren Sie beim Sitzen Ihre Sitzbeinhöcker bewusst auf dem Stuhl. Dadurch sitzen Sie aufrecht und Ihre Atmung kann besser fließen. Ihr Beckenboden und Ihr Zwerchfell sind locker.
- Halten Sie den Kopf gerade auf den Schultern. Stellen Sie sich vor, er hängt an einer Schnur und wird nach oben gezogen, sodass Ihr Hals länger wird. Schieben Sie Ihr Kinn leicht nach unten.

**Begleitende Maßnahmen**

- Trinken Sie ausreichend, wenn Sie Ihre Stimme länger nutzen (Wasser oder Tee).
- Vermeiden Sie Alkohol, Kaffee, schwarzen und grünen Tee, wenn Sie viel sprechen müssen.
- Vermeiden Sie Räuspern, wenn Ihre Stimme belegt ist. Das Räuspern belastet die Schleimhäute der Stimmlippen. Besser ist es, kurz zu husten.
- Machen Sie bewusste Pausen und holen Sie tief Luft (spätestens nach 8 bis 10 Wörtern).

# 8.8 Die hilfreichsten Tipps der befragten Experten

**Peter Behrendt**

*„Machen Sie sich mit der Technik sehr vertraut. Und nutzen Sie die Technik, die zu Ihren Stärken passt. Es hilft nicht, etwas zu tun, nur weil andere oder der Markt meinen, dass man es tun sollte. Finden Sie Ihren Weg. Aber jeder sollte aufgeschlossen sein, und sich der Technik öffnen. Ein wichtiger Wirkfaktor im Coaching ist die Ausstrahlung der eigenen Kompetenz. Wenn Sie sich beim Einsatz der Technik unsicher oder unwohl fühlen, können Sie diese Kompetenz als Coach nicht ausstrahlen und verlieren einen großen Teil Ihrer Wirksamkeit. Das ist auch Grundvoraussetzung, dass Sie sich auf den Inhalt der Arbeit konzentrieren können.*

*Eine Gefahr von virtuellem Coaching ist, dass die medialen Kanäle dazu verführen, ein Ticken formaler zu werden und schnell auf die Sachebene zu wechseln. Damit sollten Sie sich als Coach sehr bewusst auseinandersetzen. Ich empfehle Ihnen demnach, den ersten Termin tatsächlich in Präsenz zu planen. Wenn das nicht geht, dann nehmen Sie sich Zeit, um Ihre Kommunikation sehr bewusst zu steuern. Durch Intuition neigen wir automatisch zur beschriebenen Reduktion. Seien Sie wirklich bewusst und bauen Sie Beziehung auf, achten Sie darauf, Ihre nonverbale Ausstrahlungskraft zu erhalten."*

## Ursula Diettrich

*„Das Wichtigste ist mir, dass Sie die Sache ernst nehmen im Hinblick auf die Vorbereitung einer Sitzung. Also kein beliebiges ‚Ich rufe mal schnell jemanden an' oder ‚Ich gehe jetzt spontan online', sondern die gleiche Qualität und Professionalität wie im Face-to-Face. Das beginnt bei A, wie anfängliches Skizzieren der Ausgangssituation und endet bei Z wie Zielerreichung. Und gute Vorbereitung. Das heißt, es geht einfach nicht, dass meine Katze durchs Bild läuft oder ähnliche schräge Dinge passieren. Dafür fehlt mir jedes Verständnis. Achten Sie auf professionelles Rollenverhalten, egal, in welchem Setting."*

## Dr. Martin Emrich

*„Seien Sie aufgeschlossen, was die Methoden betrifft. Denken Sie nicht zuerst, was nicht geht und was man nicht darf (Stichwort Datenschutz) oder was die Klienten nicht wollen. Denken Sie auch an die Generation Y oder Z und wie die heranwachsen. Und zum anderen: Beachten Sie beim Video-Coaching den Hintergrund – es ist nicht hilfreich, wenn ein Kind durch das Bild läuft oder die Freundin in Unterwäsche."*

## Alexandra Hagemann

*„Trauen Sie sich auf der einen Seite und achten Sie auf der anderen darauf, dass Ihre Kompetenzen auch im digitalen Raum sichtbar werden. Beobachten Sie genau, ob Sie in die Kamera sehen, denn man ist immer darauf bedacht, den Bildschirm und alle Aktivitäten im Blick zu haben. Dabei übersieht man manchmal, dass man ungeschickt vor der Kamera sitzt."*

## Dr. Melanie Hasenbein

*„Für mich ist es die Offenheit, sich einfach darauf einzulassen. Wenn ich an die ersten Konferenzen zurückdenke, bei denen ich über die Online-Coaching gesprochen habe, da war das so ‚absurd' wie ein ‚Alien'. Ich blickte in viele fragende und un-*

gläubige Gesichter. ‚Geht das überhaupt, was die da erzählt?'; ‚Kann das wirklich Realität werden?' Solche und ähnliche Aussagen überwogen anfangs. Glücklicherweise siegen dann doch oft die Offenheit und die Neugier. Ich finde es wichtig, dass wir in den nächsten Jahren eine gute Differenzierung erarbeiten, was online funktioniert. Vielleicht genauso gut oder sogar besser und was vielleicht im Face-to-Face-Kontakt besser aufgehoben ist. Das sind die Erfahrungswerte, die dann auch mit den ‚Neuen' geteilt werden können und die wir allen an die Hand geben können. Aber auch die fortschreitende Forschung finde ich wichtig. Also eine Kombination von Praxiserfahrung und wissenschaftlicher Evaluation. Denn ich glaube, je mehr Möglichkeiten und Erkenntnisse es gibt, umso größer wird die Bereitschaft sein, Online-Coaching auszuprobieren und die Hemmschwelle zu überwinden. Es braucht eine gewisse ‚Sicherheit'."

**Anke Ulmer**

„Ich habe da keinen ‚einzigen' besten Tipp für alle. Online-Coaching ist hochindividuell. Die Verwendung von Sprache ist sehr wichtig, ebenso wie der rote Faden der Prozessführung und die Transparenz der Prozessschritte, weil diese Orientierung den Klienten unterstützt. Die Orientierung über Gliederung, die Struktur, das sind Faktoren, die vor allem zur Vertrauensbildung beitragen, neben der eigenen Haltung von Achtung, Respekt und Wertschätzung. Darauf lege ich besonderen Wert: persönliche Klarheit und Strukturiertheit für die Sicherheit, aus der heraus Zutrauen und Kreativität für das Auffinden neuer Lösungen entstehen können."

**Anja Röck**

„Machen Sie eine Ausbildung und machen Sie bitte eine gute und praxisorientierte Ausbildung. Versuchen Sie bitte nicht, als Erstes nur den virtuellen Raum als solchen zu beherrschen und ihre Techniken nur 1:1 von der Präsenz in das Online-Szenario zu übertragen. Das funktioniert nicht bzw. es funktio-

*niert schon, aber nicht so, wie es funktionieren könnte. Viele versuchen einfach, alles in 2-D oder 3-D zu übertragen und wundern sich, wenn es nicht rund läuft. Es geht einfach nicht ohne Online-Didaktik oder E-Didaktik, wie auch immer man es bezeichnen mag. Auch im Coaching wirkt sich die Online-Arbeit aus. Testen Sie selbst ganz viel. Und wenn Sie sich den Weg abkürzen möchten, dann nutzen Sie eine wirklich fundierte Weiterbildung zum Online-Coach."*

# Schlusswort

Vielleicht ist Ihnen bewusst geworden, dass der Begriff E-Coaching häufig synonym für sämtliche Varianten des virtuellen Coachings verwendet wird. Dennoch hat jedes Format seine Besonderheiten und Unterschiede. Gemein haben alle Möglichkeiten, dass die Zusammenarbeit in irgendeiner Form mit elektronischen Medien stattfindet.

Die Qualität des Coachings ist unabhängig vom Medium, das in der gemeinsamen Arbeit genutzt wird. Empathie, Professionalität und Vertrauen prägen den Prozess. Sie bleiben nach wie vor der Dreh- und Angelpunkt Ihres Erfolges als Coach. Es geht in meinem Verständnis nicht darum, uns Coachs durch künstliche Intelligenzen zu ersetzen. Im Lernkontext mag das je nach Thema durchaus denkbar und sinnvoll sein. Im Coaching sehe ich das anders. Denn die persönliche Beziehung und die individuelle Begleitung sind das Herzstück in meinem Coaching-Ansatz. Ich glaube nicht, dass künstliche Intelligenz dies momentan oder in Zukunft bieten kann. Es geht vielmehr darum, den eigenen praktikablen Weg in der Digitalisierung zu finden. Die vorgestellten Entwicklungen sind als Impulse zu verstehen, deren Nützlichkeit Sie selbst bewerten müssen. Behalten Sie bei Ihren Überlegungen stets das Ziel Ihrer Arbeit im Fokus: Ihre Coachees bestmöglich auf dem Weg zu ihrem Ziel zu unterstützen. Es geht nicht um moderne Medien, um raffinierte Technik, um den Zahn der Zeit oder Ähnliches. Es geht einzig und allein darum, die Zielerreichung für Ihre Kunden zu ermöglichen und hilfreich

*Es geht nach wie vor um Empathie, Professionalität und Vertrauen*

zu begleiten. Deshalb meine Bitte: Versuchen Sie nicht, alle Möglichkeiten sofort umzusetzen und anzubieten. Wagen Sie sich langsam und überlegt ins Meer hinaus. Testen Sie, hinterfragen Sie, seien Sie kritisch und aufgeschlossen. Dazu passt diese alte Geschichte aus dem Buddhismus:

> Es kamen einmal ein paar Suchende zu einem alten Zen-Meister.
>
> „Herr", fragten sie, „was tust Du, um glücklich und zufrieden zu sein? Wir wären auch gerne so glücklich wie Du."
>
> Der Alte antwortete mit mildem Lächeln: „Wenn ich liege, dann liege ich. Wenn ich aufstehe, dann stehe ich auf. Wenn ich gehe, dann gehe ich und wenn ich esse, dann esse ich."
>
> Die Fragenden schauten etwas betreten in die Runde. Einer platzte heraus: „Bitte, treibe keinen Spott mit uns. Was Du sagst, tun wir auch. Wir schlafen, essen und gehen. Aber wir sind nicht glücklich. Was ist also Dein Geheimnis?"
>
> Es kam die gleiche Antwort: „Wenn ich liege, dann liege ich. Wenn ich aufstehe, dann stehe ich auf. Wenn ich gehe, dann gehe ist und wenn ich esse, dann esse ich."
>
> Die Unruhe und den Unmut der Suchenden spürend fügte der Meister nach einer Weile hinzu: „Sicher liegt auch Ihr und Ihr geht auch und Ihr esst. Aber während Ihr liegt, denkt Ihr schon ans Aufstehen. Während Ihr aufsteht, überlegt Ihr, wohin Ihr geht und während Ihr geht, fragt Ihr Euch, was Ihr essen werdet. So sind Eure Gedanken ständig woanders und nicht da, wo Ihr gerade seid. In dem Schnittpunkt zwischen Vergangenheit und Zukunft findet das eigentliche Leben statt. Lasst Euch auf diesen nicht messbaren Augenblick ganz ein und Ihr habt die Chance, wirklich glücklich und zufrieden zu sein."

## Schlusswort

Denken Sie nur mal ein paar Jahrzehnte Menschheitsgeschichte zurück. Vieles, das für uns heute völlig normal ist, war damals komplett neu. Zum Beispiel die Kartoffel oder sämtliche exotischen Früchte. Oder auch noch nicht so weit zurück: die lila Karotte. Bisher war die doch eigentlich orange? Wie schwer fällt es Ihnen, etwas Neues auszuprobieren?

*„Hätte mir jemand vor fünf Jahren gesagt ..."* Vielleicht haben Sie auch das ein oder andere Thema, bei dem dieser Satzanfang passt? Bei mir trifft er voll auf den in diesem Buch beschriebenen Themenkomplex zu. Denn vor fünf Jahren hätte ich mir niemals vorstellen können, anders als in der Präsenz zu arbeiten – egal, ob im Training oder im Coaching. Doch heute bin ich ein absoluter Fan von virtuellen Formaten. Sie eröffnen meinen Kunden und mir ganz neue Möglichkeiten und leisten einen hohen Beitrag für Nachhaltigkeit.

Ich hoffe, dieses Buch konnte Ihnen einen Einblick in diese faszinierende Welt bieten und Sie vielleicht auch dazu animieren, sich selbst (noch stärker) damit auseinanderzusetzen. Probieren Sie aus, was zu Ihnen passt und haben Sie den Mut, zu experimentieren.

Und lassen Sie sich nicht entmutigen. Haben Sie Geduld mit sich selbst. In Ihrer Arbeit als Coach ist Ihnen bewusst, dass Veränderung Zeit benötigt. Auch Ihr Lernprozess durchläuft die Schritte von der unbewussten Inkompetenz hin zur bewussten Kompetenz. Was bedeutet das? In der Phase der unbewussten Inkompetenz fällt uns nicht auf, dass wir etwas nicht beherrschen, dass uns Fähigkeiten fehlen. Hatten Sie sich vor der Lektüre dieses Buches beispielsweise noch nicht mit Online-Coaching auseinandergesetzt, weil Ihr Geschäft mit der Face-to-Face-Arbeit gut läuft, war Ihnen vielleicht nicht bewusst, dass Sie hier eine Kompetenzlücke haben könnten. Haben Sie sich nun mit den Möglichkeiten auseinandergesetzt, entdeckten Sie vielleicht das ein oder andere, das Sie gerne lernen und anbieten möchten. Das bedeutet,

*Haben Sie etwas Geduld mit sich*

Sie sind schon in der Phase der bewussten Inkompetenz, was schlimmer klingt, als es ist. Denn Sie haben Ideen, wo Sie ansetzen sollten. Hier sind wir oft sehr ungeduldig und hart mit uns selbst. Die Fortschritte sind uns häufig zu klein.

*Freuen Sie sich an den ersten Erfolgen*

Doch Selbstkritik hilft nicht weiter – wie würden Sie Ihren Coachee in diesem Status anleiten? Genau: Gehen Sie den ersten Schritt und freuen Sie sich an den ersten Erfolgen. Formulieren Sie Ziele und gehen Sie konsequent auf diese zu. Und schon sind Sie in der Phase der bewussten Kompetenz angelangt. Nun ist es eine Sache der Übung und Erfahrung. Wie beim Führerschein. Oder denken Sie heute noch darüber nach, welche Schritte erforderlich sind, um vom zweiten in den dritten Gang zu schalten? Vermutlich nicht. Hier ist die unbewusste Kompetenz bei Ihnen vorhanden. So wird es Ihnen auch ergehen, wenn Sie den für Sie passenden Weg ins Online-Coaching-Business verfolgen. Irgendwann sind die Medien wieder Nebensache und einfach unterstützende Faktoren in Ihrem Coaching-Prozess. Also seien Sie geduldig mit sich selbst. Wichtig ist der erste Schritt, denn das beste Equipment für Ihre Reise aufs Meer der Möglichkeiten ist Ihre Bereitschaft,

- sich auf neues und unbekanntes Terrain einzulassen,
- Vorurteile über Bord zu werfen und
- der „neuen" Welt offen zu begegnen.

Egal, wie Sie sich entscheiden: Tun Sie es bewusst. Ich wünsche Ihnen viel Erfolg auf Ihrer persönlichen Reise in die Online-Welt.

# Anhang

**Peter Behrendt**

im Gespräch am 06.12.2018

Geschäftsführer vom Freiburg Institut & Coachingzentrum Freiburg, Berater, Trainer und Coach

## Coaching-Verständnis

Coaching ist eine professionelle Prozessberatung mit dem Ziel, Hilfe zur Selbsthilfe zu leisten und den Coachee so zu unterstützen, berufliche Ziele in seinem Organisationsumfeld erfolgreicher zu erreichen. Dazu sollten der Coaching-Prozess und die verwendeten Methoden dem Coachee helfen, sich neu mit anderen Augen zu sehen, Ziele zu klären und neue Ideen zur Umsetzung zu entwickeln.

## Coaching-Schwerpunkte

- Unternehmercoaching und Management-(Team)coaching
- Neue Führungskonzepte, die Selbstverantwortung und Kooperation in der Organisation stärken
- Agilität und Innovationskultur
- Exzellenz in Kundenservice und Verkauf
- Organisationsentwicklung zur Kommunikationsexzellenz
- Verhaltensnahes Kommunikationscoaching mit Video- und Audiofeedback (inkl. virtueller Kommunikation)
- Personalstrategie, Personalmanagement und Organisationsentwicklung: Talente binden, motivieren und entwickeln
- Demokratie und fundierten konstruktiven Dialog stärken (incl. Politikercoaching)

## Berufliche Qualifikationen

- Diplom Psychologe an der Albert-Ludwigs-Universität, Freiburg
- Laufende Promotion als Organisationspsychologe zu den Erfolgsfaktoren in Führung, Coaching, Beratung und Innovation
- Zertifizierte Ausbildungen in Coaching
- Ausbildung in Mediation
- Ausbildung in Organisationsentwicklung (Studium FHNW Olten, CH)
- Practitioner-Ausbildung in video-basiertem Coaching nach Martemeo
- Führungskurs an der Harvard Business School
- Mehrmalige Studienaufenthalte in USA und französisch Canada

## Kontaktdaten

Tel: 0761-55729413
peter.behrendt@freiburg-institut.com
www.freiburg-institut.com und
www.coachingzentrum-freiburg.com

**Ursula Diettrich**

im Gespräch am 07.11.2018

Beraterin für Personal-/Team-/Führungskräfteentwicklung und Change-Prozesse: Netzwerk für Changemanagement: Wir bieten Ihnen Lösungen für Veränderungen

**Coaching-Verständnis**

Ich bin systemische Organisationsberaterin und ausgebildete Kommunikationstrainerin und verfüge über langjährige Berufserfahrung in unterschiedlichen Branchen. Mein Ziel: Menschen und Organisationen dabei zu unterstützen, die für ihre Tätigkeit wichtigen Veränderungen kompetent und motiviert zu erreichen. Mein Beratungsansatz ist lösungs- und ressourcenorientiert, d.h., ich möchte Menschen und Organisationen in ihrer Eigenentwicklung stärken und verstehe mich als Prozessbegleiterin. Dabei hilft mir eine Grundhaltung, die durch Echtheit, Akzeptanz und Empathie gekennzeichnet ist. Wichtige Werte sind für mich Respekt, Glaubwürdigkeit, Vertrauen, Zuversicht, Humor und Engagement.

**Coaching-Schwerpunkte**

- ▶ Coaching für Führungskräfte
- ▶ Coaching für Teams
- ▶ Coaching für Menschen in der beruflichen Neuorientierung
- ▶ Coaching für Expatriates und deren Partner
- ▶ Online-Coaching

**Berufliche Qualifikationen**

- ▶ Uni-Studium der Rechts- und Sozialwissenschaften, Abschluss Dipl. Sozialwirtin
- ▶ Zusatzausbildung Kommunikationspsychologie
- ▶ Ausbildung Systemische Organisationsberatung
- ▶ Div. Fortbildungen zur Durchführung von Online-Coachings und -Trainings, z.B. Certified Live Online Trainerin, E-Moderatorin nach Gilly Salmon und Zertifizierte CAI® Online-Coach, CAI® GmbH, Karlsruhe
- ▶ Arbeitsbewältigungs-Coach (ab-c)
- ▶ Mentoring-Managerin
- ▶ Fortbildungen in Agilem Projektmanagement und SCRUM

**Kontaktdaten**

Netzwerk für Changemanagement (nfcm)
Tel: 0160-6358927
diettrich@nfcm.de
ursuladiettrich.com

**Dr. rer. nat. Martin Emrich**

im Gespräch am 08.11.2018

Geschäftsführer von EMRICH Consulting ... improving people!, Keynote-Speaker, mehrfacher Bestseller-Autor, Executive Coach

**Coaching-Verständnis**

Für mich hat ein Coach die Rolle einer Hebamme. Die schwangere Frau ist der Coaching-Klient. Im Coaching unterstützt der Coach in der Rolle einer Hebamme die Geburt, welche für die Lösung steht. Wichtig ist dabei, dass nicht der Coach, sondern der Coaching-Klient das Baby zur Welt bringt. Das bedeutet übertragen, der Coach sorgt für einen guten Prozess. Aber das Ergebnis entspringt letztlich aus der Feder des Klienten.

**Coaching-Schwerpunkte**

- Führen in der VUKA-Welt
- Agiles Führen
- Situatives Führen
- Veränderungen und Transformationsprozesse
- Konflikte
- Work-Life-Blending
- Selbst- und Zeitmanagement
- Persönlichkeitsdiagnostik mit verschiedenen Tests

**Berufliche Qualifikationen**

- Promovierter Diplompsychologe
- NLP-Trainer (DVNLP)
- Systemischer Business Coach (International Coaching Association)
- Mehrfacher Bestseller-Autor mit über 50 Veröffentlichungen in 3 Sprachen
- Gewinner des African Speaker Awards 2019
- Zertifizierter Business Trainer (ICA)
- Dreijährige Fortbildung in klinischer Hypnose (Milton Erickson Gesellschaft)
- Workshops und Vorträge in 5 verschiedenen Sprachen

**Kontaktdaten**

EMRICH Consulting ... improving people!
Tel.: 0711-90053088
emrich@emrich-consulting.de
www.emrich-consulting.de

**Volker Gässler**

im Gespräch am 28.05.2019

Geschäftsführer vComm Solutions AG

### Coaching-Verständnis

Coaching hilft dabei, spezifische Situationen aus neuen Perspektiven zu sehen und hilft so, den Horizont zu öffnen und Lösungen und Wege zu finden, die einem sonst verschlossen bleiben.

### Coaching-Schwerpunkte

- Geschäftsleitung
- Software-Architekt
- Produkt-Management für Produkte zur Online-Kommunikation
- Entwicklung von Plattformen für verteilte Arbeit im Coaching, in virtuellen Teams und im Online-Training

### Berufliche Qualifikationen

- Software-Architekt
- Spezialist in Online-Kommunikation
- Entrepreneur
- Verteilte Teams
- Synchrones Online-Training

### Kontaktdaten

vComm Solutions AG
Tel.: +41-434973508
volker.gaessler@vcomm.ch
www.vcommsolutions.com

**Alexandra Hagemann**

im Gespräch am 05.11.2018

Trainerin & Coach, Dipl.-Päd. Erwachsenenbildung, Schwerpunkt Medienpädagogik und Psychologie

### Coaching-Verständnis

Wir alle haben unsere Stärke. Doch gelingt es uns, diese auch sichtbar zu machen? Wenn wir es schaffen von unseren Gegenübern als kompetent wahrgenommen zu werden, prägt dieser Eindruck die weitere Zusammenarbeit. Umgekehrt beeinflussen wir das Verhalten von Gesprächspartnern ebenfalls. Stärkeorientiertes präsentieren, kommunizieren und führen ist ein Schlüssel, die eigenen Kompetenzen sympathisch sichtbar zu machen.

### Coaching-Schwerpunkte

- Präsenz perfekt ergänzt – Mittels eLearning gehirngerecht in der Praxis weiterbilden
- Selbst und sicher präsentieren
- Stärkeorientiert kommunizieren
- Typgerecht führen – Wie Belohnungssystem und Gehirn unser Verhalten prägen
- Lösen von emotionalen Blockaden auf dem Weg zum Ziel
- 8S Stärkeprofil®
- Train the Trainer digital – Vorhandenes Wissen mittels eLearnings, Webinaren und Live-Online-Trainings in der digitalen Welt vermitteln
- Erkenntnisse der Neurowissenschaften und positiven Psychologie für die Praxis

### Berufliche Qualifikationen

- Dipl. Päd. Erwachsenenbildung, Schwerpunkt Medienpädagogik und Psychologie
- Lehrtrainerin 8S Stärkeprofil
- Lizenzierter Palo Alto Coach (in der Schweiz Limbic Coaching) (Palo Alto Institute for systemic coaching)
- Zertifizierte Live-Online-Trainerin (TAE)
- Seit 2007 Dozentin an der Blended Learning Hochschule für angewandtes Management Ismaning für Kommunikation & Präsentation sowie Gesprächs- & Verhandlungsführung (mit Unterbrechung)
- Suggestopädin (DGSL)
- JP Systemische Beratung und Coaching (IS-BW)

### Kontaktdaten

ah Trainings
Tel.: 08134-2239932
mail@ah-Trainings.de
www.ah-Trainings.de

**Dr. Melanie Hasenbein**
im Gespräch am 20.12.2018

**Berufliche Qualifikationen**
- Dr. phil.
- Diplom-Pädagogin

**Kontaktdaten**
CHANGE FORMAT – Dr. Melanie Hasenbein
Tel.: 01573-2313172
melanie.hasenbein@change-format.de
https://www.change-format.de/

Beraterin und Coach für Change und Digitalisierung. Professorin an der Hochschule Fresenius

### Coaching-Verständnis

Coaching und somit auch digitale und virtuelle Formate von Coaching verstehe ich als eine personenorientierte Beratungsform zur Unterstützung der beruflichen und persönlichen Entwicklung des Klienten/der Klientin. Die verschiedenen sinnvoll kombinierten Coachingformate (z.B. Face-to-Face und digital) sollen schließlich zur Förderung der Selbstreflexion beim Klienten beitragen.

### Coaching-Schwerpunkte

- Leadership Coaching
- Change Coaching
- E-Coaching/Online-Coaching
- Virtual Coaching
- AI Coaching
- Forschung zum digitalen und virtuellen Coaching

**Markus Herkersdorf**

im Gespräch am 16.01.2019

Mitgründer und Geschäftsführer TriCAT GmbH

## Coaching-Verständnis

Coaching braucht Raum. Raum für Erlebnis, Raum für Begegnung, Raum für Reflexion, Raum für Veränderung. Virtuell-immersive 3-D-Welten bieten diesen multidimensionalen Raum. Sie erlauben in einer präsenzähnlichen Qualität soziale Begegnung und situatives Erleben. Zugleich bieten sie nahezu unbegrenzte Freiheiten im Hinblick auf die Ausgestaltungs- und Reflexionsmöglichkeiten beim Coaching.

## Berufliche Schwerpunktthemen

- ▶ Digitalisierung und Transformation
- ▶ Lernen und Kollaboration in virtuellen 3-D-Lern- und Arbeitswelten
- ▶ Mixed Reality
- ▶ Empathische, KI-gestützte Agenten (Avatare)

## Berufliche Qualifikationen

- ▶ Studium Luft- und Raumfahrttechnik (Dipl. Ing.)
- ▶ Offizierslaufbahn
- ▶ Ausbildung zum Berufspiloten und Fluglehrer
- ▶ Gründer und Geschäftsführer
- ▶ Experte für Lernen und Kollaboration in virtuellen 3-D-Welten
- ▶ Digitale Transformation
- ▶ Berater, Keynote Speaker, Co-Autor

## Kontaktdaten

TriCAT GmbH
Tel.: 0731-1405198-0
info@tricat.net
www.tricat.net
www.tricat-spaces.net

**Jens Kraiss**

im Gespräch am 15.01.2019

Geschäftsführer & Gründer Cooning GmbH, Digital HR-Berater, Online-Coach & Trainer

### Coaching-Verständnis

Ein Fundament findet mein Coaching im systemischen Ansatz. Wirkfaktoren wie: klare Prozessführung bieten, kooperativ begleiten & Ressourcen aktivieren dabei im Blick zu haben, ist fester Bestandteil. Mit Mind, Body & Feeling zu arbeiten unterstützt eine wirkliche Veränderung im Mindset & Verhalten. Eine fundierte Ziel- & Ergebnisdefinition zu Beginn ist unerlässlich. Zielgerichtet klare Positionierung im Coaching zu beziehen, ist hilfreich.

### Coaching-Schwerpunkte

- Mitarbeiterführung gestalten und operative Führung begleiten (z.B. in den Führungsebenen Leading myself, Leading others, Leading my Business oder Leading in a digital Mindset)
- Begleitung bei Kulturwandel von traditioneller Führung hin zu Führung durch Coaching
- Transformationsprozesse und organisatorische Veränderungen im Rahmen der Digitalisierung begleiten
- Beziehungsmanagement und Selbstreflexion stärken
- Karriereentwicklung und -beratung

### Berufliche Qualifikationen

- Studium der Politikwissenschaften/BWL und Jura (Universität Freiburg)
- 15 Jahre Erfahrung im Porsche Konzern in HR-Management- & Fachfunktionen
- Coach-Ausbildung Akademie Stuttgart (zertifiziert Prof. Geissler, Hamburg)
- BTSCoach - Associate Coach
- Zertifizierter Business Coach Universität Salzburg, Freiburg Institut, ChangeFormat
- Profunde HR- & Online-Coaching-Erfahrung

### Kontaktdaten

Cooning GmbH
Tel.: 0157-74271364
jens.kraiss@cooning.de
www.cooning.de

**Anja Röck**

im Gespräch am 15.11.2018

M.A. Personalentwicklung, Live Online Trainer, Autorin

### Coaching-Verständnis

Der Kunde steht mit seinen Bedürfnissen und Zielsetzungen im Mittelpunkt. Er bestimmt die Vorgehensweise und den Ablauf des Coaching- bzw. Beratungs- und Trainingsprozesses. Als Sparringspartner sowie unabhängiger und neutraler Feedback-Geber coache und berate ich zielfokussiert und lösungsorientiert. Die Begleitung auf Augenhöhe u.a. unter systemischen Gesichtspunkten, soll den Kunden in die Lage versetzen, sich am Ende „selbst im Tun" sicher zu fühlen.

### Coaching-Schwerpunkte

- Unterstützung bei Einstieg als Trainer mit E-Learning-Tools
- Schulungen in Online-Szenarien, Train-the-E-Trainer
- Implementieren von E-Learning Szenarien
- Erstellen von professionellen Webinaren und E-Learning-Content
- Beratung zur Online-Technik und der Nutzung und Einführung von E-Learning-Tools und virtuellen Räumen (in 2-D- und/oder 3-D-Räumen)
- Begleitung bei notwendigen Change- und Entwicklungsmaßnahmen zur Nutzung von E-Learning-Tools

### Berufliche Qualifikationen

- M.A. Personalentwicklung
- Lehrbeauftragte der SRH Heidelberg, Campus Calw, sowie Studienleiterin und Dozentin bei verschiedenen Weiterbildungsanbietern
- Gastgeberin und Veranstalterin des Online-Kongresses „e-Trainer-Kongress®", der durch den Blicker® 2017 und den „Innovationspreis-IT, Best of 2017 initiative mittelstand" ausgezeichnet wurde
- Fachbuchautorin: „99+ Fragen & Antworten zum Webinar: Wie gute Webinare durch professionelle E-Trainer entstehen" (2015), „Webinar Methoden Koffer - 50 interaktive Methoden für virtuelle 2-D & 3-D Räume" (2019), „E-Learning ABC: Zusammenfassung der Blogparade 2017/2018" (2018)
- Certified Live Online Trainerin
- Tele-Tutorin (tele-akademie der Hochschule Furtwangen)

### Kontaktdaten

arise Coaching & Tutoring, Anja Röck
Tel.: 07051-1699444
info@arise-coaching.de
www.arise-coaching.de

## Anke Ulmer

im Gespräch am 19.03.2019

CAI® Online-Coach, Business Coach (Professional Coach DBVC), Dozentin und Lehrcoach in der Coaching-Weiterbildung, Systemische Organisationsberaterin, Trainerin

### Coaching-Verständnis

Lösungsfokussiert, achtsam, in Respekt und in Wertschätzung individueller Ressourcen ... Menschen einen professionellen Dienst leisten, online wie im Präsenzformat

### Coaching-Schwerpunkte

- Kommunikation, Vertrauen, Agilität
- Teamprozesse und Organisationskultur
- Begleitformate und Prozessarchitekturen in Change-Prozessen
- Führungsthemen: Digital Leadership/VUCA World/Leader as Coach/Führen geografisch verteilt arbeitender Teams
- Führungsverständnis, Feedback-Kultur und Empowerment
- Interkulturelle Gewandtheit (Intercultural Dexterity)
- Berufliche Um- und Neuorientierung, auch im transkulturellen Kontext

### Berufliche Qualifikationen

- Lehrcoach und Dozentin
- CAI®-zertifizierte Online-Coach (Karlsruher Institut Prof. Dr. Elke Berninger-Schäfer)
- Zertifizierte Business Coach (Führungsakademie Baden-Württemberg)
- Train-the-Trainer-Qualifikation (elc Frankfurt)
- Systemische Organisationsberatung (Prof. Fritz B. Simon)
- Erwachsenenpädagogin – M.A. (Universität Kaiserslautern)
- Diplom-Übersetzerin (Universität Heidelberg)

### Kontaktdaten

Anke Ulmer M.A.
Coaching · Beratung · Training
Festnetz: 0721-558610
Mobil: 0172-7266354
a.ulmer@ulmer-beratung.de
www.ulmer-beratung.de

# Literatur

- Andrews, G., Cuijpers, P., Craske, M. G., McEvoy, P. & Titov, N.: Computer Therapy for the Anxiety and Depressive Disorders Is Effective, Acceptable and Practical Health Care: A Meta-Analysis. In: *http://journals.plos.org/plosone/article?id=10.1371/journal.pone.0013196* (2010), Download am 14.07.2018.
- Armutat, S., Berninger-Schäfer, E., Brolinghaus, R., Döllinger, K., Fritsch, M. & Geißler, H. et al.: Virtuelles Coaching – Bilanz und Orientierungshilfe. DGFP-Praxispapiere. Leitfaden 08/2015. Düsseldorf: Deutsche Gesellschaft für Personalführung e.V.
- Barbic, J., Latoschik, M., Slater, M. & Bourdot, P.: Virtual Reality and Augmented Reality. Springer, 2017.
- Beck, K.: Computervermittelte Kommunikation im Internet. Oldenbourg Verlag, 2006.
- Berninger-Schäfer, E.: Interview Online-Coaching wird die Normalität sein, Face-to-Face das Besondere. In: *https://www.coaching-magazin.de/portrait/interview-elke-berninger-schaefer* (2018), Download am 15.07.2018.
- Berninger-Schäfer, E.: Online-Coaching. Springer, 2017.
- Beringer-Schäfer, E.: Digital Leadership. managerSeminare, 2019.
- Birkenbihl, V. F.: Stroh im Kopf – Vom Gehirn-Besitzer zum Gehirn-Benutzer. Gabal, 2009.
- Blohmann, B.: Ganz fern und doch so nah! Nutzen und Wirksamkeit einer Intervention im Bereich Distanz-Beratung – Pilotversuch bei Zürcher Hochschule für

## Literaturtipps

- Angewandte Wissenschaften. Masterarbeit. *https://digital-collection.zhaw.ch/bitstream/11475/948/1/Blohmann_Birgit.pdf* (2014), Download am 18.07.2018.
- Brügger, C., Hartschen, M. & Scherer J.: simplicity. Prinzipien der Einfachheit – Strategien für einfache Produkte, Dienstleistungen und Prozesse. GABAL, 2015.
- Döring, N.: Sozialpsychologie des Internet. Hogrefe, 2003.
- Eichenberg, C. & Aden, J.: Psychosoziale Hilfe im Web 2.0: Aller Skepsis zum Trotz. Ärzteblatt, 2014. *https://www.aerzteblatt.de/archiv/162797/Psychosoziale-Hilfe-im-Web2-0-Aller-Skepsis-zum-Trotz*, Download am 30.10.2018.
- e-teaching.org: Didaktisches Design in der virtuellen Realität. *https://www.e-teaching.org/didaktik/gestaltung/virtuelle_realitaet*. Download am 30.10.2018.
- Gallup: Engagement Index 2018: Gallup. *http://www.gallup.de/183104/engagement-index-deutschland.aspx*, Download am 05.03.2019.
- Geißler, H. (Hrsg.): E-Coaching. Schneider Verlag Hohengehren GmbH, 2008.
- Grochowiak, K. & Maier, L.: Die Diamond-Technik in der Praxis. Junfermann, 2000.
- Gundermann, A.: Mediendidaktik. *https://www.die-bonn.de/wb/2015-mediendidaktik-01.pdf*, Download am 01.11.2018.
- Haufe.de: Schlechte Teamkultur gefährdet wirtschaftliche Ziele. *https://www.haufe.de/personal/hr-management/schlechte-teamkultur-gefaehrdet-unternehmensziele_80_466046.html*, Download am 06.03.2019.
- Heilmann, C. M.: Körpersprache richtig verstehen und einsetzen. Reinhardt, 2011.
- Ingenics AG: Industrie 4.0 – Eine Revolution der Arbeitsgestaltung. *https://www.ingenics.com/assets/downloads/de/Industrie40_Studie_Ingenics_IAO_VM.pdf*, Download am 06.03.2019.
- Justen-Horsten, A. & Paschen, H.: Online-Interventionen in Therapie und Beratung. Beltz, 2016.
- Kaneider, C. & Eberle, V.: Seminararbeit Online Beratung und Psychotherapie „Die virtuelle Couch" oder „Hilfe per

Mausklick". *https://www.uibk.ac.at/psychologie/mitarbeiter/leidlmair/seminararbeit-internettherapie.pdf* (2011), Download am 14.07.2018.
- Klein, Z. M.: 150 kreative Webinar-Methoden. managerSeminare, 2015.
- Knaevelsrud, C. & Maercker, A.: Internet-based treatment for PTSD reduces distress and facilitates the development of a strong therapeutic alliance: a randomized controlled clinical trial. In: *https://bmcpsychiatry.biomedcentral.com/track/pdf/10.1186/1471-244X-7-13* (2007), Download am 14.07.2018.
- Knatz, B.: Zwischen den Zeilen. In: *http://www.e-beratungsjournal.net/ausgabe_0108/knatz.pdf* (2008), Download am 15.07.2018.
- Lang, J.: Wo steht die Onlineberatung/-therapie in 10 Jahren? In: *http://www.e-beratungsjournal.net/ausgabe_0215/lang.pdf* (2015), Download am 14.07.2018.
- LinkedIn: Global Recruiting Trends 2017 – What you need to know about the state of talent acquisition. *https://de.slideshare.net/pedrooolito/linkedin-global-recruiting-trends-report-2017* (2017). Download am 30.10.2018.
- Luber, S. & Geisler, I.: Online-Trainings und Webinare. Beltz, 2016.
- Mangelsdorf, M.: Von Babyboomer bis Generation Z. Gabal, 2017.
- Meier, J.: Kommunikationsformen im Wandel. Brief – E-Mail – SMS. In: WerkstattGeschichte 60 (2012), S. 58-75. *https://werkstattgeschichte.de/wp-content/uploads/2016/12/WG60_058-075_MEIER_KOMMUNIKATIONSFORMEN.pdf*, Download am 06.03.2019.
- Nohl, M.: Online-Coaching – Alles, was Sie wissen müssen, um Ihr Online-Coaching-Business aufzubauen. 2015.
- Osterwalder, A. und Pigneur, Y.: Business Model Generation: A Handbook for Visionaries, Game Changers an Challengers. Willey, 2010.
- Petzold, M.: Psychologische Aspekte der Online-Kommunikation. In: *http://www.e-beratungsjournal.net/ausgabe_0206/petzold.pdf* (2006), Download am 15.07.2018.

- Ploil, E. O.: Psychosoziale Online-Beratung. Ernst Reinhardt Verlag, 2009.
- Rauen, C.: Wie die Industrie 4.0 Coaching und Weiterbildung verändern wird. In: Coaching-Newsletter April 2017, *https://www.coaching-newsletter.de/archiv/2017/coaching-newsletter-april-2017.html*, Download am 15.07.2018.
- Reindl, R.: Psychosoziale Onlineberatung – von der praktischen zur geprüften Qualität. In: *http://www.e-beratungsjournal.net/ausgabe_0115/reindl.pdf* (2015), Download am 14.07.2018.
- Ribbers, A. & Waringa, A.: E-Coaching, Theory and Practice für a new online approach to coaching. Routledge, 2015.
- Röck, A.: Webinar Methoden Koffer, 50 interaktive Methoden für virtuelle 2-D & 3-D Räume. BoD, 2019.
- Roth, G. & Ryba, A.: Coaching, Beratung und Gehirn: Neurobiologische Grundlagen wirksamer Veränderungskonzepte. Klett-Cotta, 2018.
- Schlutz, E.: Bildungsdienstleistungen und Angebotsentwicklung. Waxmann, 2006.
- Schlutz, E.: Bildungsdienstleistungen und Angebotsentwicklung. Carl von Ossietzky Universität Oldenburg, *http://www.mba.uni-oldenburg.de/downloads/leseproben/bildungsmanagement_-_studienmaterial_leseprobe_bildungsdienstleistungen_und_angebotsentwicklung_schlutz.pdf*, Download am 01.11.2018.
- Staufen AG: Deutscher Industrie 4.0 Index 2018. *https://www.staufen.ag/fileadmin/HQ/02-Company/05-Media/2-Studies/STAUFEN.-Studie-Industrie-4.0-Index-2018-Web-DE-de.pdf*, Download am 06.03.2019.
- Terhalle, J. & Nagel, G.: Studie Personalgewinnung – Unternehmenskultur im Blick: *https://www.t-n-p.de/cultural-consulting/cultural-consulting-blog/darum-wechseln-menschen-den-job.htm*, Download am 06.03.2019.
- Ulmer, A.: Fünf Thesen für Skeptiker zur Praxis des Online-Coachings. Randbemerkungen aus der Praxis des Online-Coachings mit dem CAI® Coaching-Konzept in Online- und Tele-Coaching (2013), Hrsg. Werner Müller. *https://www.online-coaching-4business.de/wp-content/*

*uploads/2018/04/F%C3%BCnf-Thesen-f%C3%BCr-Skeptiker-zur-Praxis-des-Online-Coachings-Ulmer-Benson-Kr%C3%BCger.pdf*, Download am 18.07.2018.
- Wehrle, M.: Die 100 besten Coaching-Übungen. manager-Seminare, 2010.
- Weiß, S. & Engelhardt, E.: Blended Counselling – Neue Herausforderungen für BeraterInnen (und Ratsuchende!). In: *http://www.e-beratungsjournal.net/ausgabe_0112/weiss_engelhardt.pdf* (2012), Download am 15.07.2018.
- Winkler, B.: Traust du mir – trau ich dir. Wie entsteht Vertrauenswürdigkeit? In: OrganisationsEntwicklung Nr. 1/2012, S. 24-31.
- XING-News Personalwirtschaft: Jeder fünfte Entscheider hält Digitalkompetenz für die wichtigste Fähigkeit. *http://www.xing-news.com/reader/news/articles/2115176?cce=em5e0cbb4d.%3AllzOyTUrdcyjKofFV-69AF&link_position=digest&newsletter_id=42382&toolbar=true&xng_share_origin=email*, Download am 06.03.2019.
- Zimmermann, A.: Rechts-Abc für Trainer und Coaches. Beltz, 2014.

# Stichwortverzeichnis

8S Stärkeprofil .......................... 152

Abschluss ............................... 230
Achtsames Schreiben ................. 105
Akzeptanz ................................. 77
Allgemeine Coaching-Prinzipien ...... 77
Alternativen im Angebot .............. 235
Anforderungen an soziale
Kompetenzen ............................. 29
Angebot definieren .................... 246
Angst vor dem Unbekannten ......... 47
Anwendungsformen ..................... 46
Arbeitsplatzgestaltung ................ 284
Atmung ................................... 320
Aufmerksamkeitsspanne .............. 119
Aufstellungen ..................... 122, 188
Auftragsklärung ......................... 220
Augenhöhe ................................ 78
AULA ...................................... 184
Ausdrucksstärke .......................... 85
Ausdrucksweise ......................... 316
Auslastungssteuerung ................... 58
Auswahl des Settings ................. 220
Authentizität ............................. 87
Automatisierung ........................ 286
Avatare ................................... 194

Babyboomer .............................. 38
Bandbreite ............................... 128

Baum der Erkenntnis .................. 158
Berufsbild ................................. 36
Betriebliches
Gesundheitsmanagement .............. 31
Bilder und Geschichten ............... 123
Bildmetaphern .......................... 106
Bildrechte ............................... 280
Blended Coaching ....................... 44
Blended Counselling ................... 242
Business Model Canvas ............... 310
Business-Modell .......................... 83

CEO-Fraud ............................... 277
Chat-Systeme ........................... 110
Checkliste zur Vorbereitung
eines Telefon-Coachings .............. 121
Checkpunkte vor dem Start ......... 314
Coach als Wegbereiter .................. 10
Coaching Cloud ......................... 212
Coaching-Markt .......................... 17
Coaching-Themen ....................... 32
Coaching trifft Mittelstand ............ 19
Coaching via E-Mail ..................... 94
Coaching-Werkzeuge .................. 212
Coachingbedarf .......................... 30
Creative Commons ..................... 281

Datenschutz .............................. 69
Datensicherung ......................... 279

© managerSeminare
347

Definition Online-Coaching .............43
Designkompetenz ........................85
Diamond-Technik ...................... 134
Digital Natives ............................37
Disziplin ..................................68
Dokumentation ................... 151, 282

Einarbeitung .................................67
Einschränkung in den
Wahrnehmungskanälen ..................69
Einstimmung auf das
Online-Arbeiten ......................... 220
Einverständnis einholen ............... 120
Eisbergmodell ............................ 118
Eisbrecher .................................. 223
E-Mail-Etikette ............................ 318
Emoticons ................................. 101
Emotionale Bindung ......................21
Emotionalität ............................. 96
Entdeckungsreise ................... 11, 25
Entwicklung der Arbeitswelt ...........28
Entwicklungstagebuch ................. 105
Evaluation von Zielerreichung ....... 230
Expertenmeinungen ... 15, 63, 70, 163, 174, 203, 251, 288, 323
Expertennetzwerke ...................... 170
Expertise nachweisen ....................36

Feedback einholen ...................... 107
Fernabsatzgesetz ........................ 274
Finden und Kennenlernen ............ 218
Fishbowl-Methode ...................... 199
Flexibilität ........................... 57, 78
Flexperto .................................. 211
Formate ................................... 89
Formatkompetenz ........................ 84
Frageset .................................. 221
Führungskultur ............................22

Gebühren für Tools ........................67
Generation X ................................38
Generation Y ................................39
Generation Z ................................39
Geschäftsmodell ......................... 309
Gewünschte Fähigkeiten .............. 248
Gruppencoaching ....................... 197

Herausforderungen der
virtuellen Arbeit ...........................34
Hilfreiches für
Video-Chat-Coaching ................... 128
Hilfreiches im virtuellen
Klassenzimmer .......................... 147
Hilfsmittel ................................. 303

Ideen zum Weiterdenken ............. 205
Identitätsdiebstahl ...................... 276
Immersion ................................. 181
Industrie 4.0 ................................ 27
Innere Bilder .............................. 202
Inneres Team ............................. 158
Integrierte Online-Coaching-
Plattformen ............................... 168
Integrierte Systeme ..................... 173
Integrität ....................................77
Interaktive Workshops ................. 186
Internetgestützte Therapien ...........53
Interventionen im E-Mail-Coaching 104
Interventionen im telefonischen
Coaching .................................. 122
Interventionen im Video-Chat ....... 132
Interventionen im virtuellen
Klassenzimmer .......................... 152
Interventionen mit 3-D-Lernwelten 199
IT-Sicherheit .............................. 276

# Stichwortverzeichnis

Kanalreduktion .............................. 94
KangaCoach .................................. 212
Kernkompetenzen ....................... 236
Klienten ........................................ 244
Klopftechnik ................................ 138
Kompetenzprofil ........................... 84
Komplexitätsfalle ........................ 261
Konfliktlösung mit
Perspektivwechsel ..................... 201
Körperhaltung beim Sprechen ...... 321
Kundennutzen ................................ 9
Kundenverwaltung ...................... 286

Langfristige Erfolgssicherung ........ 40
Lebensfreudeprozess .................. 107
Lernmanagementsyteme ............ 173
Lernpräferenzen ............................ 38
Lernprozess ................................. 265
Linguistik ..................................... 316
Lockerungsübungen ................... 319
Löschfristen ................................. 283
LPScocoon ................................... 193

Marketing ................................... 258
Marktchancen .............................. 58
Mediendidaktik ........................... 265
Menschenkenntnis ....................... 86
Messenger-Dienste ..................... 109
Methodencheck .......................... 273
Mindset ................................. 86, 307
Missverständnisse ...................... 232
Mitarbeiterzufriedenheit .............. 29
Musik .......................................... 282

Nachfrage nach Coaching ............. 27
Nachhaltigkeit .............................. 96
Nachteile 3-D-Lernwelten .......... 198
Nachteile E-Mail-Coaching .......... 97

Nachteile Online-Plattformen ........ 170
Nachteile Telefon-Coaching ........... 115
Nachteile Video-Chat .................... 127
Nachteile virtuelles Klassenzimmer 144
Nachteile von Online-Coaching ....... 67
Neue Anforderungen ...................... 21
Neurologische Ebenen .......... 155, 200
Neutralität ..................................... 78
New Work ...................................... 28
Notfallpläne ................................. 222
Nutzen von Online-Coaching .......... 57
Nutzungsrechte ........................... 281

On-demand-Lernen ..................... 266
Online-Business starten .............. 231
Online-Coaching-Formate:
eine Übersicht ............................. 213
Online-Formate ............................. 45

Padlet .......................................... 111
Passwörter .................................. 278
Persönlichkeitsrechte ................. 279
Phasen im
Online-Coaching-Prozess ............ 215
Phishing ...................................... 276
Pinnwände .................................. 111
Präsenz ......................................... 24
Preiskalkulation .......................... 256
Problemspur ............................... 156
Produktivitätslücke .................... 187
Programm-Updates .................... 277
ProReal ....................................... 193

Qualitätsmerkmale .................... 260

Randkompetenzen ..................... 237
Rapport ....................................... 118
Rechtlicher Rahmen ................... 274

# Stichwortverzeichnis

Recordings .................................. 150
Reflexionshilfe ............................ 79
Reflexionsübungen ................... 303
Respekt ...................................... 77
Ressourcenspur ......................... 156
Rollen ........................................ 77
Rollendefinition .......................... 78
Rollenspiele .............................. 202
Rollenspiel-Szenario ................. 186

Schadsoftware .......................... 276
Schnellere Ermüdung ................. 69
Schriftliche Brücken bauen ........ 316
Schulungen ............................... 248
Sechs Fragen zur Didaktik ......... 265
Selbstcoaching ........................... 92
Selbstdisziplin ............................. 92
Selbsteinschätzung ..................... 80
Selbstfürsorge .......................... 287
Selbsttest: Wie gut passt
Online-Coaching ....................... 305
Selbstorganisation ............... 87, 284
Selbstverantwortung ................... 77
Sicherheit und Datenschutz ...... 275
Sichtbarkeit .............................. 258
Situationsanalyse ..................... 225
Skalenabfrage ........................... 106
Small Talk ................................. 130
SMARTe Ziele ........................... 226
Social-Media-Kanäle ................... 50
Somatische Marker ................... 159
Spiegeln .................................... 102
Spinnennetz .............................. 136
Spontanität ................................. 60
Ständige Erreichbarkeit ............ 233
Stärkenrad ................................ 153
Startaufwand ............................ 313
Stimm- und Wortübungen ........ 321

Störquellen ............................... 271
Stressmanagement ..................... 34
Surface-Stift .............................. 152
Systemische Schleife ................ 133

Talente binden ............................ 29
Teamkultur .................................. 20
Technik ...................................... 284
Technik-Check .......................... 222
Telefon-Coaching ...................... 112
Testen Sie Ihre persönliche
Einstellung .................................. 55
Transferbegleitung für
Wissensvermittlung .................. 213
Transfer und Evaluation ........... 228
Transformation des Führungsstils .... 22
Transparenz ............................... 78
TriCAT spaces .......................... 189

Übungen für die Stimme ........... 319
Umgang mit Veränderungen ....... 33
Unterschiede ............................ 240
Unterstützende Systeme .......... 109

Verkürzung des Coaching-Prozesses .59
Vermittlungsplattformen ........... 211
Vertragliches ............................ 274
Vertraulichkeit ............................ 77
Video-Chat ................................ 125
Video-Telefonie-Systeme ............ 48
Vier-Folien-Konzept .................. 101
Virtual-Reality-Brillen................ 182
Virtuelle 3-D-Lernwelten ........... 181
Virtuelle kollegiale Fallberatung .... 160
Virtuelle Mediendidaktik ........... 268
Virtuelles Coaching .................... 44
Virtuelles Klassenzimmer ......... 142
Vom Thema zum Ziel ............... 225

Vorbereitung Telefon-Coaching ...... 115
Vorteile 3-D-Lernwelten ............... 196
Vorteile E-Mail-Coaching ................95
Vorteile Online-Plattformen .......... 169
Vorteile Telefon-Coaching ............. 113
Vorteile Video-Chat ...................... 126
Vorteile virtuelles Klassenzimmer .. 143
VUKA ..........................................22

Wahrnehmungsdefizite ausgleichen . 85
Walt-Disney-Methode .................. 157
Warum Coaching? ..........................20
Weiterbildungsangebote ............... 250
Wiederholungsschleifen ............... 228
Wirksamkeit ..................................59
Wirksamkeit bei Angststörungen .....53
Wirksamkeit von Online-Begleitung .52
Wirtschaftlichkeit ..................26, 228
Wissenswertes ............................ 263
Work-Life-Balance ....................... 136
Wunderfrage ............................... 106
Wunschkunden ........................... 244

Zahlungsmodalitäten ................... 256
Zeitplanung .................................62
Zeitstrahl .................................. 104
Zusatzservices für echten
Mehrwert .................................. 242

# Coaching-Know-how

## ein riesiger Fundus für Präsenz-Coachings, zahllose Impulse fürs virtuelle Coaching

Martin Wehrle
**Die 100 besten Coaching-Übungen**
ISBN 978-3-941965-05-8
368 S., 49,90 EUR
Infos: www.managerseminare.de/tb/tb-8020

Martin Wehrle
**Die 500 besten Coaching-Fragen**
ISBN 978-3-941965-44-7
416 S., 49,90 EUR
Infos: www.managerseminare.de/tb/tb-9176

Martin Wehrle
**Die 50 kreativsten Coaching-Ideen**
ISBN 978-3-941965-93-5
352 S., 49,90 EUR
Infos: www.managerseminare.de/tb/tb-11159

*Noch mehr Coaching-Bücher finden Sie unter:*
*www.managerseminare.de/trainerbuch*